新气候

THE NEW CLIMATE WAR

[美] 迈克尔·E. 曼 著
郭亚文 译

中信出版集团 | 北京

图书在版编目（CIP）数据

新气候战争 /（美）迈克尔 · E. 曼著；郭亚文译
. -- 北京：中信出版社，2024.8
书名原文：The New Climate War
ISBN 978-7-5217-6105-4

Ⅰ. ①新… Ⅱ. ①迈… ②郭… Ⅲ. ①气候变化－研
究－世界 Ⅳ. ① P467

中国国家版本馆 CIP 数据核字（2023）第 204599 号

新气候战争
著者：　［美］迈克尔 · E. 曼
译者：　郭亚文
出版发行：中信出版集团股份有限公司
（北京市朝阳区东三环北路 27 号嘉铭中心　邮编　100020）
承印者：　嘉业印刷（天津）有限公司

开本：787mm × 1092mm 1/16　　印张：22.5　　字数：262 千字
版次：2024 年 8 月第 1 版　　印次：2024 年 8 月第 1 次印刷
京权图字：01-2024-2689　　书号：ISBN 978-7-5217-6105-4
定价：79.00 元

服务热线：400-600-8099
投稿邮箱：author@citicpub.com

以此书献给

妻子洛兰·桑蒂

女儿梅根·多萝西·曼

弟弟乔纳森·克利福德·曼

母亲保拉·菲内索德·曼

目　录

导 言

科学界普遍认为，化石燃料的燃烧会释放二氧化碳，这是人类活动最有可能对全球气候产生影响的方式……必须考虑那些潜在的灾难性事件……有些地区的降雨量会增大，有些地方却可能会变成沙漠……一些国家的农业产量会减少甚至颗粒无收……在需要对能源战略的变化做出艰难抉择之前，人类有5~10年的窗口期，这一点至关重要……一旦人类活动对全球气候产生显著影响，那将是不可逆转的。

如果你认为以上是阿尔·戈尔①在20世纪90年代中期的预言，那或许情有可原。但事实并非如此，以上论述是化石燃料巨头埃克森美孚公司的高级科学家詹姆斯·布莱克发表的，被记录于该公司20世纪70年代的内部文件中，直到近年来才被公布。[1]

---

① 他曾担任美国副总统，后成为国际知名的环境学家。——译者注

在此之后的几十年里，埃克森美孚公司和其他化石燃料利益集团非但没有听从集团内部科学家的警告，反而发动了一场反对科学证据的公关活动，并竭力抵制旨在遏制全球气候变暖的减碳政策落地。

其后果是使地球进一步滑向气候变暖的“危险地带”，而人类尚未采取必要措施来避免有史以来所面临的最为严峻的全球危机。人类正身处一场战争之中，但是在此之前，人们首先必须了解敌人的战略战术。在人类努力阻止气候变化的过程中，否认和拖延的势力究竟施展出哪些不断变化的策略？我们该如何战胜这种会变形的“利维坦”①？现在还来得及吗？我们还能避免灾难性的全球气候变化吗？这些问题都需要答案，在接下来的内容中，我们将找到这些答案。

我们的故事要从近一个世纪前说起，那时，最早的否认和拖延的剧本已颇具雏形。事实证明，化石燃料行业早已从坏榜样中学到了转移公众注意力的方法。[2]正如枪支游说团体的座右铭“枪不杀人，人杀人”可以追溯到20世纪20年代。这个移花接木的典型案例极具危险性，它成功地将公众的注意力从可以轻而易举地获得攻击性武器的问题转移到其他所谓的导致大规模枪击事件的因素上，如精神疾病或媒体对暴力的描述。

烟草业也如法炮制，试图切断香烟和肺癌之间的联系，即使早在20世纪50年代，烟草业的内部研究就已证明其烟草产品具有致命性和成瘾性，但在布朗和威廉森烟草公司的一份内部备忘

① 利维坦的词义为“裂缝”，在《圣经》中是一个象征邪恶的海怪，通常被描述为鲸，这里意指气候变化。——译者注

录中依然写道："怀疑是我们制造的产品。"

另一个颇具代表性的例子则是"哭泣的印第安人"广告。一些读者可能对20世纪70年代初的这则广告记忆犹新。广告的主角是个名叫"铁眼科迪"的印第安人，这则广告意在提醒观众留意乡下被到处乱扔的瓶子和罐头包装。然而，它绝非表面看起来那样简单。稍加调查就会发现，这实际上是饮料行业策划的大规模转移注意力的活动之一。这些活动试图把矛头指向我们，而不是企业，强调环境污染是由个人失责导致的，而不是集体行动和政府监管出了问题。结果是，我们依然处于塑料污染对全球环境的威胁当中。如今，危机已经形成，甚至在世界各大海洋的最深处都随处可见塑料垃圾的踪影。

最后，我们再来谈谈化石燃料行业。埃克森美孚等公司在科赫家族、默克尔家族和斯凯孚家族等财阀的支持下，从20世纪80年代末开始，向一场虚假信息宣传活动投入了数十亿美元，全力否定人类造成的气候变化的科学依据及其与燃烧化石燃料之间的联系。即使是埃克森美孚公司内部的科学家团队也认为，继续使用化石燃料所产生的影响会导致破坏性的气候变化，但这种否认科学的态度依然一度大行其道。

这些科学家所言非虚。在几十年后的今天，这场虚假的宣传活动也使我们见证了不受控制的气候变化造成的破坏性影响。我们会在每天的新闻报道、电视屏幕、报纸标题、社交媒体上，屡屡目睹气候变化造成的恶果。海岸线被吞噬、热浪席卷、干旱频发、洪水滔天、野火肆虐等都是危险的气候变化呈现的结果，而这样的消极现象出现得越来越频繁。

因此，否认和拖延的势力，即那些继续从化石燃料的销售中获利的化石燃料公司、右翼财阀、由石油资本资助的政府，再也不能直截了当地坚持说什么也没有发生了。对于气候变化具体证据的完全否认再也没人相信了。因此，在保持石油流动和化石燃料燃烧的同时，他们转而采用了一种更温和的否认形式，即通过欺骗手段、分散公众的注意力和拖延措施，多管齐下，展开攻势。这是一场新气候战争，而地球正在承受这场战争失败产生的后果。

敌人受到了枪支游说团体、烟草业和饮料公司的启发，巧妙地开展了一场转移公众视线的运动，旨在将责任从企业推给个人。诸如倡导吃素、不坐飞机等个人行动，越来越多地被吹捧为解决气候危机的主要办法。尽管这些行动值得推行，但如果仅聚焦于自愿行为，就会减轻政府的政策压力，使企业污染者不必承担责任。事实上，近年来的一项研究表明，强调个人的微观行动实际上会削弱对颁布实质性气候政策所需的支持。[3]这对埃克森美孚、壳牌和英国石油公司等化石燃料公司来说非常有利，它们每天都在创造极高的利润，用美国前总统乔治·布什的话来说："而我们却沉迷于使用化石燃料。"

这场转移公众视线的运动也为敌人提供了可乘之机。在气候保护者之中，有些人注重个人行动，而有些人则强调集体力量和政策效力，这让敌人有机会利用他们之间已经存在的裂痕，采用"楔子战略"瓦解后者。

敌人利用在线机器人和喷子轮番进行轰炸，操控社交媒体和网络搜索引擎，将 2016 年美国总统选举期间研发并测试通过的那种网络武器布置在前线。正是这些策略造就了否认气候变化的美国总统唐纳德·特朗普。恶意、仇恨、嫉妒、恐惧、愤怒、偏执，污染企业及其盟友正是利用所有这些消极的、爬行动物脑冲动的特质在气候运动者内部制造分裂，同时在心怀不满的右翼人士的心中激起恐惧和愤怒。

与此同时，这些气候怀疑论者在反对监管碳排放或为碳排放定价的措施方面取得了成效，他们大肆抨击诸如可再生能源这样的可行替代方案，转而倡导错误的解决方案，如利用碳捕集技术燃煤，或推行未经证实的、具有潜在危险的“地球工程”计划，该计划涉及大规模人工干预地球环境的内容。他们认为，创新会以某种方式拯救我们，所以目前没有必要实施任何干预政策。我们可以花些小钱管理风险，然后继续污染。

特朗普政府废除了美国环境保护局的《清洁电力计划》等气候友好型政策，撤销了对污染物的监管，为石油和天然气管道建设大开绿灯，向苦苦挣扎的煤炭行业直接发放补贴，导致应对全球气候变化工作停滞不前。此外，其所采取的对在公共土地上开采石油收取廉价租金的做法，更使得化石燃料行业可以肆无忌惮地扩张其污染企业。

敌人还在应对气候变化行动的战争中使用了心理战术。他们到处宣扬，气候变化的影响将是温和、无害且易于适应的，这种说法削弱了人们的紧迫感。而且他们还大肆宣扬气候变化的必然性，进一步削弱了人们在应对气候变化中的主动性和担当意识。支持这种做法的大有人在。表面上，他们是气候保护的支持者，事实上却把灾难描述为“既成事实”，夸大了我们已经遭受的损害，否认了采取必要行动来避免灾难的可能性，或者设定很高的标准（比如颠覆市场经济本身这个老生常谈的问题），这样一来，任何行动似乎都会注定以失败告终。敌人乐此不疲地夸大这种观念。

但我们并非无计可施。在本书中，我的目标是驳斥那些破坏遏制气候变化努力的错误说法，并为读者提供一条保护我们地球的阳关大道。我们的文明还可以拯救，但前提是我们必须了解敌人——气候怀疑论者当前所使用的伎俩，并知道如何挫败他们的阴谋。

我在传播气候变化科学及其影响的战斗前线摸爬滚打数十年，积累了丰富的经验，这些经历使我持有一些独特的见解。1998年，我和同事在合作发表的文章中用一幅曲线图展示了过去一个世纪地球温度急剧上升的变化趋势，并将这条曲线命名为"曲棍球棒曲线"[4]。这幅图在气候变化的辩论中拥有着标志性的地位，因为它讲述了一个简单的故事，地球正在以前所未有的速度变暖，而这是由我们燃烧化石燃料并向大气中排放温室气体造成的。几十年后，尽管许多研究不仅重申了我们的发现，而且在此基础上做了扩展，但"曲棍球棒曲线"理论仍在饱受攻击。为什么？因为它仍然是对既得利益的威胁。

我在20世纪90年代末时还只是一名年轻的科学家，外界对"曲棍球棒曲线"理论的攻击让我加入了这场争论。在保护自身安全和理论不受政治动机攻击的过程中，我被迫参与了这场气候战争。通过20多年在战场上对敌人的近距离观察，我对敌人的伎俩和做法了如指掌。在过去的几年里，我一直在观察这些战术的巨大变化，以应对战场性质的变化。我已经适应了敌人的战术变化，并在努力宣传和影响公众舆论的过程中，不断改变自己与公众和政策制定者打交道的方式。在本书中，我打算和读者分享我所学到的一切，并让大家一起参与进来，积极主动地投入这场战斗，在为时已晚之前，将我们的地球从气候危机中拯救出来。

以下是四点战斗计划，我们将在本书的最后再次回顾。

忽视灾难预言者。化石燃料既得利益集团及其支持者不断发出“为时已晚”的错误信号，这是一种让一切墨守成规的方式，也是让人们持续依赖化石燃料的做法。在当下的气候讨论中，我们必须勇于应对日益尖锐的末日论调和悲观情绪。

年轻人将引领这场运动。年青一代正在竭尽全力地拯救自己赖以生存的星球，他们传达的信息清晰明了，在道义上极具权威性，除了那些有意装聋作哑的人，没有人会听不到。年轻人是气候倡导者翘首以盼的游戏规则改变者。我们应该以他们为榜样，学习他们的思维和方法。

教育，教育，教育。大多数坚决否认气候变化的人的立场都难以被撼动。他们通过右翼意识形态的“棱镜”看待气候变化，对事实置若罔闻。不要浪费自己的时间和精力试图去说服他们。但也有许多正直却被混淆视听的人被卷入这场冲突，成为气候变化“虚假信息运动”的受害者。我们必须帮助他们，让他们可以与我们并肩作战。

改变系统需要系统性的改变。化石燃料的虚假信息制造机想让你的关注点聚焦于选择驾驶什么样的汽车、吃什么食物以及采取何种生活方式，而不是更多地关注系统和激励机制。我们需要制定政策，鼓励从使用化石燃料向清洁、绿色的全球经济转变。必须革掉那些致力于抵制采取气候行动的领导者的乌纱帽。

面对巨大的挑战，我们很容易感到彷徨和迷茫。改变一直都不容易，时代要求我们踏上一段陌生的未来之旅。对地球退化的前景感到恐惧而不知所措其实是可以理解的。毫无疑问，在谈到气候危机和我们为应对它所做的努力时，人们时常会感到焦虑和恐惧。

然而，否认和拖延的力量正在利用我们的恐惧和焦虑来对付我们，对此我们有清晰的认知。正因如此，这使我们变得像车灯照耀下惊慌失措的小鹿一样。我的一些同事对于我把我们正在面临的这种困境描述为一场"战争"颇为不满。但是，我想告诉他们，输掉一场战争最直接的原因就是拒绝承认自己处于一场战争之中。[5] 即使这种局面并不是我们自己所选择的，也不是我们所希望面对的，但是在面对由行业资助的阻碍气候行动的活动时，我们必须要有一个正确的定位。

我们必须勇往直前，找到继续战斗的力量，将恐惧和焦虑转化为动力和行动，即使这样做的风险极大。

在持续进行的宇宙探索中，我们逐渐发现其他星系，有些行星的特征甚至与地球相似。有些行星的大小与我们的地球很接近，也处于它们所在星系的"宜居带"内。其中一些可能存在液态水这种对生命而言至关重要的成分。然而，在太阳系、银河系乃至整个宇宙的其他地方，我们尚未发现任何生命体存在的证据。生命似乎确实非常罕见，复杂的生命更是如此。那么智慧生命呢？最起码就各种存在的价值和目的而言，我们可能是孤独的存在。我们只能在这艘"地球飞船"上漂泊，而没有其他地方可以靠岸，没有其他港口可以逗留，没有其他可呼吸的空气，没有其他可饮用的水，也没有其他可以吃的食物。

我们是一份神奇礼物的守护者。我们有一颗宜居的行星，它有适宜的大气成分，与星系中的恒星保持着恰当的距离，温度范围适合生命生存，海洋中有液态水，空气中富含氧气。我们认识的每一个人，我们所见的每一种动物或植物，都依赖于这样的生存条件。

继续故意改变上述条件，以威胁人类和其他生命体的生存，而目的仅是让那些超大规模的企业继续创造高额利润，这是不符合伦理且不可以被接受的。这将是人类文明史上最不道德的行为，因为这不仅是危害人类生存的犯罪，更是对我们生存的星球进行的犯罪。当污染者致力于实施这些犯罪行为时，我们不能袖手旁观。我写作本书的目的也正是希望能够尽己所能地提醒人们不要对此袖手旁观。

第一章　虚假信息和错误导向的制造者

怀疑是我们制造出来的，因为它是与公众头脑中存在的“事实”进行竞争的最佳手段，也是引发争议的手段。

——布朗和威廉森烟草公司一位不愿透露姓名的高管，1969 年

眼下正在进行的气候战争起源于几十年前发起的造谣活动。当时，科学发现与强大的既得利益集团的计划发生了冲突。造谣活动的目的是模糊公众对基础科学的理解，诋毁科学信息。其手段通常是攻击信使，也就是那些科学家，因为科学家的工作表明，我们可能面临危险。多年来，为了破坏事实和具有科学依据的警告，既得利益集团的公关人员制定和完善了各种策略。

杀死信使

我们的旅程首先将我们带回到 19 世纪末，来到一个业余科学家托马斯·斯托克曼所在的挪威小镇。当地经济依赖于旅游业和镇上的疗养温泉。在发现镇上的供水被当地一家制革厂的化学

物质污染后，斯托克曼试图向镇上的居民发出警告，但没有成功。先是当地报纸拒绝发表他撰写的一篇关于这一发现的文章，而后，当他想在一次居民会议上宣布自己的发现时，却被人赶下了台。他和家人被小镇居民当作异类对待，他的女儿被学校开除，镇上的居民向他的家投掷石块，打碎了所有玻璃，让他的家人深陷恐慌。他们考虑过离开小镇，但最终还是决定留下来，希望镇上的居民会接受并感激他们，但他们的一片苦心终被枉费。

这是 1882 年亨里克・易卜生的戏剧《人民公敌》里的情节（它于 1978 年被拍成电影，由史蒂夫・麦奎因主演，这是他的最后一次，也可以说是最出色的一次表演）。虽然这个故事是虚构的，但它所描述的冲突对于 19 世纪末的观众来说却再熟悉不过了。今天，当一位反科学的总统将媒体斥为“美国人民的敌人”，保守派政客装傻充愣地允许整座城市受到铅中毒水源的威胁时，这个故事的可怕预言并没有被一些观察家所忽视。[1]《人民公敌》是一个关于科学与工业和企业利益冲突的典型警世故事。它对于一个世纪后所发生的这场气候战争而言，是一个恰当的隐喻。

但在此之前，让我们先快进到 20 世纪中期，那时现代工业造谣活动的鼻祖出现了。这场活动是由烟草行业的领导者精心策划的，他们费尽心思地隐藏其产品令人成瘾和致命的证据。1969 年，一位布朗和威廉森烟草公司的高管对这一事实供认不讳。[2] 这份包含着证据的备忘录最终被公布，成为烟草业和美国政府之间达成的史上最大规模法律和解协议的一部分。这份文件和其他内部文件显示，早在 20 世纪 50 年代，这些公司内部的科学家就已经明确了吸烟对健康的危害，但他们还是选择参与这场精心策划的造谣活动，并向公众隐瞒这些威胁。

烟草业的既得利益集团甚至聘请专家来诋毁其他得出同样结论的研究人员的工作。在这些爪牙中，最主要的人物是弗雷德里克·塞茨，他是一位固体物理学家，曾担任美国国家科学院主席，并获得了著名的美国国家科学奖章。这些令人印象深刻的光环使他被烟草业视若珍宝。后来，烟草巨头理查德·雷诺兹雇用了塞茨，并付给他 50 万美元，让他利用自己的科学立场和地位来攻击所有将烟草与人类健康问题联系起来的科学观点和科学家。[3] 塞茨是最早受雇的“科学否认者”。之后，此类人士越来越多。

在蕾切尔·卡森警告公众 DDT（双对氯苯基三氯乙烷，又称“滴滴涕”）会对环境造成危害后，农药制造商在 20 世纪 60 年代开始采用烟草行业的伎俩。卡森于 1962 年出版的经典著作《寂静的春天》开启了现代环保运动。[4] 她描述了 DDT 是如何稀释白头海雕和其他鸟类的卵内成分，并杀死卵内的胚胎，从而使它们的交配次数减少的。农药在食物链、土壤和河流中累积，对野生动物造成的威胁日益严重，并最终对人类产生威胁。但一直到 1972 年，美国才禁止了对 DDT 的使用。

卡森因在一场针对行业组织发起的全面的“人格暗杀”运动中的不懈斗争而广受赞誉。这些行业组织对她进行了严重诽谤，称她是“激进分子”“歇斯底里的疯子”。DDT 的最大生产商孟山都公司总裁称她是“自然平衡崇拜的狂热捍卫者”。[5] 批评她的人甚至给她贴上了“大屠杀者”的标签。[6] 即使在今天，被称为竞争企业研究所（CEI）的行业游说团体仍在诋毁这位去世已久的科学家，它坚称“因为一个人发出错误的警告，而导致世界上数百万人遭受了疟疾带来的痛苦以及致命的折磨，这个人就是蕾切尔·卡森”[7]。攻击卡森的人不想让人们知道的是，卡森从未呼吁禁止使用 DDT，而只是呼吁停止滥用。DDT 最终之所以被淘汰，不是因为卡森揭露了它对环境造成的危害，而是因为随着蚊子对它产生了抗药性，它也逐渐失去了效力。具有讽刺意味的是，卡森也曾警告说，过度使用 DDT 会导致这种情况发生。[8] 我们由此看到一个早期的例子，即贪婪的公司为追求近期利润最大化而采取的短视行为往往会弄巧成拙。

公信力和诚信是科学家的基本素养，也是他们最大的财富。它们如同货币，可以让科学家成为值得信赖的公众沟通者。这就是为什么否认的力量会直接针对卡森，指责她有许多科学不端行为。为了回应这一争议，约翰·肯尼迪总统召集了一批人组成一个委员会来审查卡森的主张。1963 年 5 月，该委员会发布报告，宣称卡森和她的科学发现无罪。[9] 否认科学的人从来不会被“事实”这样恼人的东西吓倒，而类似的攻击今天依然在上演。请看 2012 年出现在保守的《福布斯》杂志上的一篇评论，题为《蕾切尔·卡森的致命幻想》，作者是亨利·米勒和格雷戈里·琼库。米勒和琼库是前文提到的竞争企业研究所的研究员。米勒既是一个名为“乔治·马歇尔研究所”的行业游说团体的科学顾问委员会成员，还是烟草业的支持者。[10] 尽管卡森的科学发现得到了数十年来的研究的全面认可，但当时米勒和琼库在这篇评论中指责卡森“严重歪曲事实”“学术水平极低”“学术行为失当”。[11] 虽然鸟类的数量一直受到杀虫剂的影响，但春天已经回归。为此，我们要感谢蕾切尔·卡森。[12]

得益于卡森和其他科学家在工业污染物对人类和环境的影

响方面的研究，20 世纪 70 年代，人们开始注意到其他威胁。例如，汽油和油漆工业产生的铅污染就受到了严格审查。接下来要登场的是赫伯特·内德勒曼，他的故事令人不安地联想到易卜生戏剧中的托马斯·斯托克曼。内德勒曼是匹兹堡大学医学院的教授和研究员，他的研究表明环境中的铅污染与儿童大脑发育之间存在关联。铅行业的拥护者试图诋毁内德勒曼和他的研究，他们策划了一场人格诽谤活动，无端地指控他的“科学不端”行为，这听起来似乎是在故技重演。[13] 他两次被证明无罪。第一次是由美国国家卫生研究院进行的一项全面调查，结果证明其无罪。这虽然听起来像是科学上的“禁止双重危险”原则，但他所任职的大学还是对他进行了单独调查。调查期间，他的档案柜被贴上了封条，不许他接触自己的文件，但调查者并没有发现任何能够证明其有不当行为的证据。他关于如何检测慢性铅暴露的研究（这项研究在随后的几十年里被无数独立研究所证实）可能已经挽救了成千上万人的生命，防止他们出现脑损伤的情况。[14] 他的确是“人民公敌”。

否认之风全球蔓延

在 20 世纪七八十年代，我们开始看到包括酸雨和臭氧层损耗在内的真正的全球环境威胁。行业团体的底线可能会受到环境法规的影响，它们开始明显地加强对证明这些威胁的科学的攻击，当然还有对科学家本人的攻击。

否认主义的鼻祖弗雷德里克·塞茨是在烟草行业对科学发动战争的时候被招致麾下的，在 20 世纪 80 年代中期得到烟草行业的慷慨资助，并创建了乔治·马歇尔研究所。[15] 塞茨招募天体物理学家罗伯特·贾斯特罗（美国国家航空航天局戈达德太空研究所的创始人）和海洋学家威廉·尼伦贝格（曾任加州拉霍亚市斯克里普斯海洋研究所所长）作为合作伙伴。内奥米·奥利斯克斯和埃里克·康韦在他们2010年出版的《贩卖怀疑的商人》一书中指出，这三人可以被称为自由市场的“原教旨主义者”。他们都没有接受过环境科学方面的培训，因此他们从骨子里就不认可一切限制他们所认为的个人或公司自由的行为。于是，他们义无反顾地加入了反对监管的特殊利益集团的阵营。[16] 乔治·马歇尔研究所的成员借鉴了10年前塞茨作为烟草业爪牙时所采用的战术，给那些对他们所代表的强大既得利益构成威胁的科学领域播下怀疑的种子。

其中一个科学问题就是酸雨，我是20世纪70年代在新英格兰地区长大的，因此对酸雨现象非常熟悉。当时，日益增多的酸性降雨破坏了北美东部的湖泊、河流、小溪和森林。吉恩·利肯斯和其他一些科学家发现了问题的根源，即中西部燃煤发电厂当时正在制造二氧化硫污染物。利肯斯后来成为康涅狄格大学的环境可持续性发展的泰斗。

2017年4月，我在康涅狄格大学做了一场演讲。在演讲中，我透露了自己成为否认气候变化机器的攻击目标的一些经历。在演讲后的晚宴上，利肯斯就坐在我旁边。他转过身来对我说：“你的经历听起来和我的很像！”我们吃沙拉时，他给我讲了一些我所熟悉却令人不安的故事，如有人给他的老板写了一些具有消极内容的投诉信、保守派政客充满敌意的态度、来自行业资助的“打手”和政客的攻击，以及各种诋毁他的科学发现的企图。

正如利肯斯几年前在一次采访中所说的："情况很糟糕，真的极其糟糕，有人想出钱搞臭我。"

利肯斯指的是一个名为"爱迪生电气研究所"的煤炭行业贸易组织，该组织承诺向所有愿意诋毁利肯斯的人提供近 50 万美元的资助。[17] 威廉·尼伦贝格是前面提到的乔治·马歇尔研究所三人组的成员之一，当罗纳德·里根任命他为调查酸雨问题小组的主席时，他欣然接受了这一挑战。然而，事实是无法否认的，该委员会 1984 年发表的一份报告的结论在很大程度上重申了利肯斯和其他科学家的发现。但是，在一位持反对意见的科学家弗雷德·辛格所撰写的附录中，有一段这样的话："正如奥利斯克斯和康韦所说，'我们真的不知道如何推进污染排放的控制工作'。"这段轻描淡写的话足以使里根政府为其不作为的政策找到理由。[18]

幸运的是，那些否认者和气候怀疑论者并没有占上风。美国人认识到了这一问题，并要求政府采取行动，最终政客们被迫做出回应，这正是代议制民主制度的运作方式。1990 年，共和党总统乔治·布什签署了《清洁空气法案》，要求燃煤电厂在排放脱硫废水之前必须进行净化处理。他甚至引入了一种名为"限额交易"的机制，这是一种基于市场的机制，允许污染者买卖限量的污染许可。具有讽刺意味的是，限额交易政策目前正在遭到大多数共和党人的嘲笑。这个政策是布什政府时期环境保护局局长威廉·赖利的创意。赖利是现代环保英雄，我有幸与他相识，并成为朋友。

我的家人经常去阿迪朗达克山脉西部的大穆斯湖度假。70 年来，我妻子的家人一直是那里的常客。据我岳父母回忆，在

20世纪70年代时，湖水的酸性很强，人们根本不需要在家洗澡，只需跳进湖里就会洗得干干净净。湖水清澈透底，因为里面没有生命。现在，野生动物又回来了，当我们到那里的时候，我看到了很多虫子、鱼、青蛙、鸭子、鳄龟，还有潜水鸟的叫声萦绕在耳边。有时，你会看到一小队科学家在船上收集各种湖泊水体的样本，检测其化学成分和含量。受影响的生态系统仍未完全恢复，因为环境污染会破坏食物链、森林生态系统、水和土壤的化学成分，甚至在污染物消失后，这种破坏还可以持续几十年甚至上百年。但是，恕我直言，身处阿迪朗达克山脉，我们可以深刻感受到人类正走在生态恢复的大道上，这一切都归功于基于市场的解决环境问题的机制。

20世纪80年代，科学家认识到当时在喷雾器和冰箱中使用的氯氟碳化物导致低层臭氧层空洞不断扩大，而臭氧层能保护我们免受破坏性的强紫外线伤害。臭氧层的侵蚀使得南半球皮肤癌发病率不断攀升，也产生了其他对人类健康不利的影响。我的朋友，宾夕法尼亚州立大学气象系前系主任比尔·布伦，是最早研究相关大气化学的科学家之一。他写道："一些进行这项开创性研究的科学家倡导展开行动，以消除臭氧层耗尽可能导致的危害，但他们的倡议遭到了猛烈的抨击。"[19] 比尔指出，这种抨击有多种形式，制造商、用户和他们的政府代表发起的公关活动并不是为了阐明真相，而是为了混淆视听，质疑假设和科学证据的分量，并以其他方式让立法者和公众相信这些数据不可靠且无法据此采取行动。他补充说："当研究结果不可避免地与他们的观点相悖时，或者当他们的研究成果被证明是错误的或被拒绝发表时，这些持相反观点的科学家、政府代表和行业发言人就会改变策略，诋毁整个同行评议过程。”我们在前面提到的否认酸雨的弗雷德·辛格就是这些持反对意见的科学家中的一员。记住这个名字吧。

撇开那些唱反调的人不谈，1987 年，包括里根执政时期的美国在内的 46 个国家签署了《蒙特利尔议定书》，禁止生产氟利昂制冷剂。从那时起，臭氧空洞缩小到几十年来最小。由此可见环境政策的实施实际上是有效的。但是，在酸雨和臭氧损耗方面，之所以能够出台政策解决方案，正是因为公众对政策制定者持续施加压力，同时两党都抱有诚意，政界人士也大力支持制定应对环境威胁的系统性解决方案。随着特朗普政府的到来，这种诚意几乎消失了。事实上，在 2016 年当选总统后，特朗普任命了一些人担任重要职位，这些人不仅否认气候变化的现实和威胁，而且几十年前，他们在由行业组织主导的否认臭氧损耗和酸雨的活动中也发挥了关键作用，因此，你可以把他们看作“花钱雇来的万能否认者”[20]。

你也可以称他们为弗雷德里克·塞茨旗下否定科学的智库乔治·马歇尔研究所的精神继承者。20 世纪 80 年代末，乔治·马歇尔研究所主要关注环境问题。但碰巧的是，建立这个研究所的本意并不是针对酸雨或臭氧损耗问题，相反，是由于科学的发现对一个完全不同的既得利益集团——军工复合体构成了威胁。在冷战后期，主要的国防承包商，如洛克希德·马丁公司和诺斯罗普·格鲁曼公司，从美苏之间不断升级的军备竞赛中操奇逐赢。尤其是里根提出的“战略防御计划”让它们获利颇丰，该计划也被称为“星球大战”，这是一个旨在击落太空核导弹的反弹道导弹计划。然而，真正勇敢反抗它们的人，是一位孤独的科学家。

英勇的科学家

卡尔·萨根是康奈尔大学行星研究中心主任、大卫·邓肯天文和太空科学研究会教授。他是一位备受尊敬、成就斐然的学者，在地球和行星科学研究方面取得了了不起的成就。卡尔·萨根在“黯淡太阳悖论”方面做了开创性的工作，揭示了一个令人震惊的事实，即尽管 30 亿年前的太阳比现在昏暗 30%，但当时的地球就是宜居的。萨根意识到，这种现象存在的原因一定是温室效应被放大了。他的发现非常具有学科基础性，因此，我在教授宾夕法尼亚州立大学一年级学生有关地球历史的知识时，所用教科书的第一章便取材于他的这一发现。[21]

萨根不仅是一位科学家，还是一位现象级文化人物。他有一种杰出的能力，可以让公众参与到科学中来。他不仅能向普通人解释科学道理，而且能让他们对科学产生兴趣。我可以从个人角度来谈谈这个问题，我本人正是在卡尔·萨根的激励下才选择投身科学事业的。

我在数学和科学方面颇具天赋，但这种天赋让我走上了一条阻力最小而不是由热爱铺就的人生道路。在我就读高中一年级那年，美国公共电视台播出了萨根的热门纪录片《宇宙》，萨根在影片中向大众展示了科学探究的神奇魔力。他揭示了一个超出我想象的奇妙宇宙，以及我们作为一个“小蓝点”（地球）上的普通居民在其中的重要地位，而这个“小蓝点”在太阳系的外围几乎无法辨认。那么问题来了。生命是如何形成的？宇宙中还有其他生命或是其他智慧文明吗？他们为什么还没有跟我们取得联系？我思考着这些问题，以及萨根在这个史诗般的 13 集纪录片中提出的许多其他问题。萨根让我意识到，我可能要用一生的时间来满足自己在科学方面的好奇心，提出和回答这些关于存在的基本问题。

遗憾的是，我没有机会见到我心目中的英雄。萨根于 1996 年，也就是我获得地质学和地球物理学博士学位的那一年与世长辞。如果我能早几年进入这个研究领域，我几乎可以肯定自己会在会议上与他相遇，因为我们的研究领域相同。但我有幸通过他的作品认识了他，并结识了一些熟悉他的人。其中就包括他的女儿萨莎，她是一位作家，她继承了自己父亲的精神遗产，不断激励我们认识宇宙以及人类在宇宙中的地位。[22]

萨根极具个性魅力，很快就成为国家的“科学之声”。他在约翰尼·卡森的《今夜秀》节目中讲述自己的观察、见解和一些奇闻趣事，令全国观众为之着迷。自此，卡森之前的科学顾问被踢出局。[23] 而这位科学顾问正是天体物理学家罗伯特·贾斯特罗，也就是前面提到的乔治·马歇尔研究所的联合创始人。这样一来，我们就回到了故事的主旨。

20 世纪 80 年代，随着卡尔·萨根认识到核武器升级的威胁越来越严重，他的政治化倾向也越发明显。他利用自己的公众知名度、媒体智慧和非凡的沟通技巧，提高了人们对全球热核战争所带来的生存威胁的认识。萨根向公众解释说，这种威胁远远超出了眼前的死亡和破坏，以及由此产生的核辐射。在学术论文中，萨根和他的同事提出，热核战争期间核弹头的大规模爆炸，可能会产生大量的灰尘和碎片，阻挡大量的阳光，从而导致地球处于永久的冬季状态，即他们所说的“核冬天”。[24]

简言之，人类可能会遭遇与恐龙在大规模小行星撞击地球后所遭遇的同样的命运，即在6 500万年前的一场遮天蔽日的沙尘暴的袭击下，恐龙结束了对这个星球的统治。萨根通过各种媒体采访，以及为拥有大量读者受众的《华盛顿邮报》的周末增刊《游行》的插页撰写的一篇文章，帮助公众了解了这种情况发生的可能性。

萨根对许多具有冷战思维的鹰派人士和军事承包商支持的里根的“战略防御计划”心存疑虑，担心这会导致美国和苏联之间的紧张局势升级，并且会不断积聚核军备风险，这预示着他所担心的“核冬天”并不遥远。但是，奥利斯克斯和康韦在《贩卖怀疑的商人》中指出，冷战时期乔治·马歇尔研究所的物理学家把这些对“战略防御计划”的合理担忧视作同情苏联的反战分子所使用的恐吓战术。[25]在他们看来，“核冬天”的概念本身就是对我们安全的威胁。乔治·马歇尔研究所的三人组与保守派政客和工业特殊利益集团狼狈为奸，试图通过直接攻击基础科学来抹黑这种担忧，而科学家卡尔·萨根本人首当其冲受到诋毁。攻击的言论就登载在国会简报和主流报纸的版面上，他们在那里征集并撰写文章，来驳斥萨根和他的同事的发现。一些权威的公共电视台也卷入了这场攻击活动，它们考虑播放一个有关“核冬天”的节目。[26]

这就是萨根的“反战略防御计划”运动与本书的中心议题密切相关的原因，萨根和他的同事进行的“核冬天”模拟，是基于早期的全球气候模型。所以，如果你不喜欢有关“核冬天”的科学，那么你也不会喜欢气候变化的科学，因为后者揭示了诸如乔治·马歇尔研究所这样的团体所捍卫的强大污染利益集团的罪责。正如奥利斯克斯和康韦所言，20世纪80年代，随着冷战的结束，乔治·马歇尔研究所的研究人员需要关注另一个问题。20世纪 90 年代早期，他们忙于研究酸雨和臭氧损耗的问题，但随着这些问题逐渐淡出人们的视野（如前所述，在很大程度上是因为就连共和党人也开始支持采取行动），乔治·马歇尔研究所和那些与它持相同见解的批评者需要另一个“科学怪兽”来证明其存在的合理性。气候变化无疑符合这一要求。

第二章　气候战争

哪里也不存在旨在结束战争的战争。

——村上春树

有钱人发动战争，死的却是穷人。

——让 – 保罗 · 萨特

气候战争开始了

20 世纪 90 年代初，我还是耶鲁大学地质与地球物理系（2020 年 5 月更名为地球与行星科学系）的一名研究生，正在攻读气候科学领域的博士学位。当时，我一直在那里研究量子尺度下的物质行为，后来被其他事物吸引便选择离开了那里。而现在，我的研究重点是气候系统在全球范围内的运行。对于一个雄心勃勃的年轻物理学家来说，气候科学犹如伟大的“边疆”。在气候问题上，一个拥有数学和物理技能的年轻科学家可以在气候科学的前沿大有作为。卡尔 · 萨根给年轻时的我灌输了这样一种愿景，即科学是一种探索，可以让我们了解自己在更大的行星和宇宙环境中的地位。如今，实现这一愿景的机会来了。

我的博士研究生导师是科学家巴里·萨尔茨曼，他在发现“混沌”现象这一20世纪伟大的科学进程方面厥功至伟。通常，人们无法预测超过一周时间的天气状况，而这就是“混沌”现象所导致的。毫无疑问，巴里是一个怀疑论者。在20世纪90年代初，他不相信我们能够确定人类对气候的影响。这在当时是说得通的，因为当时使用的气候模型相当粗糙，而且在大约一个世纪的全球温度数据中，变暖的信号也只是刚开始从自然变化的背景噪声中显现出来。

还有一些科学家，比如詹姆斯·汉森，美国国家航空航天局戈达德太空研究所（这家研究所曾经由罗伯特·贾斯特罗领导）的主管，持有不同的看法。汉森认为，我们已经可以证明，人类活动，特别是燃烧石油、煤炭和天然气等化石燃料产生的二氧化碳等温室气体，正在使地球气候变暖。1988年6月，在华盛顿特区一个异常炎热的日子里，汉森向国会做证说：“是时候停止胡说八道了……我们掌握了相当有力的证据。”里根政府在此前就已经对汉森的公开声明表示过极度不满。作为美国国家航空航天局的一名公务员，他的书面国会证词必须经过政府的审查。从1986年开始，白宫管理和预算办公室就反复修改汉森的证词，以弱化其影响。汉森被激怒了，最终他在1989年的证词中宣布自己的话曾被白宫篡改过这一令人震惊的消息。[1]

20世纪90年代初，当我刚开始研究气候科学时，我的处境更接近巴里·萨尔茨曼而不是汉森。我的研究基于理论气候模型、观测数据和长期的古气候记录，包括树木年轮和冰芯，而这些均涉及自然气候变化。我在研究中发现，一些重要的机制导致了自然气候的波动，时间跨度为50~70年，几乎和温度记录仪存在的历史一样长。这些长期的气候波动至少掩盖了人为造成的气候变化影响。[2]

大气中二氧化碳浓度和全球平均温度随时间增长的情况如图2-1所示。

重要的是坚持自己的观点。尽管科学家仍在争论我们是否已经发现了人类对气候产生的影响，但其实他们已经就一些基本问题达成了广泛共识，即燃烧化石燃料和增加大气中温室气体的浓度会使地球气温大幅升高，伟大的瑞典科学家斯万特·阿列纽斯在19世纪末就已经确定了这一事实。值得回顾的是，本书导言中引用的埃克森美孚公司的内部专家在20世纪70年代说过的一段话："科学界普遍认为，化石燃料的燃烧会释放二氧化碳，这是人类活动最有可能对全球气候产生影响的方式。"[3]据报道，丹麦著名物理学家尼尔斯·玻尔说过："预测是相当困难的，尤其是当它涉及未来。"由此可见，埃克森美孚公司的内部科学家早在20世纪70年代就做出了一个令人印象深刻的预测，即如果照常燃烧化石燃料，我们就会目睹二氧化碳浓度增加，以及由此导致的变暖现象。[4]煤炭行业也清楚，早在20世纪60年代，它们的碳排放就使得全球气候持续变暖。[5]

尽管如此，气候研究界在我们是否察觉到人类对气候的影响这一看似基本的问题上仍然存在分歧，这意味着可能存在一条预制的裂痕，否认的力量可能会试图从中作梗，引发关于这门科学

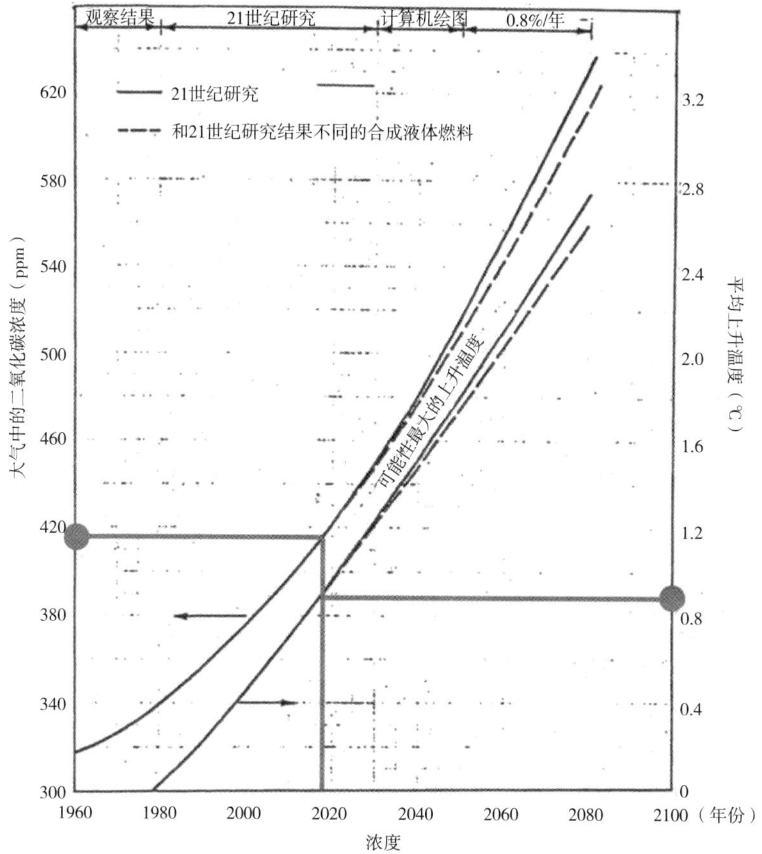

图 2-1　大气中的二氧化碳浓度和全球平均温度随时间增长的情况

注：这是埃克森美孚公司 1982 年的内部文件中对未来二氧化碳浓度上升和温度上升的预测。目前观测到的二氧化碳浓度水平和全球气温升高以粗的水平线和垂直线表示。1960 年以来的二氧化碳浓度实际值为 415 ppm（百万分率）、升温为 0.8℃，均在预测范围内。这是 1982 年 11 月 12 日埃克森美孚公司发布的报告中的图 3，主题为“二氧化碳‘温室’效应”，报告的署名为埃克森美孚公司环境事务项目经理格拉泽，被发布在“气候内幕新闻”上。

的不确定性和争议。对于化石燃料行业来说，时间至关重要，因为政府似乎马上就会出台旨在解决这一问题的政策。

在 1988 年的总统大选中，乔治·布什承诺要以“白宫效应”应对“温室效应”。他任命物理学家大卫·艾伦·布罗姆利为他的科学顾问。布罗姆利是耶鲁大学物理系的一名教授，当时我正在那里攻读学位，我仍然记得他在回到纽黑文后召开了一场特别的系级研讨会，会议的主题就是气候变化和气候建模。布罗姆利不是极端环保主义者，但他了解气候变化背后无可辩驳的物理学原理。与此同时，布什政府的环境保护局局长威廉·赖利（一位环保主义者）强烈支持政府在气候问题上采取行动。布什于 1991 年表示他将签署《联合国气候变化框架公约》。

但政府内部出现了一些不同的声音。布什的幕僚长、麻省理工学院出身的工程师约翰·苏努努，一直以来都是一名否认气候变化者。他大量借鉴了乔治·马歇尔研究所三人组于 1989 年发表，并于次年出版的《全球变暖：科学告诉我们什么？》一书中的内容，该书将全球气候变暖归咎于太阳活动。尼伦贝格代表乔治·马歇尔研究所与白宫的工作人员举行了一次会谈，并在会上陈述了他们漠视气候变化的观点。这导致布什政府内部的分裂，并削弱了气候行动背后的动力。[6]

1988 年，随着联合国政府间气候变化专门委员会的成立，对于像乔治·马歇尔研究所这样的小型组织来说，诸如驳斥人为因素导致全球气候变暖的科学证据等相关任务变得过于艰巨。不过，对他们施以“援手”的大队人马马上就要来了。1989 年，包括埃克森美孚、壳牌、英国石油、雪佛龙、美国石油协会等在内的化石燃料利益集团，成立了全球气候联盟，与其他行业智库和游说团体（包括一些听起来比较权威的心脏研究所和竞争企业研究所）合作。它们共同构成了奥利斯克斯和康韦在《贩卖怀疑的商人》中所类比的“波将金村”，一个听起来令人印象深刻的，由组织、机构和个人组成的联盟，它们会通过报纸专栏、公共辩论、虚假的科学文章以及其他可用的手段来挑战气候变化的基础科学。它们将试图提出以下论点：气候科学有太多不确定性；气候模型非常不可靠；数据的时间太短而且错误太多；自然变异的作用尚未可知，因而无法确定人类在全球变暖和气候变化中的明确作用等。

科赫兄弟，即大卫·科赫和查尔斯·科赫，拥有最大的化石燃料私有股权（科氏工业），近年来在资助否认气候变化方面起到了重大作用，这让他们声名远播。但他们在早期的否认气候变化方面也发挥了关键作用，这一点直到最近才为人所知。[7] 在由其创立并资助的自由主义智库卡托研究所的赞助下，他们于1991 年 6 月举行了第一届否认气候变化的会议，会议的主题为“全球环境危机：是科学还是政治？”这个会议类似于否定气候变化的“埃尔隆委员会”。会议的主角是两位科学家，他们将加入塞茨、贾斯特罗和尼伦贝格的行列，利用自己的科学和学术资历，为旨在诋毁主流气候科学的猛烈抨击赋予合法的背景。

受邀演讲的嘉宾中包括麻省理工学院的理查德·林德森。会议宣传手册援引了林德森的话，“几乎没有证据”表明气候变化是一种威胁。他那与塞茨如出一辙的资历，令人印象深刻。他是麻省理工学院气象学教授和美国国家科学院院士。他也与塞茨一样，因支持化石燃料的做法而从化石燃料利益集团获得了大量的资金支持。[8] 从科学角度来讲，林德森因他不惧争议地坚持认为气候模型高估了温室气体浓度增加所带来的全球气候变暖效应而闻名，因为他一直认为，这些与云层或大气湿度变化有关的过程在气候模型中要么缺失，要么没有得到充分体现。原则上，这样的过程要么倾向于加剧变暖（通过正反馈），要么倾向于延缓变暖（通过负反馈）。但林德森仍然只关注后者。事实上，他似乎从来没有遇到过自己不喜欢的负反馈。在职业生涯的大部分时间里，他一直在为所谓的消失的负反馈辩解，结果却不断地被其他科学家驳斥。[9] 林德森甚至大胆地认为，如果二氧化碳浓度增加一倍（考虑到我们如果照常燃烧化石燃料），全球气温仅会上升1℃，这是微不足道的。这种说法难以令人信服，因为在二氧化碳浓度只增加了约 0.5 倍的情况下，地球的升温就已经超过 1℃。事实上，不论是火山爆发对气候的影响、冰河时期的出现与消失，还是地球过去的温暖时期（如恐龙在地球上生存的白垩纪早期），大量的证据表明，气候变暖的程度大约是林德森预测的 3 倍，即 3℃。

在这次颇具影响力的早期会议上发言的还有弗雷德·辛格，我们现在可以将其视为一个拿人钱财替人消灾的万能否认者。和塞茨一样，辛格也是学者和科学家出身，他在 20 世纪 90 年代初离开学术界，开始诋毁他所谓的“垃圾科学”，包括酸雨、臭氧损耗、烟草健康威胁，以及气候变化等，并通过这一行为得到了大量的企业资助。[10]

辛格最重要的角色与备受尊敬的大气科学家罗杰·雷维尔的贡献有关。在我们目前对人为因素造成的气候变化的理解方面，雷维尔做出了根本性的贡献，他在 20 世纪 50 年代提供了关键证据，证明化石燃料的燃烧正在增加温室气体的浓度。他还对未来气候变暖做出了一些早期预测。此外，雷维尔对阿尔·戈尔也产生了一些影响，当戈尔还在哈佛大学求学时，就受到雷维尔的激发，开始关注气候变化。

1991年，在雷维尔去世前不久，辛格将他作为共同作者列入了自己为《宇宙》杂志撰写的一篇论文，由华盛顿特区的一个知识分子团体——宇宙俱乐部发表。这篇论文与辛格早些时候发表的一篇漠视气候变化的论文如出一辙。该论文对气候变化是由人类引起的这一事实的证据提出了质疑。雷维尔的秘书和他以前的研究生贾斯廷·兰开斯特都表示，雷维尔对论文原稿并不满意，并且在有机会看到最终版本后，对论文的观点嗤之以鼻，但他当时身患重病，在论文发表几个月之后就去世了。兰开斯特称辛格欺骗了雷维尔，在文章中加入了雷维尔的名字，而雷维尔“对这篇文章与自己扯上关系感到极其为难”。兰开斯特认为辛格的行为是不道德的，而且他对辛格的最终目的表示强烈怀疑，因为辛格的目的是诋毁自己和阿尔·戈尔在20世纪90年代早期开展的活动，那些活动旨在提高公众对气候变化威胁的认识。尽管辛格对兰开斯特发出了法律方面的威胁，但兰开斯特仍然坚持这些说法。[11]

战场初具规模

我们现在将时间快进到1995年末，那时候争斗已进入白热化阶段。人类活动导致气候变化的科学证据越来越具有说服力。观察结果、模型模拟，所有的一切似乎都趋于一致。我的博士研究生导师巴里·萨尔茨曼和我共同撰写了一篇文章，也阐述了这一观点。[12] 然而，由行业资助的对科学的抵制也相应地增加了。几十个游说团体和被雇来否认气候变化的科学家此时占据了一个日益强化的“波将金村”，这个“波将金村”由工业企业资助，否认气候变化的事实。气候战争的战场已初具规模，部队已动员起来，而气候变化也已成为当时决定性的政治问题。

1995 年 11 月下旬，政府间气候变化专门委员会在马德里举行了最后的全体会议，并发布了第二次评估报告，意在总结目前世界科学家对气候变化的共识。如前所述，这一共识正在迅速趋于接受气候变化的现实和威胁。然而，撰写报告的科学家与一小部分国家的政府代表之间展开了激烈的争论，特别是沙特阿拉伯和科威特这两个国家的代表，这两个主要的石油出口国从持续开采和销售化石燃料中赚得盆满钵满。正如科学记者威廉·史蒂文斯所说，这些国家“与美国行业游说者达成共识，试图削弱该报告的结论”[13]。

问题是，人们能否满怀信心地宣称，人类造成的气候变化现在是可以检测到的。本·桑特是对这份评估报告相关部分负主要责任的科学家，他是美国能源部位于加利福尼亚州劳伦斯·利弗莫尔国家实验室的气候研究员，曾就该主题发表了一系列重要文章。作为麦克阿瑟“天才奖”的得主，桑特和来自政府间气候变化专门委员会的共同作者根据现有的气候文献得出结论：“有充分的证据表明人类活动对气候变化有显著影响。”[14]

沙特阿拉伯的代表抱怨说，“显著”一词显得有些用词不当。整整两天，科学家与沙特阿拉伯代表就报告的“决策者摘要”中的这个词争论不休，“决策者摘要”是报告中最有可能被政客阅读，也是最有可能被记者报道的部分。据说，在政府间气候变化专门委员会主席伯特·博林找到一个双方都能接受的词——可察觉的——之前，他们讨论了近 30 种不同的选择。正如科学家所争论的那样，“可察觉的”这个词承认人类活动在观察到的气候变化中至少起了一些作用，同时又让人觉得这种作用几乎要眯着眼睛才能看到，即承认了某种程度的不确定性，这无疑让石油大国沙特阿拉伯感到高兴。

在最后的全体会议上，整整两天的时间里，大家都在讨论报告摘要中的一个用词，这一事实让我们明白，在 1995 年底时，关于气候变化的辩论具有多么浓厚的政治色彩。本·桑特是与新达成的科学共识最直接相关的科学家。如果参看蕾切尔·卡森、赫伯特·尼德曼和吉恩·利肯斯的遭遇，我们就会知道本·桑特必将遭到工业团体及其爪牙的猛烈攻击，以削弱他的可信度，这种情形我们已经见怪不怪了。

1996 年 2 月，就在政府间气候变化专门委员会全体会议结束的几个月后，弗雷德·辛格在《科学》杂志上公开了一封攻击桑特的信。他对政府间气候变化专门委员会的关键发现提出了异议，即模型预测与观察到的气候变暖相吻合，他声称观察结果显示的反而是模型预测与降温相吻合。当然，这是错误的。模型预测没有显示出任何类似的变化，反而显示了气候变暖的明确证据。但是，否认气候变化的人紧紧抓住了一个奇怪的数据集，即由亚拉巴马大学汉茨维尔分校的两位持反对意见的科学家约翰·克里斯蒂和罗伊·斯宾塞制作的卫星衍生大气温度模型，这个数据集似乎与其他所有变暖的证据背道而驰。尽管克里斯蒂和斯宾塞声称的降温后来被证明是他们的连环错误造成的假象，但在此之前，否认气候变化的人会不惜一切代价充分利用其价值。[15]

辛格接着声称，将桑特的工作纳入报告，在某种程度上违反了政府间气候变化专门委员会的规定，因为这些研究成果还没有发表。事实上，大部分的研究成果已经发表，而且无论在哪种情况下，政府间气候变化专门委员会都没有规定发布报告时必须引用已经发表的成果，它只是规定审稿人可以根据需要使用这些研究成果。

与此同时，前面提到的全球气候联盟向华盛顿特区政府提交了一份报告，行业组织的内部人士重复了这些毫无根据的虚假指控，指责桑特在进行“政治篡改”和“科学清洗”。后一项指控，与德国纳粹政权第三帝国的语言如出一辙，尤其令人憎恶，因为桑特在纳粹德国失去了亲人，这种指控当然是不公正的。应政府间气候变化专门委员会领导层的要求，桑特简单地删除了一些多余的总结，以确保自己作为主要作者的那一章的结构与其他章节的结构一致。几个月后，弗雷德里克·塞茨在《华尔街日报》上发表了一篇专栏文章，也对桑特进行了同样的错误指控。[16]

否认气候变化的人不断散布关于桑特的虚假指控，速度之快，场合之重要，让桑特和科学界的其他同人来不及反驳。桑特的正直遭到了质疑，他的工作和生命受到了威胁。他的遭遇是后来被我称为“塞伦盖蒂法则”的一个例子。在这个策略中，由工业资助的攻击者追杀单个科学家，就像非洲塞伦盖蒂平原上的捕食者捕杀猎物一样，试图通过把脆弱的个体与兽群隔离开来以便攻击它们。当我的研究成果登载在下一份政府间气候变化专门委员会报告的醒目位置时，本·桑特评论：“有些人认为如果他们扳倒迈克尔·E. 曼，就能扳倒政府间气候变化专门委员会。”[17]他们以为我很容易对付。

塞茨的欺骗

时间再快进几年，到 1997 年，作为《联合国气候变化框架公约》的补充，《京都议定书》刚刚获得通过。它要求世界各国承诺大幅减少碳排放，以避免“人类对气候系统产生危险的干预”。[18] 政策制定者面临的压力与日俱增，如果想要阻止人们在气候变化问题上采取行动，否认和拖延的势力就需要召集更多的力量。

在招兵买马的过程中，他们与一些越来越古怪的人“勠力同心、同仇敌忾”。以亚瑟·罗宾逊为例，他是一位履历漂亮、举世公认的化学家。罗宾逊曾经是诺贝尔化学奖以及诺贝尔和平奖得主、化学家莱纳斯·鲍林的门生，他在俄勒冈州的凯夫章克申掌管着一家家族企业，名为俄勒冈州科学与医学研究所。多年来，罗宾逊提出了一些非常奇怪的科学假设，包括维生素 C 会致癌这一令人怀疑的说法。他对收集和分析他人尿液一事兴趣颇浓。是的，我知道你在想什么，罗宾逊也是一个否认气候变化者，这个立场后来让他赢得了否认气候变化的右翼默瑟家族和特朗普政府的欢心。[19]

1998 年，就在《京都议定书》签署一年后，罗宾逊与我们的老朋友弗雷德里克·塞茨组织了一场反对该项国际协议的请愿活动，企图联手削弱人们对该条约的支持。时至今日，上面有 3.1 万个象征性的“科学家”签名的《俄勒冈州请愿书》，仍然被吹捧为科学界广泛反对人类造成的气候变化基本模型研究的证据。尽管没有几个所谓的签名者是真正的科学家（名单上有辣妹组合的成员之一盖里·哈利韦尔，还有电视剧《风流军医俏护士》中的一个角色 B.J. 亨尼卡特）。更不用说，大多数真正签名的科学家表示，他们不再支持该请愿书，或不记得曾签署过该请愿书，或已经去世，或者在《科学美国人》杂志联系他们时没有给予回应。[20]

这份请愿书被寄给了一大批科学家、记者和政客，同时附上了一封信和一篇“论文”，对气候变化的科学证据进行了否定。这篇题为《大气中二氧化碳增多对环境的影响》的论文由罗宾逊及其儿子诺亚和否认气候变化者威利共同执笔。论文格式严谨，犹如在美国国家科学院主办的期刊《国家科学院院刊》上发表过一样。塞茨甚至用他曾是该院主席的身份在随函上签了名。作为回应，美国国家科学院一反常态，公开谴责塞茨的做法是一种欺骗行为，并指出该机构在这个问题上的立场与塞茨的观点截然相反，它们现在有一个共识，即气候变化是真实发生了的，且是由人类造成的。

巧合的是，整个事件发生在 1998 年 4 月 22 日（世界地球日），即《自然》杂志发表关于“曲棍球棒曲线”文章的前几天。[21] 这条曲线展示了现代全球变暖前所未有的本质，它将成为气候变化辩论中的一个象征，它和我很快就会成为相关攻击的主要目标。

“曲棍球棒曲线”之战

让我们再往后跳几年，来到 2002 年，我们就会看到，此时已变得臭名昭著的“伦茨备忘录”。弗兰克·伦茨是一位专业的民意调查员，长期以来，他根据从民意调查和焦点小组那里得出的见解，为美国共和党提供政策建议。2002 年，环境工作小组泄露了一份备忘录，伦茨在备忘录中警告那些对化石燃料行业过于放纵的共和党客户："如果公众开始相信科学问题已有定论，则他们对全球变暖的看法也会随之改变。"[22] 他建议在描述这一现象时少用一些威胁性的语言，比如使用"气候变化"而不是"全球变暖"。具有讽刺意味的是，被否认气候变化者指责为危言耸听的科学界也越来越倾向于使用"气候变化"这一术语，因为它对问题的描述更加全面。气候变化不仅涉及地球表面变暖，还涉及冰川融化、海平面上升、降雨带和沙漠带的转移、洋流的改变等。伦茨还建议共和党人"将全球变暖重新定位为理论（而不是事实）"。这也颇具讽刺意味，因为理论是科学研究中最强大的存在。就好像说重力只是"一种理论"，所以从悬崖上跳下去是不安全的。

伦茨警告说："针对共和党人的科学辩论即将结束，但还没有结束。我们仍然有机会挑战科学。"他的意思是要在公众的心中埋下怀疑的种子。在伦茨开出"药方"之后，化石燃料利益集团和听命于他们的政客及爪牙，开始对科学进行变本加厉的攻击，采取了"射杀信使"的策略，全力诋毁人类造成的气候变化这一论断背后的科学依据。我提出的"曲棍球棒曲线"理论很快就在气候辩论中占据了标志性地位，而我也因此变成了被攻击的目标。在 2001 年政府间气候变化专门委员会第三次评估报告的"决策者摘要"中，"曲棍球棒曲线"现象被列为气候变化的关键新证据，用以证明最近气候变暖的情况至少在过去 1 000 年中是前所未有的。[23]

事实上，这只是现存的众多独立证据之一。读者可能还记得，自从 1995 年政府间气候变化专门委员会发表第二次评估报告以来，人类对气候的影响已是不争的事实。但是，对于外行来说，与之前报告的关键发现背后的抽象统计工作相比，“曲棍球棒曲线”更有说服力，因为人们不需要理解物理学、数学或统计学的基础研究，就能理解这个引人注目的视觉效果图告诉我们的是什么。从 11 世纪相对温暖的条件到 17—19 世纪所谓的小冰河时期缓慢的降温趋势，犹如曲棍球棒向下弯曲的“手柄”，而 20 世纪突然变暖的尖峰则像是曲棍球棒向上翻转的“刀刃”。近年来伴随着工业革命导致的大气中二氧化碳浓度迅速增加，气候急剧变暖，这一事实传达了一个容易理解且准确无误的结论，即我们正在经历的变暖是史无前例的，而化石燃料的燃烧和其他人类活动便是其背后的原因。

正当否认气候变化者计划重新对科学进行更猛烈的攻击时，“曲棍球棒曲线”图开始声名远扬，这是一个时间上的巧合，对我本人的职业生涯产生了深远的影响。在《曲棍球棒曲线图和气候战争》一书中，我描述了化石燃料利益集团和它们雇用的枪手为诋毁“曲棍球棒曲线”图和我个人所使用的种种伎俩。[24] 这些伎俩包括右翼媒体如《福克斯新闻》和《华尔街日报》对我本人和我的研究工作的攻击，还有俄克拉何马州参议员詹姆斯·因霍夫、得克萨斯州前国会众议员乔·巴顿，以及弗吉尼亚州前总检察长肯·库奇内利等否认气候变化的政客举行的充满敌意的国会听证会和调查。他们都是共和党人，都接受了化石燃料行业的大笔资助。我遭到了化石燃料行业游说集团的法律攻击，它们试图滥用公开法来获取我的个人电子邮件，希望找到一些足以诋毁我声誉的东西来让我难堪，或者找到一些可以断章取义、歪曲事实的东西来质疑我的研究。其中的大多数人和团体，如科赫兄弟、哈特兰研究所、乔治·马歇尔研究所、弗雷德·辛格，大家应该已经耳熟能详了。

科学的好处在于，它拥有伟大的卡尔·萨根所描述的“自我修正机制”。同行评议、复制和达成共识的过程，加上适度的怀疑论（那种真正的怀疑论，而不是被否认气候变化者冒充的那种假的怀疑论），让科学始终走在通向真理的道路上。如果一个科学观点是错误的，其他科学家就会证明它是错误的。如果它是正确的，其他科学家就会重申它，也许会加以改进和扩展。否认气候变化的人喜欢声称科学家只是试图重申流行的范式，因为这有助于获得资助和在权威期刊上发表文章。就像大多数否认气候变化者所断言的那样，事实上情况恰恰相反，推翻传统智慧、驳斥具有里程碑意义的研究，这才是在科学界获得名誉和荣耀的途径。

因此，《自然》和《科学》等权威科学期刊对“曲棍球棒曲线”理论的质疑和挑战，有助于让那些雄心勃勃的年轻科学家开启自己的学术生涯。最终，“曲棍球棒曲线”理论经受住了各种各样的挑战。20 年来，几十个独立研究团队使用了不同的数据和方法，一次又一次证实了我们的发现。现在有一个名副其实的曲棍球棒曲线研究联盟，它不仅证实了我们最初的结论，即最近的变暖趋势是过去 1 000 年来前所未有的，而且实际上把它的时间跨度延伸到至少过去 2 000 年内，或者更大胆一点，至少在过去两万年内，这种趋势都是罕见的。[25] 我们的基础发现不仅经受住了时间的考验，也经受住了持怀疑态度的科学家的仔细审查。因此，现在它已经被纳入科学共识，科学调查工作在不断推进的过程中扩展了我们的发现，并提供了更多的证据，这就是科学之道。

这并不是说，诋毁“曲棍球棒曲线”理论的努力已然偃旗息鼓。在这里我们必须区分科学界和政治界。前者是由萨根大谈特谈的“自我修正机制”驱动的，因为科学发现总是会受到适当的审查，在很大程度上也会遭遇善意的挑战。而后者并不遵守这样的规则。保守媒体不断抨击“曲棍球棒曲线”，它们对事实冷嘲热讽，甚至蓄意歪曲。[26]在当今政治界，似乎什么都有可能发生。理性和逻辑已经被抛之脑后，取而代之的是由意识形态和议程驱动的“另类事实”。

大约20年前，萨根在他的《魔鬼出没的世界》一书中，略带惶恐地预言了我们现在生活的世界：

> 我有一种预感，在我子孙后代所处的时代，美国将朝服务型和信息型经济转变。当几乎所有的制造业都转移到其他国家时，当强大的技术力量掌握在极少数人手中时，没有一个代表公众利益的人能够掌握这些问题。当人们失去了制订自己计划的能力，或失去了明智地质疑当权者的能力时；当我们紧握占卜水晶球，紧张地询问我们的占卜结果时；当我们的批判性能力下降，无法区分什么是感觉良好、什么是真实时，我们几乎在不知不觉中滑向了迷信和黑暗的深渊。[27]

说到气候战争，如果不是我们夸大其词，萨根的担忧无疑已经变为现实。这种病态现象的最好例子莫过于化石燃料行业制造的假丑闻，这个丑闻后来被贴上了“气候门”事件这样的标签，如果你愿意的话，可以称之为“否认气候变化者的垂死挣扎”。

“气候门”事件——垂死挣扎？

有一起与1972年导致理查德·尼克松下台的臭名昭著的水门事件颇为相似的事件发生了。与俄罗斯和维基解密有关联的黑客侵入了一个电子邮件服务器，并在一场精心策划、规模庞大的虚假情报活动中公布了被盗的电子邮件，目的是影响美国的政治进程。[28]

如果你以为我说的是俄罗斯和唐纳德·特朗普的竞选团队为了窃取2016年美国总统大选果实的共谋，那么这是可以理解的，这桩丑闻后来被称为“俄罗斯门”。但其实我说的并不是这件事，而是2009年11月发生的，后来被称为“气候门”的事件。

气候行动的支持者推测，2009年12月在哥本哈根举行的联合国气候变化大会将有机会就气候问题采取有意义的行动。作为里约热内卢和《京都议定书》会议的继承者，在哥本哈根召开的这次会议给气候保护者带来了很大的希望。事实上，很多人把它称为“希望之本”。随着公众对气候威胁的认识不断提高，他们对气候变化影响的认识也越来越清晰（卡特里娜飓风造成的空前灾难让美国人记忆犹新），加上受到阿尔·戈尔大获成功的纪录片《难以忽视的真相》的影响，我们似乎正在转变方向。或许，世界终于准备好应对气候变化了。

然而，否认和拖延的势力将再次介入，在峰会召开前几周制造虚假的“丑闻”。就连他们成功地给这起事件起的名字——“气候门”事件，也是在化石燃料行业的游说团体、受雇的“攻击犬”和保守媒体的共同策划下，强加给公众和政策制定者的精心编造的叙事产物。那年夏末，世界各地的气候科学家（也包括我）

之间的数千封电子邮件从英国一所大学的计算机服务器上被盗了。否认气候变化者蓄意对这些邮件重新排列，断章取义，以歪曲科学观点和科学家的说法。[29]

不久，否认气候变化者梳理了这些电子邮件，并将它们编辑成一份可搜索的档案资料。他们断章取义，歪曲词句的原意，声称已发现用来揭示气候变化的“确凿证据”是一个精心设计的骗局。那些在原邮件内容中完全无害的术语，例如，数学家和科学家用来表示解决一个问题的巧妙捷径的“计谋”一词就被提取了出来，并被故意曲解。

否认气候变化者利用这些虚假陈述，声称科学家在弄虚作假，说他们参与了一个精心策划的骗局来欺骗公众！与科赫兄弟有联系的游说团体和业界资助的批评者希望公众通过怀疑气候科学家，从而怀疑气候科学。右翼媒体机构，尤其是默多克旗下的媒体帝国（如《福克斯新闻》《华尔街日报》）和鼓吹阴谋论的底层媒体，如《德拉吉报告》、布赖特巴特新闻网，以及极端保守派广播脱口秀主持人拉什·林博等，都成了无耻谎言的传声筒，无线广播、电视屏幕和互联网上充斥着各种虚假指控、诽谤和无端的影射。

右翼政客也加入了这场争论。可以毫不讽刺地说，曾以提供了大量驳斥气候变化的科学证据而声名鹊起的詹姆斯·因霍夫，全盘接受了“气候门”事件这个真正的骗局。他以虚假的“气候门”事件指控为依据，要求对 17 名气候科学家进行刑事调查，其中就包括美国“全国科学奖章”获得者麻省理工学院的苏珊·所罗门、普林斯顿大学的气候问题专家迈克尔·奥本海默和美国国家大气研究中心的凯文·特伦伯斯。对了，我也荣登了这个榜单。

两年后，在美国和英国进行了大约 12 项（取决于你怎么算）不同的调查，还了这些科学家一个清白，事实证明他们没有捏造数据，也没有试图在气候变化问题上误导公众。唯一被证实的不当行为是否认气候变化者对电子邮件的刑事盗窃。由于“水门事件”丑闻的缘故，这成了另一个具有讽刺意味的残酷案例，即“气候门”的后缀“门”的由来是关于文件的盗窃，而不是文件的内容。[30]

然而，在这起事件中，否认气候变化者却充分利用了这一虚假丑闻。读者可能还记得，1995 年，沙特阿拉伯曾想尽办法试图淡化政府间气候变化专门委员会第二次评估报告的结论。如今，十几年过去了，沙特阿拉伯人仍在试图故技重演，破坏哥本哈根会议上局势微妙的谈判。沙特阿拉伯首席气候变化谈判代表穆罕默德·萨班坚持认为，失窃的电子邮件将对谈判产生巨大影响。在政府间气候变化专门委员会得出人类对气候有明显影响的结论 5 年后，萨班惊人地断言：“从‘气候门’事件的细节来看，人类活动和气候变化之间似乎没有任何关系。”显然，他们试图通过几封失实的电子邮件否定一个多世纪以来的物理学和化学研究成果，以及全世界科学家达成的压倒性共识。

要理解沙特阿拉伯和默多克媒体帝国在推动“气候门”事件的诽谤和谎言中扮演的角色，就必须指出两者之间存在着一种奇怪的联系。沙特阿拉伯王室的阿尔瓦利德·本·塔拉尔王子和鲁珀特·默多克是亲密盟友，二人在经济上颇有瓜葛。近年来，阿尔瓦利德王子还通过自己的公司（王国控股）持有默多克新闻集团 7% 的股份，成为仅次于鲁珀特·默多克及其家族的第二大股东（阿尔瓦利德在 2017 年因腐败被捕时出售了自己的股份，因为他知道自己的资产可能会被冻结）。默多克及其新闻集团、沙特阿拉伯王室都有反对气候保护活动的动机。[31]

“气候门”事件的窃贼一直逍遥法外。我们所知道的是，俄罗斯和沙特阿拉伯都参与了保存、分发被盗的电子邮件。沙特阿拉伯试图直接利用虚假的“气候门”指控，阻止哥本哈根会议达成一项有意义的全球气候条约的进程。有证据表明，入侵服务器的黑客来自俄罗斯。[32] 参考相传俄罗斯在 2016 年美国总统选举中的干预活动，“气候门”事件似乎采用了相同的运作手法，一些老面孔（维基解密和朱利安·阿桑奇）也参与了那次干预活动。事实上，可以说他们的动机与之前别无二致。[33]

弗拉基米尔·普京之所以对希拉里·克林顿在 2016 年大选中的落败感兴趣，不仅出于地缘政治的考虑，还因为化石燃料是俄罗斯的主要资源，俄罗斯经济在很大程度上依赖化石燃料出口。如果特朗普当选总统，这对俄罗斯和世界上最大的化石燃料公司埃克森美孚都有好处，埃克森美孚有可能与俄罗斯国有石油公司——俄罗斯石油公司——合作开发目前世界上最大的未开发石油资源，即北极、西伯利亚、黑海估值高达 5 000 亿美元的石油资源。

2012 年，这两家公司签署了一项合作协议，但由于俄罗斯再次实际控制了克里米亚，奥巴马政府在 2014 年对俄罗斯实施了经济制裁，该协议因此被搁置。几乎可以肯定的是，希拉里·克林顿会继续实施这些制裁，但唐纳德·特朗普不会。在 2016 年 7 月的共和党全国代表大会上，特朗普稳获共和党总统候选人提名，他的竞选团队由保罗·马纳福特领导，他们改变了共和党的官方竞选纲领，删除了支持制裁的措辞。马纳福特曾为俄罗斯支持的乌克兰前总统维克托·亚努科维奇当过十多年说客。

特朗普走马上任之后，就任命埃克森美孚首席执行官雷克斯·蒂勒森为国务卿。特朗普政府试图解除阻碍埃克森美孚与俄罗斯石油公司合作的经济制裁（但由于参议院共和党人中的一些残余势力的反对，其未能如愿）。美国联邦调查局前局长罗伯特·穆勒领导的特别顾问调查使我们知道，俄罗斯曾试图影响选举，使之有利于唐纳德·特朗普。5 000 亿美元的石油交易是主要推动力，即使这种可能性不大，也有一定的可信度。一切不过是利益交换罢了。

这让我们再次想起“气候门”事件，它涉及使用窃取的电子邮件来影响 2009 年 12 月的哥本哈根会议的走向。该事件还试图通过削弱反对继续开采化石燃料的最大论据——人类造成的气候变化的威胁，推进包括埃克森美孚和俄罗斯石油公司在内的化石燃料利益集团的议程。

事实上，“气候门”是一个小型石油国联盟对保护气候活动进行更大规模攻击的早期考验，而如今，这类攻击的声势越发浩大。2018 年 12 月 9 日，哥本哈根会议结束的 8 年后，《卫报》的头条文章题为《美国和俄罗斯与沙特阿拉伯结盟，淡化气候承诺》。[34] 这三个国家（还有科威特）组成了一个小联盟，反对联合国的一项动议，因为该动议对政府间气候变化专门委员会最近一份特别报告的结论持肯定态度，该报告警告地球变暖超过 1.5℃就会很危险。[35] 既然说到这里，那么英国脱欧、法国的“黄背心”抗议燃油税上调活动，或者发生在澳大利亚、加拿大和美国华盛顿州的类似暴乱呢？这些事件是否也与“流氓国家”

的行为人采取的阻挠国际气候政策进展的活动有关？我们稍后再讨论这个问题。

大自然母亲不容愚弄

事实上，“气候门”事件可以视为新气候战争的序曲。它标志着一个关键的时刻，否认者和气候怀疑论者几乎承认，他们再也无法提出可信的、有诚意的理由来反对基本的科学证据。因此，他们将转而采用新的、更邪恶的策略，努力阻止人们在气候问题上采取行动。

其中一个策略就是撒谎，这就是“气候门”事件的全部内容。在特朗普政府时期，推诿塞责早已司空见惯（他经常撒谎，以至于记者很难跟上他的说法[36]），这使得否认气候变化者可以有恃无恐地肆意掩盖事实。随着大多数公众现在已经接受气候变化的现实，他们努力攻克的目标是少数人，他们的动机是意识形态和部落政治层面的认同，而不是尊重事实。他们是“保守派基地”的组成部分。2019年的民意调查显示，这些所谓的否认气候变化者在美国社会中所占的比例目前仅为个位数。[37]但通过由化石燃料行业资助的否认气候变化机器提供的传声筒，这些人在公共领域的突出作用明显大得多。这个传声筒包括《福克斯新闻》和默多克媒体帝国的其他媒体，以及在网上部署的机器人军团，它们在我们的社交媒体上肆意传播错误信息和虚假消息。这种集体效应使极端的立场看起来比实际情况更受欢迎。它们的手段也包括虚假报告和由化石燃料行业游说团体发起的公开辩论，旨在为否认气候变化披上一件可信的外衣。[38]这些努力为右翼政客提供了主要的谈资和政治掩护，他们依然听命于化石燃料利益集团，而这些利益集团也会为他们的竞选活动提供资金，而不会出资为人民的利益服务。

重要的是要对那些对基本事实矢口否认的行为进行打击，我们无法说服那些逐渐减少的、越来越不相关的否认主义者，但他们确实有可能影响更广泛的公共话语。由于否认论者的"回声室效应"，人们倾向于认为否认气候变化的公众比例远远超过实际情况。[39]这种错误的看法又反过来抑制了人们在气候问题上对他们的朋友、邻居和熟人产生影响。如果我们认为一个话题很有争议，或者这个话题可能使我们与潜在对话者发生冲突，我们通常会完全规避它。我们对这一问题谈论得越少，它在我们更广泛的公共话语中的重要性就越低，对敦促决策者采取行动施加的压力也就越小。

在否认气候变化的程度上，否认论者往往更多地采用弱化影响的方式，而不是彻底地否认基本的实物证据。具体来说，大部分残余的否认主义者不是否认气候变化本身，而是否定它对现在和不久的将来所产生的负面影响。近年来肆虐美国加州的大面积野火就是一个最好的例证，这种气候变化以史无前例的高温和干旱的形式呈现，而否认论者试图将人们的注意力从气候变化在这些史无前例的野火中发挥的明显作用上转移开来。[40]头号否认者唐纳德·特朗普不顾廉耻地贬低州政府官员，指责他们对森林"严重管理不当"，将问题归咎于没有对森林进行"搂草式管理"（raking）[41]。具有讽刺意味的是，考虑到气候科学家在10年前受到虚假的"气候门"事件指控，2020年公布的电子邮件实际上表明，为了弱化气候变化与毁灭性的加州野火之间的联系，特朗普政府对数据进行了操纵。[42]

2019 年底和 2020 年初，我在澳大利亚休假期间目睹的事件或许更能说明问题。我当时写道："如果出现史无前例的高温，再加上本已干旱的地区出现的史无前例的旱灾，就很容易发生前所未有的山火蔓延整个大陆的情况。"[43]

澳大利亚保守派总理斯科特·莫里森对气候变化不屑一顾。他推动澳大利亚的煤炭交易，破坏 2019 年 12 月在马德里举行的《联合国气候变化框架公约》第 25 次缔约方会议（COP25），并在澳大利亚人遭受前所未有的高温和野火的炙烤时在夏威夷悠然度假。[44] 他和其他保守派政治家和学者试图转移人们对根本原因的关注，反而指责环保人士阻止政府砍伐森林的行为。默多克的媒体机器，包括《澳大利亚人报》（被独立媒体监督网站"数据源监视"描述为"这是一家有时候……以一种令人惊讶的方式否认气候变化，以至于让人忍俊不禁的媒体"[45]）、《先驱太阳报》和天空新闻电视台也大肆宣扬，说席卷澳大利亚的大规模山火是人为纵火。鲁珀特·默多克的儿子詹姆斯则选择了直言不讳，他公开表示，他对父亲的媒体帝国的"持续否认"感到"特别失望"。[46]

气候变化的影响已经有目共睹，任何一个理性而诚实的人都无法否认。毫不夸张地说，当谈及海平面上升和超强飓风造成的洪水和海岸淹没时，当讨论到史无前例的旱灾、热浪和野火时，气候变化的威胁近在咫尺。近年来，气候变化已无数次影响到我个人的生活。我住在美国宾夕法尼亚州中部，2016 年夏天这里发生的创纪录的洪水就是其中一个例子。看着我的母校加州大学伯克利分校由于山火在 2019 年 10 月下旬关闭则是另外一个例子。

但在2019—2020年，当我在澳大利亚休暑假时，才真正感觉自己与气候危机咫尺相对。

现在，气候变化对我们的经济造成了极大的威胁，每年给全球造成的损失超过1万亿美元。[47] 五角大楼委托进行的一项研究警告说，由于气候变化的影响，电力、水和食品供给体系到21世纪中叶可能会崩溃。[48] 一度被视为会威胁环境的东西，现在却被视为对经济和国家安全也构成威胁。这一现实将越来越多的政治保守派拉到了谈判桌前，比如来自南卡罗来纳州的共和党国会前议员鲍勃·英格里斯，他现在领导着一个名为“共和环境”的组织，该组织提倡通过自由市场的方式解决气候问题。

此外，在美国众议院内，也有一个不断壮大的两党气候解决方案核心小组。这在很大程度上得益于“公民气候游说”组织的努力。这是一个国际草根组织，旨在培训志愿者代表参与气候问题。现在这个核心小组中有23名共和党成员支持采取行动降低气候风险。就连众议院中一些极为保守的共和党人，如佛罗里达州的马特·盖兹（他经常被视为唐纳德·特朗普在国会中的“斗牛犬”）也意识到他们所在州的人民没有条件就气候变化的科学性进行辩论，因为他们现在正在承受着气候变化的恶果。事实上，盖兹已经对那些仍然否认气候变化科学性的共和党同僚提出了批评。[49]

有迹象表明，保守派运动的一些领导人在气候问题上的立场已经有所缓和。例如，“反税法斗士”格罗弗·诺奎斯特至少提到了可能支持征收对收入不产生影响的碳税。[50] 我在2019年秋天见过诺奎斯特，发现他对气候问题有充分的了解和思考。还有查尔斯·科赫——仍然健在的科赫兄弟之一，他的兄弟大卫于

2019 年 8 月去世。在 2019 年 11 月的一次采访中，查尔斯·科赫说过这样一句话："我们希望他们找到一些真正奏效的政策，能降低二氧化碳的排放量，在减少人为的二氧化碳排放的同时，又不会让人们的生活变得更糟。"[51] 这些话听起来令人备受鼓舞，但在唯一剩下的科赫兄弟叫停他的"攻击犬"，即那些继续攻击科学和科学家的游说团体和黑钱机构，并显示出其诚意，对真正的气候解决方案产生兴趣之前，保持一定的怀疑并无不当。

事实上，保守派提出的"解决方案"往往不是真正的解决方案。例如，考虑一下马尔科·鲁比奥的建议，即佛罗里达人完全可以"适应"海平面上升的影响（这意味着什么？是让人们长出鳃和鳍吗？）。[52] 但共和党人似乎正在从彻底否认科学转向一场关于气候政策的辩论，这更有价值，是一个受欢迎的"海量变化"（请原谅我的双关语）。

不作为的力量，即化石燃料利益集团和那些听命于它们的利益集团，只有一个目标，那就是不作为。从今以后，我们可以称它们为气候怀疑论者，它们以不同的形式出现。我们可以看到，其中最核心的一支队伍，即否认气候变化者，正处于走向灭绝的过程中（尽管还有一些残存势力）。取而代之的是其他类型的欺骗者和伪善者，即弱化影响者、转移视线者、分裂者、拖延者和末日论者，他们使用多种策略来转移指责、分化公众，并通过推进"替代"解决方案来拖延行动，而这些方案实际上并不能解决问题。同时，他们坚持认为，我们只能接受自己的命运，即无论如何，现在做任何事情都为时已晚，所以我们还不如继续开采石油。因此，气候战争并没有结束，只是战争的形态发生了变化而已，而这场战争的各条战线则构成了本书后面几章的主题。

第三章 “哭泣的印第安人”和转移视线活动的诞生

好的行为为自己带来力量，并鼓舞他人有好的行为。

——柏拉图

但我们的能源危机在很多方面都是典型的市场机制失灵的结果，这些失灵只能通过集体行动来解决，而政府是民主国家集体行动的载体。

——美国众议院科学委员会前主席　舍伍德·博勒特

既得利益集团经常利用所谓的“转移视线活动”来挫败那些对其事业不利的政策。转移视线活动试图转移人们的注意力，并打击人们针对对消费者和环境构成威胁的不良行业行为开展监管改革的热情，转而将一切责任推到个人行为和个人行动头上。美国近代史上涉及烟草行业和枪支游说团体转移注意力的例子不胜枚举，但若谈及转移视线活动的典型代表，20 世纪 70 年代初公益广告“哭泣的印第安人”则无疑榜上有名。

过去的转移视线活动为理解当前个人和集体行动在应对气候危机中的相对作用的辩论奠定了基础。转移视线是当前化石燃料利益集团采取的一个关键举措，它们在与监管其活动的努力做斗争时采用了多管齐下的策略，这也是新气候战争的一条重要战线。

转移视线活动

美国全国步枪协会使用的“枪不杀人，人杀人”口号，给我们提供了一个教科书般转移视线的例子，其目的是将注意力从容易获得攻击性武器的问题转移到其他所谓的引起大规模枪击事件的因素上，例如精神疾病或媒体对暴力的描述。基于这一口号的转移视线活动在阻止常识性枪支法律改革方面非常有效。一项民意调查显示，57% 的公众认为大规模枪击事件反映了“识别和治疗心理不健康人群的问题”，而只有 28% 的人将这种现象归咎于过于宽松的《枪支管理法》。高达 77% 的人认为，2018 年发生在佛罗里达州帕克兰高中的枪击惨案本可以通过更有效的心理健康筛查来预先阻止。[1]

枪支暴力专家丹尼斯·翰尼根解释道：“在这些惨案消失之前，枪支游说团体的政治权力永远不会受到压制……美国全国步枪协会庞大的政治力量不仅来源于其资金和支持者的强大信念，也在于它有效地传播了几个简单的主题，引起了普通美国人的共鸣，并使他们相信枪支管制并不能改善他们的生活质量。”他指出，“枪不杀人”的口号“非常有效地将人们的注意力从枪支管制问题转移到了无休止且往往是徒劳的犯罪暴力的原因上”[2]。

或者，正如记者约瑟夫·多尔曼所说："一个利益集团的力量，阻碍了我们大多数人眼中真正的公共进步。"每年大约有4万名美国人死于枪支暴力，这在很大程度上是拜枪支游说团体成功的转移视线活动所赐。[3]

尽管这一点可能鲜有人知，但是同样疯狂：烟草业曾经试图通过将矛头指向易燃家具，来转移人们对香烟引发房屋火灾危险的关注。《芝加哥论坛报》的两名记者帕特里夏·卡拉汉和萨姆·罗伊表示："这并不是说香烟不会引起火灾，他们只是认为使用阻燃家具是解决这个问题的更好方法。"他们写了一系列文章，推介烟草业（与化学工业合作）推行的这一典型的转移视线活动。[4]

烧伤受害者和消防组织一直呼吁政府制定有关烟草行业研发防火香烟的法律，这种香烟在吸烟者停止吸烟时会停止燃烧。烟草公司的高管坚持认为这个要求过于苛刻，会影响吸烟者的体验和产品的吸引力。因此，他们转而寻求压制消防组织的举措，甚至肆无忌惮地拉拢它们。烟草协会（烟草行业的一个游说团体）高级主管查尔斯·鲍尔斯吹嘘："我们许多昔日在消防部门的对手都在保护我们、支持我们，并将我们的联邦立法作为他们自己的立法来执行。"[5]

烟草业是如何完成这项看似艰巨的任务的？它们选择了采取所有成功转移视线活动的手段，即使用托词。行业支持者渗透到消防安全组织，收买了许多真正为改革而工作的人，从而影响他们的信息传递。烟草研究所副院长彼得·施帕贝尔在20世纪80年代中期发起了这项活动。到20世纪80年代末，他虽然离开了烟草研究所开始经营自己的游说公司，但仍担任烟草研究所的代表，该研究所后来成为他公司的主要客户。他的双重身份也解释了为什么他在继续维护烟草研究所利益的同时，却在表面上否认与烟草巨头有任何的直接联系。

施帕贝尔最大的成就是组织了一群由州长任命的州消防队长，成立了美国国家消防队长协会，并将其最终演变成对付异己的武器。他自告奋勇地担任该组织的立法顾问，并担任执行董事会董事（值得注意的是，一个具有类似主题的组织，即州气候学家协会，后来也被否认气候变化的势力改造成对付异己的武器[6]）。施帕贝尔的名字甚至出现在美国国家消防队长协会的官方信函上，他本人还共享了该协会在华盛顿特区的办公室。

在施帕贝尔领导下的第一批行动中，美国国家消防队长协会签署了一项由烟草行业支持的联邦法案，呼吁进一步研究防火香烟，以取代一项可能对他们提出实际要求的竞争法案。施帕贝尔试图将公众的注意力转移到对防火家具的表面需求上，于是阻燃剂出现了。

阻燃剂是一种化学物质，具体来说，它就是被添加到诸如电视机、计算机、婴儿安全座椅、婴儿车、纺织品和家具等产品中，用以抑制其可燃性的多溴二苯醚（PBDEs）。多溴二苯醚具有毒性，会随着时间的推移在人体内累积。研究表明，多溴二苯醚可能会影响儿童的大脑发育，扰乱精子发育和甲状腺功能，因此，一些州已禁止使用多溴二苯醚。[7] 在这里，我们看到了烟草巨头和化学工业之间的天作之合（或者更确切地说是狼狈为奸），它们突然成了利益共同体。烟草业需要一个替罪羊——易燃家具；而化学工业则提供了一种可能的解决方案——阻燃剂。

转移视线活动的另一个典型工具是伪装成为基层发声的游说

团体。例如，“繁荣美国人协会”就是科赫兄弟的一个游说团体，它通过攻击气候科学和阻止对气候采取行动来维护化石燃料行业的利益（它也是烟草行业的拥护者[8]）。“公民消防安全组织”则是化学工业的一个游说团体，它极力反对试图禁止在家具中使用危险阻燃剂的立法，其执行董事格兰特·吉勒姆正是来自烟草行业。税务记录显示，该组织的使命是“促进化学制造行业成员的共同商业利益”，其大部分资金用于游说州立法机构，因为后者正在考虑禁止使用阻燃剂。

这场转移视线活动的另一个参与者是“溴化物科学和环境论坛”组织，这个名字听起来很科学，其实它是由化学制造商资助的，目的是“产生支持溴化阻燃剂的科学”。[9]位于麦迪逊大街的博雅公共关系公司（以下简称“博雅公关”）就是该集团的代表。博雅公关还代表了一个化学工业游说团体，该组织自称是欧洲消费者消防安全联盟。除此之外，它还利用人们对火灾的本能恐惧，兜售一种“交互式燃烧测试工具”，用户可以通过它看到自己的沙发着火，从而感到恐惧万分。记住“博雅公关”这个名字，这不会是我们最后一次听闻其名。

在转移视线活动中，随处可见那些看似令人信服但并不真实的宣传。卡拉汉和罗伊详述了一个最好的例证。大卫·海姆巴赫博士是西雅图的一名退休的烧伤外科医生，曾担任美国烧伤协会的主席。他也利用人们的恐惧心理，多次出庭做证，讲述无阻燃剂家具造成的可怕的儿童烧伤案例，常常引起听众的一片惊呼。他说，曾有一名 9 周大的受害者，死于 2009 年一场由蜡烛引发的大火。在阿拉斯加，他告诉立法者，2010 年，一名 6 周大的受害者在婴儿床上被烧伤，危及生命。然后是一名

7 周大的女婴，她躺在一个不含阻燃剂的枕头上被蜡烛引燃的大火烧伤了。海姆巴赫告诉加州议员“女孩有一半身体被严重烧伤”。他接着描述“她在医院遭受了无尽的痛楚，大约 3 周后离世了”。正如卡拉汉和罗伊所说：“海姆巴赫关于婴儿死亡的情真意切的证词使医生、环保主义者甚至消防员对阻燃剂在长期健康方面的担忧变得抽象且微不足道。”[10]

卡拉汉和罗伊指出：“但他的证词有一个问题。”这些故事并不真实。没有任何证据表明有过像他描述的那样危险的枕头或发生过类似的由蜡烛引起的火灾。所有的受害者——那些 9 周大的、6 周大的、7 周大的婴儿都不存在。只有一件事似乎是真的，那就是海姆巴赫确实是一位烧伤外科医生。事实证明，他也是烟草行业雇用的说客，一直在为化学阻燃剂可以救命这一可疑的说法摇旗呐喊。

海姆巴赫之所以做出关于烧伤婴儿的那些令人毛骨悚然的证词，是因为他得到了公民消防安全组织的赞助。该组织的网站上刊登了一张照片，照片中的孩子站在一个红砖砌就的消防站前，挥舞着一个手工制作的横幅，上面写着“消防安全”，英文字母“i”（我）上点着一颗心。海姆巴赫指着这张照片对立法者说：“公民消防安全组织是由许多像我一样对化学公司没有什么兴趣的人组成的：许多消防部门的工作人员、无数的消防员和烧伤科医生。”[11] 毕竟，对于有些人来说完全是“伪草根言论”的东西，另外一些人反而会将其视作真正的“基层舆情”。谁能说得清呢？

由于烟草和化工行业的共同运作，阻燃剂在整个自然环境中得到了广泛的使用。事实上，在北美红隼和谷仓猫头鹰身上、在西班牙的鸟蛋上、在加拿大的鱼类身上，甚至在南极企鹅和北极虎鲸身上，都可以检测到这些危险的化学品。蜂蜜、花生酱和人类的母乳中都含有阻燃剂。[12] 这都是拜烟草行业推动的转移视线活动所赐。

“哭泣的印第安人”

我最清晰的早期记忆可以追溯到20世纪70年代初，那时我只有五六岁。我很想告诉你关于在缅因州海滨的夏日度假之旅、与祖父母和堂兄弟的假日聚会，还有我第一次露宿营地的经历，这些是我青年时代的美好回忆，对我而言意义非凡。但事实并非如此，我最清晰的早期记忆是电视，准确地说是商业广告。

“我想给全世界买杯可乐。”我至今仍然可以听到这句广告词，仿佛每个人都喝可口可乐，就可以实现世界和平。这仿佛是从今天早上的广播里传出的声音。铭刻在我记忆深处的还有“护林熊”的严厉警告：“只有你才能防止森林火灾。”这则公益广告使我在儿童时期就对大自然和保护大自然的重要性有了一定的认识。

但其中一则具有超级黏性的广告①，深深地嵌入了我的灵魂。如果你和我年龄相仿，又在美国长大，你肯定知道这则广告。你也许还能回忆起它的画面，一位衣着传统、五官轮廓分明的美洲原住民划着独木舟顺流而下。广告的背景中播放着让人略微不安

---

① 黏性广告是指在用户往下滚动屏幕时，仍固定在屏幕某一侧的广告。由于广告会保留在用户的视野内，因此点击率会增加。——译者注

的音乐，并伴随着稳定的鼓点。这位原住民沿河而下时，遇到的浮渣和垃圾越来越多。身后的工厂向空中喷着烟雾，背景音越来越大，也越来越令人不安。最后，他把独木舟停在了河边，独木舟被更多的垃圾淹没了。

这名男子（名叫“铁眼科迪”）踏上了陆地，踩着更多被丢弃的垃圾，来到了一条高速公路的边缘。一辆车从他的面前开过，车上的乘客将一袋垃圾扔出车窗，里面的垃圾溅到了他的脚上和衣服上。当他低头看着脚下的垃圾时，我们听到了画外音。这段话外音听起来很威严，让人不禁想起《迷离时空》中的罗德·塞林。“有些人对这个国家曾经的自然美景怀有深深的敬意，”它以一种近乎告诫的口吻对我们说，“有些人则不然。”它继续说：“人是污染的始作俑者……但人可以阻止它。”镜头拉近，男人脸色阴沉，一滴泪水从他的眼角流下，顺着脸颊滑落。他悲伤地看着镜头，画面背景是被污染的美国。

他的眼泪就是我们的眼泪，他的痛苦何尝不是我们的痛苦？原住民留给我们的遗产——这片伟大的土地，由于我们肆意挥霍的行为，正遭受着威胁。我们还能来得及拯救我们的河流、田野和森林吗？我们是否愿意改变？

当然了，我们愿意。我们是新上任的环境管理员，我们清楚自己的使命。任何一小块垃圾都逃不过我们的搜寻。于是，新一代的垃圾清理者诞生了。直到今天，我都很难任由一块垃圾躺在路边而置之不理。我会本能地寻找附近的垃圾箱，把它丢在里面。这则广告改变了我，也改变了我那一代的许多人，这么说似乎是有道理的。

这则广告乘着一场刚刚萌芽的环保运动之势，影响深远。作为“让美国保持美丽”活动的一部分，该公益广告在1971年4月22日地球日的一周年纪念日首次播出。[13]俄亥俄州著名的凯霍加河大火深深印刻在美国人的心中。可以说，这一事件是引发公众意识的一个转折点，开启了环境保护意识的新时代，也推动了一系列新环境政策的落地，如美国环境保护局的创建，还加速了《清洁水法案》和《清洁空气法案》的起草。这是“水瓶座时代”——一个环保主义新时代——的曙光。

这则后来被称为“哭泣的印第安人”的广告，在正确的时间传递了正确的信息，即你我携手就可以解决这个问题。我们只需要用心去做，齐心协力，全力以赴。这则广告内容虽然简单，却影响深远，它被评为史上极具影响力的广告之一。塞拉俱乐部和奥杜邦协会等环保组织积极回应这则广告，甚至还担任了环保活动的顾问委员会委员。“科迪”的形象很快登上了高速公路广告牌，他成了现代环保运动的一个标志。

但是，如果你想在这里寻找一个令人感觉良好的故事，那么你可能要失望了。有些事情并非如表面上看起来那样。2017年，历史学家菲尼斯·达纳韦在《芝加哥论坛报》上发表了一篇评论文章，他指出，深入“哭泣的印第安人”这则广告的表面之下，一幅不同的画面就开始浮现了，事实上，这是一幅截然不同的画面。[14]

一事假，事事假

达纳韦揭示了美国原住民在20世纪70年代早期的反主流文化中所扮演的角色。与同期播出的《为世界买杯可乐》这首歌一样，“哭泣的印第安人”也利用了和平运动的精神。（稍后我们会看到，它与可口可乐的联系并非偶然。）我童年时代最难忘的两部电影都是在 1971 年上映的，它们都借鉴了相同的主题。《比利·杰克》讲述了一个拥有一半纳瓦霍人血统的美国人的故事。他的和平主义信念与他的脾气格格不入，也与他对“充当治安法官”的偏好相悖，他为由和平主义者和嬉皮士组成的反主流文化团体辩护，而这个团体中的许多人来自原住民社区，来自敌对、偏执的城镇居民。《祈祷的时刻》这部电影讲述了一些不合群的青少年通过释放一群被残暴的男人为了找乐子而猎杀的水牛，来寻找意义、认可和赋权的故事。被摧毁的不仅是水牛，还有美洲原住民的精神，对他们来说，美洲水牛是一个永恒的象征。这两部电影的基本主题显而易见，即和平与赋权之间的斗争，以及原住民在这场斗争中所发挥的核心作用，还有他们遭遇的困境。“哭泣的印第安人”利用了同样的象征意义，抓住了 20 世纪 70 年代初的时代精神，并利用了其中蕴含的所有力量。

我们遇到的第一次背叛，恰恰来自“哭泣的印第安人”这一公益广告所展现出的美国原住民的象征意义，尽管这次背叛显得微不足道、浮于表面。因为，事实证明，“铁眼科迪”并不是美洲原住民社区的成员，他甚至根本算不上是美洲原住民。他原名叫埃斯佩拉·奥斯卡·德·科尔迪，是一名意大利裔美国人，经常在好莱坞电影中扮演印第安人，包括 1948 年鲍勃·霍普导演的电影《白面酋长》（又名《脂粉双枪侠》）中的“铁眼酋长”。正如我们将看到的，这并不是“哭泣的印第安人”广告中唯一的花招，也不是最重要的花招。

我们必须通过公路垃圾问题的棱镜来审视“哭泣的印第安

人”这则公益广告，尤其是瓶子和罐子垃圾，这是20世纪50年代建造州际高速公路时遗留下来的问题。20世纪60年代末，这个问题日益严重，可谓触目惊心。毕竟，谁不想“让美国保持美丽”呢？显而易见，我们遇到了麻烦。但如何才能更好地解决这个问题呢？谁来为此买单呢？

1971年，消费者权益倡导者拉尔夫·纳德创立了“公共利益研究小组”，这是一个遍布美国的关注消费者和环境保护的组织，同年，“哭泣的印第安人”首次播出。在推动如何解决这一问题以及谁该为此买单的问题上，即在“环保质押金制”的推出方面，公共利益研究小组将发挥关键作用。“环保质押金制”是一项立法，对出售的饮料瓶子和食物罐征收押金（通常是5美分或10美分），然后在消费者返还时会退还给他们。通过推动使用可回收和可再灌装的瓶子，鼓励消费者回收利用瓶子，而不是在使用后随意丢弃。这项立法给超市、杂货店和包装店增加了额外的负担，但饮料业，即可口可乐、安海斯－布希、百事可乐等公司，将首当其冲地承担责任和成本，因为政府要求它们处理退回的瓶瓶罐罐，这将增加它们的成本，减少它们的利润。

现在，快进到1984年夏天，也就是在公共利益研究小组成立和“哭泣的印第安人”广告首次播出13年后。我当时刚从高中毕业，需要一份暑期工作。马萨诸塞州公共利益研究小组的总部设在我的家乡马萨诸塞州的阿默斯特，这似乎是一个赚钱的绝佳机会。我一方面可以了解现代环境和消费史，另一方面可以为环境保护出一份力。

马萨诸塞州公共利益研究小组是公共利益研究小组在马萨诸

塞州的附属分支，它最为人津津乐道的贡献就是推动“环保质押金制”在马萨诸塞州通过。在我实习期间，一位资深的拉票员陪同我挨家挨户地向马萨诸塞州西部一个小镇的居民募捐。此外，我与我的实习导师一起完善我的“说辞”，也就是在有人应门和拉票员有机会说“你好”之间那个尴尬而关键的时刻，拉票者迅速说出的简短语句。我的实习导师明令禁止我在“自己的说辞”中提及“环保质押金制”，这是马萨诸塞州政府的标志性成就。至少在蓝领和保守派社区拉票时不要这样做。相反，他们鼓励我谈谈“柠檬法”（Lemon Laws），它是马萨诸塞州公共利益研究小组支持的一项不那么引人注目的立法，旨在保护购车者避免购买有缺陷的汽车。我当时想，马萨诸塞州公共利益研究小组不去利用每一个机会来吹嘘它的最高成就，真是太奇怪了。

马萨诸塞州“环保质押金制”的故事最早可以追溯到1973年。当时我只有8岁。马萨诸塞州公共利益研究小组与马萨诸塞州奥杜邦协会和其他环保组织合作，共同游说州立法机构对瓶子和罐子收取5美分的押金。虽然试图通过该法案的多次努力都以失败告终，但他们最终将其推进到了全民公投环节。然而，在饮料行业提供的200万美元的资助下，“保护就业委员会”和“使用便利容器”这两个游说团体发起了广告战，公开抵制环保质押金制。尽管只有非常微弱的优势（不到1%），但饮料行业最终还是成功地挫败了该制度。1977年，环保质押金制的立法在州众议院获得了多数人的支持，但在州参议院并没有获得通过。1979年，该法案在参众两院均获得通过，但随即被州长爱德华·金否决（他当时是民主党人，但后来成了共和党人）。

也许是感觉到环保质押金制背后的支持者越来越多，在饮料行业的推动下，爱德华·金通过了一个由自称“清洁联邦公司”的游说团体推动的该法案的替代方案，如雇用孩子捡拾瓶子和罐子垃圾。你看，解决办法不是对行业进行监管，而是关注个人行动。很快，你就会对我之前介绍过的转移视线活动有更深入的了解。

1981 年，环保质押金制再次在众议院和参议院获得通过。爱德华·金再次行使了否决权，称该法案体现了“一个政府的所有错误”。他声称，这给个人造成了不必要的经济负担，并将对该州的经济产生不利影响。在我们的故事结束时，你将对诸如环境问题的监管解决方案被认为会对经济不利这类争论非常熟悉。

在马萨诸塞州公共利益研究小组和其他组织的大力游说下，州立法机构、众议院和参议院均投票推翻了爱德华·金的否决。1981 年 11 月 16 日，该法案正式成为法律。但饮料行业岂能轻易“缴枪”，它们旋即资助了一场废除环保质押金制的活动，并进行了全民公投。虽然公投失败了，但 40% 的选民支持废除环保质押金制。该法案于 1983 年 1 月 17 日正式实施，但在与数百万美元的负面广告进行了一场激烈的较量后，公众对该法案的支持出现了分歧。一年多之后，也就是 1984 年的夏天，当我为马萨诸塞州公共利益研究小组拉票时，除了在最开明的社区，我都不愿提及这一法案了。

类似的剧情也在其他州上演。实际上，俄勒冈州是 1971 年第一个实行环保质押金制的州，接下来是 1973 年中立的新英格地区的佛蒙特州。20 世纪 80 年代初，相对进步的康涅狄格州、特拉华州、艾奥瓦州、马萨诸塞州、缅因州、密歇根州和纽约州也陆续效仿。然而，由于饮料行业的大力游说和抵制宣传，环保质押金制的落实在其他州都失败了。一则广告中甚至出现了一群穿着童子军制服的孩子，面带悲伤徒劳地寻找瓶子和罐子（这让美国童子军和“营火女孩”组织感到非常恼火，抱怨他们在未经同意的情况下，被可疑的政治动机利用）。你看，环保质押金制会对他们通过回收工作赚钱形成阻力。这又是一个转移视线活动的成功案例。

换句话说，饮料业采用了一种狡猾的、多管齐下的策略来反对通过环保质押金制。它游说州立法机构，并针对选民开展广告宣传，称其对消费者来说成本很高，而且对商业界不利。

在广告宣传活动中，饮料行业使尽浑身解数让环保质押金制在那些已经得到通过的州受到民众的抵制，这让该法案即使不是人人喊打，也只能勉强达到可接受的程度。例如，2007 年和 2009 年，爱德华·马基（民主党）在美国众议院提出的方案都胎死腹中。但饮料行业还有一项关键的任务，它们需要抑制“基地”（即打算采取行动的环保人士）的热情。1970 年 4 月，就在第一个世界地球日的那一周，环保人士在佐治亚州亚特兰大市的可口可乐总部前倾倒了一大堆不可回收的可口可乐瓶子，以此向该公司施压，迫使其支持环保质押金制。[15] 饮料行业知道，要说服这些人和他们越来越多的追随者相信环保质押金制对环境没有好处绝非易事。但或许能让他们相信，没有必要出台相关法案，或者该法案不会奏效。这正是“哭泣的印第安人”公益广告出现的原因。

暂时撇开美洲原住民的形象不谈，想想“哭泣的印第安人”广告传达的更重要的信息：那些在乡下被随地乱扔的瓶子和罐子，它们是个人采取不良行为的结果。如果你处于一个产生大量金属和塑料污染的行业，而且你试图反对旨在要求你包装和加工这些废物的法规，那么以此作为宣传信息再方便不过了。

接下来，可口可乐和麦迪逊大街的广告公司登场了。“让美国保持美丽”活动背后的美国财团包括可口可乐、百事可乐、安海斯－布希和烟草巨头菲利普莫里斯，它们一直在与美国广告委员会（这是一个非营利性组织，代表各种赞助商，包括环保组织）合作，生产和推广公益广告。1971 年，它们与纽约广告巨头博雅公关（你可能还记得我们之前讨论烟草阻燃剂时提到过它）合作，拍摄了“哭泣的印第安人”这则广告。

塞拉俱乐部和奥杜邦协会等环保组织最初是该活动的合作伙伴，它们认为这将是一种有效的途径，可以提高人们对乱扔垃圾的认识。但是，当人们意识到自己被骗之后，最终退出了这项活动。这是因为他们意识到，“哭泣的印第安人”实际上是饮料行业集团策划的公关策略。

这场广告抵制运动是饮料业多管齐下策略的一部分，目的是阻止环保质押金制的通过，它实现了自己的主要目标。因为众所周知，只有几个深蓝州通过了该法案，即使在几十年后，也不会有在全国范围内通过的环保质押金制。与此同时，越来越多的废弃塑料瓶引发了我们这个时代另一个巨大的环境危机，即全球塑料污染。塑料污染已不再仅限于乡间了，今天，塑料污染随处可见，甚至在深达 36 000 英尺①的马里亚纳海沟也发现了塑料污染的踪迹。事实上，空气也因此受到污染，2020 年 6 月，《连线》杂志刊登了一篇报道，宣称“塑料雨就是新型酸雨”。

---

① 1 英尺约为 0.304 8 米。——编者注

《连线》杂志援引的研究发现，每年有数吨微塑料落入自然保护区。[16]

具有讽刺意味的是，2006年，美国广告委员会又发布了一则公益广告，这一次是关于海洋塑料污染的。广告以迪士尼电影《小美人鱼》中的小美人鱼为主角，宣传的都是个人如何正确处理垃圾，没有提到饮料业在塑料污染中扮演的角色。这则广告的赞助商是环境保护基金之类的环保组织。这一次我被欺骗了……

回想“哭泣的印第安人”背后的真实故事，我很难不觉得自己遭到了背叛，仿佛我们年轻时的纯真只是一种幻觉，仿佛我以及我们这一代人，为了企业的利益被一个假先知带入歧途。当谈到“哭泣的印第安人”产生的更大影响时，菲尼斯·达纳韦做出了这样的评价：

> 正如“让美国保持美丽”的活动中所说的那样，解决污染问题与权力、政治或生产决策无关，这只是一个个人在日常生活中如何表现的问题。自第一个世界地球日以来，主流媒体一再将重大的系统性问题推到个人头上。很多时候，像回收利用和绿色消费主义这样的个人行动为美国人提供了一支怀揣环保希望的治疗剂，但却未能解决根本问题。[17]

这让我们回到了气候变化的问题上。

应该做什么？

本章开头的两段话包含了在一个正常运作的民主国家中行动

杠杆的双重性。进步需要个人的行动，毕竟，集体不就是由一群个人组成的吗？做正确的事能够为他人树立榜样，同时为变革创造一个更有利的环境。但我们也需要系统性变革，这就需要采取集体行动，向有能力就社会优先事项和政府投资做出决定的政策制定者施压。

许多生活方式应该被鼓励去改变，其中许多改变都能让我们更快乐、更健康，为我们省钱，并减少我们对环境的影响。消费者的需求压力肯定会影响市场（事实上，人们指责“千禧一代”通过自己的购买决策，淘汰了许多传统产品和服务，包括固定电话、男士西装和快餐连锁店[18]）。但仅凭消费者的选择并不能建造高速铁路、资助可再生能源的研发，或者为碳排放定价。任何真正的解决方案都必须同时涉及个人行动和系统变革。

我们必须保持警惕，不要让个人行动看起来像是系统变革的一个可行的替代方案。研究表明，只关注自愿行动实际上可能会削弱对政府追究碳污染者责任的支持力度。[19]因此，我们必须找到一个微妙的中间地带，即鼓励个人责任和个人行动，同时继续使用民主的所有杠杆武器（包括投票）向政客施压，要求他们支持政府出台的气候友好型政策。

那些发起转移视线活动的人并不是真的对解决问题感兴趣。如果感兴趣，他们会提倡多管齐下造福整个社会的方法。相反，他们的意图是通过诡计和误导，破坏可能对金钱利益不利的系统性解决方案。我们可以从枪支游说团体的做法中看出端倪，它们试图通过将注意力从该国大量监管不善的武器上移开，转移到枪支暴力肇事者个人的心理健康上，从而转移人们对枪支管制改革的关注。在化学工业的帮助下，大烟草公司拒绝为我们提供安全的香烟，但这些企业却向我们提供了有毒的花生酱和母乳。饮料业在很大程度上挫败了为通过环保质押金制而付出的努力，还给我们带来了全球塑料污染问题。

今天，化石燃料利益集团和“气候怀疑论者”正试图通过采用类似“哭泣的印第安人”的转移视线活动，来阻止旨在规范碳排放的政策。注意到当前的活动和过去的转移视线活动之间存在一些惊人的相似之处，这是很有启发意义的。例如，右翼人士愚蠢地认为气候倡导者“想拿走你的汉堡包”，这听起来很像美国全国步枪协会的警告，即枪支法改革倡导者“想拿走你的枪支”。两者都反映了一种企图，即利用政治保守派中普遍存在的对大政府和限制自由的恐惧。

此外，正如我们将看到的，气候活动中的转移视线者也试图使气候活动团体内部原有的裂痕不断扩大。这包括由正在进行的个人行为与系统性变化作用的争论引起的裂痕。（还包括涉及身份政治，以及性别、年龄和种族问题的裂痕。）当气候话题演变成一场关于饮食和旅行选择的大声争吵，以及关于个人纯洁、行为羞辱和美德信号的讨论时，我们就会得到一个意见分裂、无法用统一的声音说话的团体。我们输了，化石燃料利益集团赢了。

2019 年 6 月，我与宾夕法尼亚州立大学的同事乔纳森·布罗克奥普共同为《今日美国》专栏撰写了一篇文章，提出了以上观点。[20] 在文章中，我们指出，20 世纪 70 年代“哭泣的印第安人”这场转移视线活动与当前将气候行动几乎完全等同于个人责任的做法存在相似之处。佛蒙特州一位反对航空旅行的著名州政客对这种比较做出了愤怒的回应。“你知道有 10 个州都通过了环保质押金制吗？”他问道，他似乎认为自己在反驳我的观点。在辩论中，这有时被称为“自摆乌龙”。事实上，只有不到 12 个州（全是深蓝州）通过了环保质押金制，而全国范围的环保质押金制根本就不可能出台，这说明过去的转移视线活动取得了成功。当谈到当前关于气候的转移视线活动时，它起到了警示作用，这将是下一章的重点。

第四章　是你的错

一个四分五裂的国家是难以站稳脚跟的。

——亚伯拉罕·林肯

对气候怀疑论者来说，转移视线这一策略尤为阴险。除了将注意力从集体行动（例如，碳定价或碳监管、取消化石燃料补贴或鼓励推行清洁能源替代品）上转移开，它还会引发冲突，通过人们的相互指责、行为攻击、美德宣扬和纯洁度测试，加剧气候保护者内部的分裂。它还提供了一种手段，通过强调气候行动所要求的所谓个人牺牲和个人自由的丧失，将主要的气候倡导者诋毁为伪君子，并煽动政治保守派进行抵制。这一切都始于一个简单的转移视线活动。

转移视线活动也波及气候变化

人们如今对个人行为的关注并不是凭空产生的，就像“哭泣的印第安人”强调个人在清理瓶子和罐子垃圾中的作用一样，企业也在精心培养个人在解决气候变化问题中的作用。

“个人碳足迹”的概念是英国石油公司（BP）在 20 世纪中叶提出的。事实上，英国石油公司推出了第一个个人碳足迹计算器，可以说这是将公司打造为具有环保意识的石油公司所付出的努力的一部分。[1] 我仍然记得当时该公司鼓舞人心的广告语，它称自己为“超越石油”。这反映的究竟是真的接受绿色能源还是假惺惺的“漂绿”策略，我们就不得而知了。尽管英国石油公司最近一直试图在气候问题上大做文章，但 2010 年 4 月在墨西哥湾发生的深水地平线石油泄漏事件，似乎已经终结了它作为“绿色石油公司”在市场上立足的希望。[2]

正如环境作家萨米·格罗弗所言：“与人们的常识相反，化石燃料公司实际上都非常乐于谈论环境问题。但它们只是想围绕个人责任进行对话，而不是进行系统性变革或谈论公司的过失。”[3] 正如马尔科姆·哈里斯在《纽约杂志》上所写：“这些公司并没有规划一个不再使用石油和天然气的未来，至少短期内不会，但它们希望公众将自己视为气候解决方案的一部分。而实际上，这一解决方案只是权宜之计。”[4]

例如，一家石油行业网站登载了一篇题为《吃肉比烧油更糟？》的文章，这不足为奇。[5] 更令人惊讶的是，正是《纽约时报》一直在传递这样的信息，试图推卸化石燃料利益集团及其教唆者的责任。

2018 年 8 月，《纽约时报》大力宣传纳撒尼尔·里奇的一篇题为《地球变迁：我们几乎在 10 年内阻止了气候变化》的文章。[6] 这是《纽约时报》的封面故事，整期报纸都在报道这一事件。《纽约时报》甚至还制作了一段视频预告片。在这篇聚焦

1979—1989 年的文章中，里奇在谈到不作为的气候政策时，将化石燃料行业视为纯粹的“恶棍”。他还为共和党开脱责任。他这样做是利用了一个明显站不住脚的观点，即化石燃料造谣运动直到 20 世纪 90 年代才真正兴起，所以从 20 世纪 80 年代开始的气候运动以失败告终就不能与此扯上关系。《大西洋月刊》的罗宾逊 · 梅耶认为里奇的说法是错误的，并且认为这两者毫不相干。正如我们在第一章和第二章中提到的，气候虚假信息运动背后的“基础设施”在 20 世纪 80 年代中叶就已建造完成。梅耶文章冗长的副标题提供了一个足以令人信服的总结：“通过将早期气候政治描述为一场悲剧，《纽约时报》让共和党人和化石燃料行业摆脱了困境。”[7] 里奇文章中的倒数第二行是经典的转移视线做法：“人性让我们陷入如此窘境，也许有一天人性也会让我们渡过难关。”

里奇的文章发表后，《纽约时报》发表了数十篇文章，强调个人行为在应对气候变化中的作用。其中包括我们吃什么（关于食物和气候变化）、我们选择怎样出行（我们可以做的一件小事：少开车）、我们是否应该度假（如果环游世界会加剧地球毁灭，那么我们应该足不出户），以及如何看待我们在应对气候危机中的整体作用（我个人也是气候变化问题的一部分，这就是我写这篇文章的意图）。[8]

2020 年春，新型冠状病毒大流行加剧了人们对肉类安全的担忧，在此期间，《纽约时报》发表了一篇特别评论（《肉类的时代到此结束了》），其宣传语是“如果你关心贫困工人、种族公正和气候变化，那么你就不能再吃任何肉类”[9]。《纽约时报》试图用毫不隐讳的措辞告诉阅读这篇文章的人，如果我们选择吃肉，就不算是真正关心气候变化（或关心种族正义，或其他事情）的人。《纽约时报》的编辑攻击食肉行为的做法，堪称武器级别的心理羞辱！

在 2020 年民主党初选之前，《纽约时报》做出了一个不同寻常的举动，对两位候选人——明尼苏达州参议员埃米·克洛布彻和马萨诸塞州参议员伊丽莎白·沃伦均表示支持。两位候选人都支持对气候变化采取行动（太棒了），但《纽约时报》编辑委员会忍不住对其中一位做出这样不太严厉的批评："沃伦女士经常把网撒得太广，把从气候变化到枪支暴力等一系列弊病的责任都推给商业界，而责任其实在整个社会。"[10] 如果这种做法看起来、听起来、闻起来都像是在转移视线，那这就是事实。

这一切并不是说《纽约时报》在传播化石燃料行业宣传方面一直自愿地扮演着共谋者的角色，而是因为《纽约时报》认可过分强调个人责任而非系统性变革的说法，它至少无意中成了转移视线活动的推动者。也许《纽约时报》和其他主流媒体是"渗透"的受害者（即反对派的观点渗透到主流的气候表述中），可以说这是化石燃料行业不断进行虚假宣传的结果。[11]

萨米·格罗弗指出，事实证明，转移视线活动是多么成功："问问普通公民，他们能为阻止全球变暖做些什么，他们会回答说吃素或关灯，而不是去游说他们选举的官员。"[12] 我的研究生院校耶鲁大学也认同这种逻辑。在为其做出不剥离化石燃料资产的决定进行辩护时，耶鲁大学董事会发表了一份声明，认为"忽视消费者造成的危害，是一种错误"，将责任归于个人而非企业行为。[13]

伦理学家史蒂芬·黑尔斯在一篇名为《基于内疚的倡导徒劳

无益》的文章中指出，整个哲学伦理学科都被这种误导性的思维劫持了。黑尔斯报告说，他“最近参加了一场国际伦理会议，得到的压倒性结论是，哲学伦理仍然痴迷于个体……你应该做什么、你应该如何行动、你应该成为谁。没有人认识到，我们这个时代所有真正尖锐的道德问题都是集体问题……正是那些解决集体行动问题的言论，一心想让这些问题最终变成个体问题而不是集体问题”[14]。

行为羞辱，例如对饮食偏好的羞辱，很有可能是由一种无力感、绝望感和末日感助长的，这种普遍存在的感觉被一种我们称为“末日主义”的毫无作为的形式推动。毕竟，指手画脚的事我们都会做，这并不难，即使我们认为减缓气候变化可能不会成功。气候科学家丹尼尔·斯温在推特（Twitter）上大声质疑：“为什么这么多人认为个人羞耻和倡导极度节俭居然在某种程度上是有帮助的？”《纽约时报》气候记者约翰·施瓦茨回答：“对很多人来说，羞耻感本身就是一种奖励，而且站在道德制高点会让人上瘾。”[15] 行为羞耻感是气候焦虑者的现代精神鸦片吗？气候怀疑论者是其煽动者吗？

科罗拉多大学的气候信息专家马克斯·博伊科夫认为，至少在一定程度上，对个体行为的关注是两种行为的产物，即挑战看似是“压倒性”的，以及我们迄今为止未能做出真正必要的集体应对措施。然而，他认为，仅仅把这个问题定义为个人责任并不能解决问题，而“逃避羞辱”则是“一种更没有成效的对话方式”。他指出，所有羞辱只会让人感觉不好，它是“在责怪别人的同时，却没有真正谈论导致人们需要或渴望那样做的原因”[16]。

然而，一些气候专家发出的信息，实际上已经在个人层面的转移视线活动中发挥了作用。以加州大学圣迭戈分校的政策研究员戴维·维克多为例，他作为特朗普政府的证人反对“我们的儿童信托”对化石燃料的诉讼，并因从化石燃料利益集团（英国石油公司和电力公司支持的电力研究所）获得资助而广受批评。[17] 2019 年 12 月，他在《纽约时报》上发表了一篇专栏文章，着意淡化主要排放国对包括第二十五届联合国气候变化大会在内的国际气候峰会，未能实现实质性减排的责任。[18] 媒体监督组织“终结气候科学”的创始人兼董事吉纳维芙·冈瑟博士将维克多的专栏描述为气候怀疑论者的“大师级课堂”，称其所用的手法从“淡化美国的责任到夸大行动成本，再到关注难以脱碳的部门，以及呼吁气候政策……最后到‘宗教’”[19]。

维克多还坚持认为气候倡导者应该避免“企业负罪”的言论，并接受“我们都有罪”的事实，这同样令人十分惊讶。这种说法与化石燃料公司的说法不谋而合。例如，在 2018 年，雪佛龙公司在法庭上辩称，“正是人们的生活方式”导致了气候变化。[20] 我无法阐明维克多的意图或动机。我能说的是，气候怀疑论者是如何抓住并利用这种做法，将责任从企业污染者转移到个人行为头上的。维克多的评论在社交媒体上引发了一场极为激烈的争论，这也促使我们开展了一个重要的相关讨论：转移视线活动如何与气候怀疑论者一起在气候团体内播下分裂的种子。[21]

反社交媒体和战争机器

关于个人行为与系统性变革激烈辩论的核心本身就是一个错误的两难困境，两者都很重要，也很必要。但这场辩论被越来越多地用于在气候行动倡导者群体中挑拨离间。这就是所谓的“离间运动”，这并不是什么新鲜事，它起源于数十年前的虚假信息活动。

20多年前，这种形式的信息战首次被一个致力于破坏公众接受进化论的宗教组织——“探索研究所”称为“离间策略”。[22]“探索研究所”试图在学校引入神创论教学内容，通过使用科学术语（包括使用听起来很科学的术语“智能设计”来描述实际上并不隐晦且不古老的地球神创论），并通过阐明理性的科学教育者可能接受的议程，以在科学界制造裂痕。

与任何广泛、多元的团体一样，气候运动中也存在自然分歧，例如年龄、性别、种族、政治身份，当然还有生活方式的选择，这一点我们在后文中会再次谈到。我们称激进分子的一个特殊子类为“分裂者”，他们利用这些已经存在的断层线和“离间策略”在气候行动团体内部制造分裂和不和。他们的原则很简单：分裂气候倡导者，使其不能同仇敌忾，并使用这种内部分歧来分散注意力，降低执行力、专注度，最终使其行为无效。

今天我们知道，国家行为者在2016年美国总统大选期间通过宣传假新闻和部署网络“喷子”、机器人水军来操纵社交媒体。[23]他们的任务是通过抢走民主党候选人希拉里·克林顿的潜在支持者，说服他们支持伯尼·桑德斯（初选）或吉尔·斯坦（大选）等替代候选人，来分裂民主党选民，或者劝阻选民干脆待在家里不去投票。他们需要做的就是压低民主党的投票率，让选举结果倾向于他们喜欢的候选人唐纳德·特朗普。他们成功了。

2016年针对希拉里·克林顿的一些最激烈的网络攻击似乎

来自环保主义左派人士，他们批评希拉里的气候政策（例如，她在水力压裂法上的立场）。他们试图让年轻的、更环保的进步人士相信，这两位候选人没有什么不同（所以他们还是待在家里吧）。作为克林顿竞选团队的能源和气候顾问，我可以证明，在气候问题上，特朗普和希拉里·克林顿有着天壤之别。[24] 但事实是，年轻选民错误地认为希拉里·克林顿在气候问题上并不比特朗普做得好，我们几乎可以确认这是阻止他们投票的原因之一，而这实际上就是把总统之位拱手让给了特朗普。[25]

环保进步人士认为特朗普和民主党在气候问题上没有区别的观点存在严重缺陷。[26] 2019 年 12 月，当我在《纽约时报》发表了一篇专栏文章，强调共和党在促成否认气候变化和不采取行动方面所起的作用时，我收到了许多愤怒的回复，坚称两党都有同样的责任。[27] 一位 Twitter 用户的主页上张贴着伯尼·桑德斯的照片，他坚称："否认气候变化绝对是两党合作的结果。坦率地说，建制派民主党人更糟糕，因为他们说气候变化是真实存在的，但是依然在推行会害死所有人的政策。"紧随其后的是，"民主党建制派绝对证明了你的观点"，以及"如果民主党人相信科学，但仍然推动水力压裂和钻井，那么毫无区别可言"。一个参与争论的科学家，即我的气候科学家同事、华盛顿大学的大气科学家埃里克·斯泰格为此辩护，他在 Twitter 上说："你对这个问题的思考方式存在很多错误，我甚至不知道从哪里开始反驳。我只想说一点，民主党人参与了 2015 年的《巴黎协定》，而特朗普政府退出了。是的，这很重要。"但不用担心，虚无主义总是能找到办法。最后一位对话者回答："但《巴黎协定》没有起到任何作用，即使每个人都在全力以赴，也不足以阻止气候变暖，所以……”他们都错了，都被严重误导了，而这些都是分裂者想看到的结果。[28]

当然，参与其中的不仅仅是糟糕的国家行为者。众所周知，化石燃料利益集团及其游说团体也在使用类似的方法操纵舆论，其综合效应是使社交媒体成为肆意攻击他人的武器，从而推动否认、歪曲、末日论和拖延的事业。基本策略如下：部署专业的“喷子”在社交媒体上放大一个特定的模因，然后派遣一大群水军进一步放大它，引诱大众加入这场争论。这一做法是为了制造一场大规模的“食物争夺战”（这个词很恰当，因为我们将看到，许多网上的争斗实际上是关于个人的食物偏好的），从而产生两极分化和冲突。一种比较受欢迎的方法是，让恶意“喷子”或水军发起一场有前瞻性的在线讨论，即积极倡导相反的立场，并相互进行激烈的攻击，很快就展开了一场混战，而这当然是一场专门在气候领域展开的混战。[29]

克里斯托弗·布齐是一名软件开发者，也是“机器人哨兵”（Bot Sentinel）的创始人。“机器人哨兵”是一家跟踪 Twitter 上面的不真实行为的公司，其根据对 Twitter 推文的评估，可以推断出一个特定的账号是机器人的概率有多大。“气候内幕新闻”报道了布齐在参加完 2019 年 9 月上旬美国有线电视新闻网气候论坛之后观察到的一个插曲。在 24 小时内，约有 10 万个 Twitter 账号被“机器人哨兵”追踪为“机器人喷子”（被标记为从事分裂性“喷子”行为的机器人），提及“气候变化”一词的次数异常多（高达 700 次）。布齐表示，每当“气候变化”这样的词语在“机器人喷子”中开始流行时，很可能会涉及一定程度的幕后操控。他指出：“我们注意到的是，这些词语很可能是由有着某种特定目的的账号推动的。”他补充说：“看到这些东西实时发生，的确很有意思。有时我们可以看到实际上有 5 个或 10 个账号能够操纵一个话题标签，因为关注它们的人很多，并不需要很多账号就能让事情顺利进行。”[30]《卫报》称：“一群 Twitter 自动化机器人正在重塑社交媒体上关于气候危机的对话。”据估计，“平均每天有 1/4 的有关气候的推文是由网络机器人发布的”，其结果是“扭曲了在线讨论的内容，使其出现了比正常情况多得多的否认气候科学的言论”。[31]

分裂与征服

当谈到两极分化的言论时，没有什么比在生活方式选择方面更能将人们分裂的，因为它与一个人的认同感直接相关。由于个人行为与生活方式选择直接相关，因此它为气候怀疑论者提供了绝佳机会。气候怀疑论者非常乐意将个人行动和转移视线活动武器化，以在气候运动中形成离间效应。

我们已经看到，社交媒体为分裂分子提供了一个完美的工具，来产生一个“个人行为”的楔子。一些更具攻击性的倾向（即指责、行为羞辱、发出善意信号和发泄不满）被充分展现在社交媒体上，网络水军和“喷子”利用它们，将小裂痕变成大裂缝。众所周知，基于内疚的积极参与会阻碍进步，这是一种被称为“回旋镖效应”的结果。例如，一项研究得出的结论是，在减少家庭能源使用方面，“关注积极规范（可取的行为）而不是消极规范（不可取的行为）尤为重要”。对个人的行为羞辱甚至可能对气候保护行动产生反作用，那就把它看作对气候怀疑论者的

"奖励"吧。[32]

行为羞辱并不总是一件坏事。当针对那些寻求阻止气候行动的不作为的政治家、工业企业雇用的"发言人"和否认气候变化者时，它是完全适用的。

毋庸置疑，他们也在利用代际和文化分歧，例如，试图让仿佛生活在象牙塔中的"婴儿潮一代"以及"X 一代"的学者与脚踏实地的"千禧一代"和"Z 世代"的年轻人对抗。这种分裂性的努力似乎越发流行。[33]

冲突已经蔓延到街头。以加州前州长杰里·布朗为例。布朗将气候变化作为他最后一个任期的标志性议题，率先制定了史上最宏大的气候目标，其中一项行政命令承诺加州到 2045 年在整个经济范围内实现碳中和。[34] 他带头反对特朗普政府威胁退出 2015 年《巴黎协定》，领导由州、各市政当局，以及公司和企业组成的"我们仍在坚守"联盟，发誓要坚守自己的承诺。2016 年大选后不久，有传言称特朗普计划取消对气候数据收集卫星的资助，布朗说了句名言："加利福尼亚州将发射自己的卫星。"我当时和布朗在一起，亲耳听闻他这样说。[35]

虽然我承认自己有个人偏好，因为我既是前州长布朗的顾问，也是他的朋友，但当我看到青年人和倡导社会正义的抗议者于 2018 年 9 月在旧金山举行的全球气候行动峰会上诋毁布朗时，真的感到很震惊。一位记者将抗议者描述为"正义环境运动的一部分，许多有色人种来自不太富裕、污染严重的地方……他们希望通过气候行动获得干净的空气"。该记者还补充说："那些正在接受抗议的人（布朗州长和他的盟友）是主流环保运动的一部分，他们通常是比较富有的白人。"[36] 抗议者攻击布朗未能禁止在加州开采石油和天然气（有时被称为水力压裂法开采）。一条横幅上写着“气候领袖不会支持水力压裂法开采”。这是一个完美体现好人成了好人的敌人的案例。布朗指出：“我们正在努力做得更多……但我们有立法机构，我们有法院，我们有联邦国会和联邦法院……在一个自由社会中，我们的政治环境中有很多因素是我们必须应对的。”[37]

你可能会说，这是一场年轻的理想主义与疲态尽显的实用主义和现实政治之间的冲突。但在这场抗议活动中，既有种族因素也有文化因素，或许还有性别因素。美国参议院和国会的一位绿党前候选人阿恩·门科尼提出了一个反问：“你是否注意到来自我方的其他攻击性文章？如果你不赞同他们的观点，那么你就是一个性别歧视者和种族主义者。”[38]

尽管激进分子一直在寻找可以用来分裂气候运动的“武器”，但有时在气候运动中使用“武器”并不难。例如，气候运动组织“反抗灭绝”的联合创始人罗杰·哈勒姆的言论就弱化了大灾难发生的可能性。此外，他过去在性别歧视、种族主义和民主方面还发表过一些有争议的言论，这一切导致“反抗灭绝”的德国分支与其联合创始人之间产生了隔阂。[39]

现在，让我们回到个人行动与系统性变革的问题上，因为这是离间运动的核心。在这里，我们看到，即使是最具有善意的环保组织也在加剧气候运动内部的分裂。近年来，塞拉俱乐部在其执行董事迈克尔·布鲁内的领导下，在促进气候行动方面发挥了关键作用。但读者可能还记得，塞拉俱乐部是臭名昭著的饮料行业策划的“哭泣的印第安人”公益广告和转移视线活动的最初支持者（大概其当时并不知情）。看来塞拉俱乐部至少在某些时候，也成了更广泛的气候变化转移视线活动的受害者。

在该组织的杂志《塞拉》的一篇题为《是的，实际上，个人责任对解决气候危机至关重要》的社论中，该杂志的编辑杰森·马克评论了 2019 年 6 月我和宾夕法尼亚州立大学的同事乔纳森·布罗克奥普一起撰写的一篇发表在《今日美国》上的专栏文章。[40] 这篇文章标题为《你不能通过吃素来拯救气候，企业污染者必须承担责任》，我们认为，个人行为和系统性变革都很重要，前者不能替代后者。杰森·马克暗示，我们提出了一个“半真半假”的观点，即我们“以前谴责个人的生活方式，现在如果你提到个人生活方式的重要性就会被谴责”。实际上我们所说的是，只关注个人行动，以至于忽视系统性变革是有问题的：“尽管值得采取许多行动，而且我们的同事和朋友都在真诚地关注这些行动，但仅关注自愿行动，只会减轻推动政府政策以追究企业污染者责任的压力。”（补充强调一下。）公平地说，马克随后确实修改了他在网上发布的评论，以澄清我们实际上并没有否认改变生活方式的作用。

在气候战争中，塞拉俱乐部一直都是一个重要的盟友。这个例子提醒我们，即使是盟友也可能发表无益的论调，尤其是当气候怀疑论者如此热衷于培育这种论调时。

食物之争

在社交媒体的战壕里，离间运动显然已经结出了硕果。分裂者成功地制造了一场名副其实的“食物之争”，事实上，这是一场真正的“食物之争”。让人们争论他们的饮食偏好、喜欢的交通方式、生多少个孩子，以及其他关于生活方式和个人选择的问题。“如果人们对碳排放心怀内疚，那么是谁使用的第一块煤呢？”我在《时代》杂志的一篇评论中写道：“谁是真正的气候行动者？是不会飞的食肉动物，还是乘飞机去国外探亲的素食主义者？”人们似乎有无穷无尽的相互指责。[41]

然而，肉是这场食物之争的核心，尤其是很多人抱怨的牛肉。虽然牛肉消费只占碳排放总量的 6%，但它似乎经常占到我 Twitter 上 100% 的内容。[42] 2014 年一部非常成功且有影响力的纪录片《奶牛阴谋》传播了这样一种错误观念：吃肉是人类造成气候变化的主要因素。《奶牛阴谋》分散了甚至可以说转移了人们对化石燃料利益集团真正阴谋的注意力，从而混淆了公众对使用化石燃料后果的认识。《奶牛阴谋》被宣传为“环保组织不想让你看的电影”，该纪录片坚持认为，畜牧业与领先的环保组织合谋，以掩盖这样一个事实，即造成气候变暖的主要原因是肉类消费，而不是化石燃料的燃烧。但那些说法不是深入研究和调查性新闻的产物，它以糟糕的数学计算为基础，是未经同行评议的可疑声明的产物，其影响被一部充满争议的电影放大了。[43]

因此，现在有一个看似规模庞大的、非常活跃的素食主义者团体，他们相信戒肉是解决气候变化问题的办法。我也曾因为公开表示自己渴望吃肉而在社交媒体上被攻击，尽管坦率地说我并不吃肉。[44] 动物权利保护人士经常攻击气候科学家，仅仅因为他们认为，与燃烧化石燃料相比，吃肉对气候变化的影响微不足道。具有讽刺意味的是，以左派自居的人对基于事实的辩论如此敌视，这与否认气候变化的右派对气候科学家的攻击有很多共同之处。不知不觉中，相当数量的素食主义者已经被分裂者和转移视线者利用，以达成他们的目的。

我经常说，我使用的电力来自可再生能源，我有一个孩子、一辆混合动力车，而且不吃肉。[45] 我选择不吃肉的生活方式有几个原因：支持我的女儿（她选择了无肉饮食）、自我的道德要求，以及我想尽量减少自己的碳足迹。我认为树立一个好榜样很重要。但我并不会试图对他人的生活方式指手画脚。我们已经看到，这可能会对气候进步产生反作用。温和的鼓励，尤其是鼓励生活方式的改变，是一条更好的途径。

有许多值得面对的社会问题，诸如动物权利、更清洁的环境、社会公正、收入不平等，不胜枚举。我尊重并感谢那些倡导解决这些紧迫问题的人。但我对那些似乎试图利用气候讨论来推动全球素食主义（或者说放弃市场经济）的人持谨慎态度，因为这代表另一种形式的转移视线，并且正好迎合了那些气候怀疑论者的目的。

当然，个人行为不仅限于食物选择。旅行方式，尤其是乘坐飞机旅行，是另一个引起巨大争议的问题。与可以电气化和由可再生能源驱动的陆路交通（汽车、公共汽车、火车）不同，飞机需要长距离移动大量物体，目前很难脱碳。高密度生物燃料的研究非常有前景，而且我们有了更好的电池技术，航空电气化终将成为可能。那些依赖航空旅行的人目前别无选择，只能继续排放碳。但对于我们这些人，比如我自己来说，有能力支付进行碳抵消的费用。

尽管如此，考虑到飞行对碳排放的影响，航空旅行还是受到了或多或少的非议。航空旅行仅占全球碳排放量的3%左右，与运输行业其他部门、电力部门和工业的排放量相比，这实在是微不足道。事实上，航空旅行的替代方案有时会产生比飞行更多的碳足迹。一项研究发现，当进行全生命周期分析（即考虑车辆的建造和维护以及所需的基础设施）时，乘坐火车旅行有时会产生更高的碳排放。[46] 还需注意的是，休假三天乘火车前往目的地，或乘船旅行三周，是大多数工薪阶层无法承受的奢侈生活。如果坚持要求他们这么做，则可能被认为隐含着特权。

那么，为什么乘坐飞机和吃肉一样，在涉及我们个人的碳足迹时，会引起如此多的热情和关注呢？或许转移视线者希望我们关注那些倡导气候行动的精英，即那些乘坐喷气式飞机的名人和出席会议的科学家，所谓的伪善。我们稍后再讨论这个问题。也许是阶级斗争的缘故，与年龄、性别和种族一样，阶级是分裂我们的东西，它为那些希望人们相互斗争而不是共同努力改善事物的人提供了一个天然的“武器”。反对乘坐飞机的部分原因似乎是乘坐飞机的人大多处于富裕阶层。与商务相关的航空旅行对商人来说是例行公事，他们的公司会为此买单。一个人的可支配收入越高，这个人就越有可能乘坐飞机去遥远的地方度假。对于那些将资本主义本身视为敌人的人来说，“航空羞辱”是一个非常合适的选择。我们稍后也将谈到这一点。

与此同时，我们需要思考另一个对个人碳足迹有重大影响的个人选择问题，即生儿育女。在所有其他条件相同的情况下，如果您的家庭人数增加一倍，您的集体碳足迹就会增加一倍。当然，以碳友好的方式抚养孩子是可能的，事实上，我的一个朋友写了一本名为《零足迹婴儿》的书，就讲述了如何做到这一点。[47] 但这样做比管理自己的碳足迹更费力，如果你不擅长管理自己的碳足迹，那么你也不太可能擅长管理集体碳足迹。

气候科学家凯瑟琳·海霍在回应诸如“为什么她会乘飞机去参加会议”“为什么她会有孩子”等批评时指出：“乘坐飞机、吃饭和生孩子通常被视为一种纯洁度测试。这就像‘你说你关心气候变化，但如果你有孩子，或者你吃肉，或者更不敢相信的是你曾搭乘过飞机，那么你就不是我们的盟友，而是我们的敌人’。”海霍指出，就像过去否认气候变化者对气候科学家发起的那些攻击，现在攻击来自那些“不仅关心而且参与气候变化之争”的人。[48] 乔纳森·福利是一位气候科学家，他现在是气候教育减排项目组织——“缩减项目”（Project Drawdown）的执行董事，该组织致力于社会脱碳，它将“航空羞辱”称为“气候运动正在搬起石头砸自己的脚”[49]。

我必须承认，我和我的气候科学家同行都感到担忧和困惑。我们选择将自己有限的生命奉献给提高人们对气候危机的认识，然而许多所谓的气候倡导者却把我们推出去当替罪羊，只因为我们不是过着与世隔绝的纯素食隐士的生活。但在今天，谁能真正承受得起没有碳“罪”的生活呢？一个有四个孩子的素食主义者？ 一个工作上需要跨洲飞行的无子女的素食主义者？还是一个依靠肉类获取蛋白质、身患腹腔疾病且没有孩子的人？我们都面临着现实世界的挑战和艰难的选择，这些挑战和选择使我们在依赖于化石燃料基础设施的系统中实现完全脱碳的努力变得越发复杂。我们必须改变这个系统。个人为减少自己的碳足迹所做的努力值得称赞，但是，如果没有系统性的变化，我们将无法实现经济的大规模去碳化，而去碳化对于避免灾难性的气候变化至关重要。

如果海霍和其他顶尖的气候科学家和倡导者选择完全在现有

系统之外工作，他们会有同现在一样的工作效率吗？虽然有些人是这么认为的，但我认为可以提出一个令人信服的观点，即在现有系统内，从媒体的可及性、公开演讲的机会，以及与政策制定者和利益相关者接触的角度来衡量，变革的倡导者拥有最大的影响力。

尽管如此，许多杰出的气候倡导者仍在继续推进个人行动优先的做法。《卫报》专栏作家乔治·蒙比奥特以倡导气候行动和努力在气候领域揪出不良企业行为者而被人们熟知，他坚持认为“我们都是杀手”（也就是说，我们这些继续乘坐飞机的人正在伤害地球）。[50] 2013 年，《华尔街日报》天气博客的前编辑、气象学家埃里克·霍尔特豪斯决定永久停止航空旅行。他坚称，在减少碳排放方面“没有其他更合理的方式”。据报道，他还考虑采取绝育手术这一不寻常的措施，以防止自己对人口增长产生影响。[51]

当时霍尔特豪斯因其禁飞承诺而获得了大量媒体的报道（其中一些评价相当复杂[52]），而且他还采取了进一步行动。他要求其他人也拒绝乘坐飞机，并对科学作家安德鲁·弗里德曼说：“我们这些报道天气和气候的人……应该以身作则，不能再保持中立了。”[53] 他还痛斥了旅行爱好者兼航空播客主持人杰森·拉比诺维茨，当时拉比诺维茨分享了他飞往马德里的计划，其实他没有特别的理由去马德里，只是因为他找到了便宜的机票。霍尔特豪斯将拉比诺维茨的快乐之旅比作“拿着枪，只是因为你认为开枪很有趣，就盲目地朝人群开枪”。霍尔特豪斯并没有就此打住，他继续称拉比诺维茨是一个“自私的、自以为是的浑蛋”，并补充道：“你根本不在乎伤害了谁，你只关心你自己。”他以“这种未经审查的特权正在造成我们作为一个物种所面临的最大的生存威胁”来结束这场谩骂。请注意，他在对话中插入了另一个有关社会阶层的问题。保守派媒体似乎对报道这场争执极为感兴趣。[54]

霍尔特豪斯的批评为我们提供了一个窗口，让我们了解代际的鸿沟是如何拉大的，他们从一种形式（如行为羞辱）开始，扩展到其他形式（如身份政治）。2019 年 6 月，因为与气候变化主题纪录片《冰上火》的关系，我成了霍尔特豪斯批评的焦点。这种批评的依据是什么？我作为一名白人男性科学家，出现在了电影（由家庭影院频道制作）的预告片中，他觉得这部电影在性别和种族多样性方面展现得不够充分。值得注意的是，我在预告片和电影中都未担任编辑角色，导演是一位受人尊敬的女性制片人，名叫莱拉・康纳斯，而电影本身也有多样化的声音，在性别方面几乎是平衡的。

事实上，我经常觉得自己处在有毒的网络环境当中，这种境况在今天的气候领域普遍存在，而我的个人经历代表了当今网络言论中更为普遍存在的模式。正如我们所看到的，分裂者会利用一切分歧，用机器人水军和专业“喷子”放大分裂的信息。那些来自表面上的气候倡导者的友好攻击，为他们提供了充足的弹药。

伪君子

分裂者试图将气候领域有影响力的专家和公众人物定性为“伪君子”，指责他们享乐主义的生活方式会产生大量碳足迹。这是一个绝妙的策略，因为这把人们对气候的关注与社会精英联系起来，形成了一个阶级 / 文化鸿沟，并诋毁关键的思想领袖，这反过来又限制了他们的信息传递工作的有效性。与此同时，分裂者再次把重点放在了个人行为上，将人们的注意力从系统性变革和政策行动的必要性上转移开来。这是一场分裂、诋毁和转移注意力的完美风暴。

在许多情况下，这些指控是虚假的，具有误导性。但如果它们是准确的呢？如果这些思想领袖真的有大量碳足迹呢？“伪君子”的指控公平吗？正如环境作家大卫·罗伯茨所言：“这里有一个隐藏的前提……个人减排是应对气候变化的重要组成部分，如果你认真对待气候，你就有义务减少自己的碳排放。”但是，我们可以看到，如果没有系统性的改变，个人行为就毫无意义。罗伯茨指出，被视为伪君子的人通常“并不提倡个人牺牲或禁欲主义”，而是会阐明系统性变革的理由。“如果他们提倡并愿意遵守旨在减少碳排放的税收和法规，那么这些人就是忠于自己的信仰。你可能认为他们做错了……但他们不是伪君子。”[55]

以与气候危机关系最为密切的公众人物阿尔·戈尔为例。多年来，戈尔一直受到右翼媒体的嘲笑，包括《福克斯新闻》和默多克媒体帝国的其他媒体，他的房屋面积、电费账单，甚至体重都成了被抨击的理由。这都是为了把他描绘成一个贪吃的伪君子，在有关个人碳足迹的问题上言行不一。

那么在2006年，由戈尔编剧并主演的、颇有突破性的纪录片《难以忽视的真相》上映时发生了什么？这部影片被认为提高了国际公众对气候变化的认识，它毫不留情地将社会在气候方面的集体失败直接指向了污染企业。影片上映不久，科赫兄弟的一个灰色收入利益游说团体——田纳西州政策研究中心（现为“田纳西州灯塔中心”）发布了一份“报告”，声称前副总统的家庭能耗比美国家庭的平均能耗高出20倍。[56]

不要在意，“20倍”这个数字是被夸大了的（可能接近12倍）。或许正如戈尔的发言人所说，戈尔的住所也是他的办公室，里面还有一些员工，而且戈尔支付的电费中有一部分是用来购买从绿色能源中获取的电力。[57] 分裂者需要故意抹黑他。这个故事是由右翼媒体宣传的。事实上，“伪君子”的说法最终被证明是连美国广播公司这样的主流媒体都无法抗拒使用的，它的标题是：“阿尔·戈尔背后令人不安的真相：一份30 000美元的能源账单”[58]。

在关键时刻诋毁一位重要的气候使者，并将注意力从系统性变化转移到个人行为上，这是诽谤运动背后的真正目的。而田纳西州政策研究中心27岁的“总裁”德鲁·约翰逊的说法似乎与这个目的背道而驰，他兴高采烈地打趣说：“作为全球变暖运动的首选代言人，阿尔·戈尔在家庭能源使用方面必须身体力行，而不能只是光说不练。”[59]

作为最著名的气候活动名流，莱昂纳多·迪卡普里奥同样成了攻击目标，保守派媒体将其描绘成一个经常搭乘喷气式飞机出游的享乐主义者。默多克旗下的澳大利亚《先驱太阳报》的一篇文章标题为《好莱坞伪君子的全球变暖布道》。[60] 默多克拥有的另一份报纸《纽约邮报》刊登了一篇题为《莱昂纳多·迪卡普里奥不是唯一的气候变化伪君子》的文章，其中还提到了由演员摇身一变成为气候活动家的马克·鲁法洛、贝拉克·奥巴马总统，以及……教皇方济各。[61] 是的，在化石燃料问题上，即使是教皇也会被鲁珀特·默多克抹黑。如果说这些头条新闻看起来过于含蓄，那么英国右翼《每日邮报》则曾多次抨击迪卡普里奥是个伪君子，向我们提供了《生态战士还是伪君子？莱昂纳多·迪卡普里奥的环球飞行派对……同时在向所有的人宣讲全球变暖》[62]的报道。所以你明白了吗，迪卡普里奥是个伪君子，因为他的碳足迹很多，所以我们不应该关注全球变暖。

你觉得这很荒谬吗？但这是一个令人难以置信的有效信息，不仅对保守派，而且对反对特权的左派环保人士也是如此。这就是所谓的虚伪，即感觉别人得到的比他们应得的更多，这种感觉似乎来源于我们大脑中的爬虫脑，绕过了逻辑思路，引发了本能的愤慨和怒火，其目的是将愤怒和愤慨集中在气候拥护者身上，理想情况下，集中在整个气候运动上。

那么，这些指控公平吗？记者大卫·罗伯茨在2016年为沃克斯新闻网撰写的一篇文章中指出："没有任何证据表明迪卡普里奥曾倡导个人减排，或告诉任何人他们应该放弃飞机或船只。"罗伯茨指出："他关注的是需要政治领导……因此，'伪善者'的指控并不成立。如果你没有倡导过，也没有要求别人做些什么，你就不是一个伪君子。"[63]

但是，像迪卡普里奥这样的人物应该做得更好，而且作为一个致力于提高气候变化意识的舆论领袖，他应该"身体力行"，向其他人发出必要的改变其行为的信号，这种说法又如何呢？罗伯茨也回应了这一指责："如果发出信号是问题所在，那么，迪卡普里奥正在支持电动汽车，推动电影业使用清洁能源，建设生态度假村，支持清洁能源运动，甚至还发起了一项气候慈善活动。哦，还有在奥斯卡颁奖典礼上，在900万名观众面前发自内心地呼吁。这已经释放了很多信号！迪卡普里奥在这个问题上有长期认真工作的经验。无论以什么标准衡量，他在发出环保信号方面都比绝大多数有钱、有影响力的人做得更好。”[64]

所谓的“虚伪”往往是攻击者首选的武器，在气候领域，分裂者常用它来对付众多知名的公众人物。默多克的《先驱太阳报》（当然还有安东尼·沃茨）攻击知名的气候活动家、国际活动家组织“350.org”的创始人比尔·麦吉本，抨击他搭乘飞机旅行。[65] 事实上，共和党反对派团体一直在跟踪他，试图拍到他使用塑料袋购物的照片。[66] 默多克的《纽约邮报》指责纽约的绿色新政倡导者和新国会女议员亚历山德里娅·奥卡西奥–科尔特斯竟然使用汽车。[67] 默多克媒体还批评澳大利亚悉尼市市长克劳馥·摩尔乘坐飞机。但摩尔很清楚发生了什么，她在 Twitter 上写道：“这与航班无关……根本问题是气候科学家迈克尔·E. 曼所说的转移视线。虽然那些反对气候变化行动的人过去曾彻底否认气候科学，但现在他们的策略更加成熟了，他们不再否认气候变化，而是采用转移视线的做法了。”[68]

有时我们会看到那些人采用“霰弹枪式的方法”发动的攻击。“青年美国基金会”（一个由科赫兄弟支持的组织）的凯蒂·帕夫利奇设法让所谓的主流媒体《国会山报》发表了一篇热门评论文章（《气候变化运动的骗局》），援引了所有经典的虚伪比喻，抨击了青年气候抗议者、阿尔·戈尔，以及贝拉克·奥巴马和米歇尔·奥巴马。帕夫利奇认为，奥巴马夫妇购买海滨别墅的兴趣与他们对气候变化和海平面上升的看法自相矛盾。我不骗你，“如果这位前总统真的担心气候变化导致海平面上升……那么他最近购买的房产就很令人质疑他的诚意”[69]。

正如我们所见，气候科学家也被认为是这种攻击的对象。我经常受到似是而非的批评，那些想要诋毁我关于气候行动的观点的人对我的个人生活方式大加抨击。早在 2018 年 11 月，为了回应亚历山德里娅·奥卡西奥－科尔特斯关于我们还剩多少时间来避免全球变暖的广泛误解和歪曲的声明，我在 Twitter 上写道："我们已经没有时间采取行动了。10 年来（一个过于保守的估计）我们没有及时对气候问题采取行动，如今已进入危机时期。"[70] 一位批评者回复："@ 迈克尔·E. 曼是纯素食主义者还是素食主义者？他开电动汽车吗？家里用太阳能吗？"[71] 由此可见，这种针对我的批评是具有误导性的。

2020 年初，我在澳大利亚悉尼休假期间，澳大利亚广播公司邀请我参加一个新闻节目，讨论该国当时正在经历的前所未有的高温和爆发的山火。一位评论者在 Twitter 上写道："迈克尔，你乘坐喷气式飞机飞过来，准备批评澳大利亚民选政府的气候政策吗？"[72] 这位评论者是一个刚刚加入 Twitter 的匿名用户，他巧妙地使用了转移视线、行为羞辱和虚伪指控等手段，他没有关注任何人，也没有任何人关注他，他只在 Twitter 上做过一件事，那就是发布了对我的这条回复。真是黑心钱遇上黑 Twitter。

为什么分裂者会把矛头指向气候学家？因为公众认为气候学家兼具权威和正直，他们是社会上最值得信赖的一群人。[73] 破坏公众对气候学家的信任，就会破坏他们的威信。这个前提是我们在第一章遇到的否认气候变化者"杀死信使"策略的基础。反对者面临的问题是，由于科学证据太多，以至于对科学本身的攻击不足以让人信服。然而，揭露科学家是所谓的"伪君子"，则是一种相对有效的方式，这样做会破坏他们作为气候信使的信誉。

有人可能会认为，气候学家会猛烈反击这些心怀鬼胎的虚伪指控。然而，许多气候学家和气候传播者的反应是将批评内化。这是前面提到的“渗透”现象的一个例子，也是对斯德哥尔摩综合征的一种学术曲解。简言之，科学家和传播者接受了对手对他们“虚伪”行为的恶意批评，并在生活方式上做出了巨大的改变，无意中肯定了一个有缺陷和误导性的前提，即这完全关乎个人行为，而与政策无关。尽管如此，我书中的英雄莱昂纳多·迪卡普里奥却在全球发起了一场指责吃肉的宣传活动。[74]一群气候科学家和倡导者现在大肆宣传这样一个事实：他们不再乘坐飞机，转向纯素食饮食，或者选择不生孩子。这些人试图做他们认为正确的事情，并以身作则。但令人惊讶的是，他们似乎没有意识到，当他们把一切都放在个人选择和牺牲的需要上时，实际上却不知不觉中掉入了气候怀疑论者的圈套。这一切不过是“哭泣的印第安人”公益广告的翻版罢了。

《气候变化》杂志上的一项同行评议研究进一步鼓励了这种做法的实施，该研究旨在证明，与那些言出必行的人相比，那些没有“说到做到”、以身作则，提倡控制个人碳排放的气候学家更不可能得到公众信任。更具体地说，作者声称“气候传播者的碳足迹极大地影响了他们的可信度和受众节约能源的意识”，并且“他们的碳足迹也影响了受众对他们倡导的公共政策的支持力度”。或者，正如该研究的主要作者沙赫泽·阿塔里所说，“这就像一个超重的医生让你节食一样可笑”[75]。

问题是，实际上，这项研究并没有证明任何上述说法。该研究的协议类似政治民意调查中所谓的“推送民意调查”，即以引发特定反应的方式提出问题的民意调查。具体而言，在研究开始时，研究人员向受访者提供了一份虚构的关于气候传播者碳足迹的信息。当然，这会在受访者的脑海中播下种子，即当谈到气候解决方案时，个人碳足迹是需要关注的重要问题。在过去的几年里，我接受了数千次关于气候变化的媒体采访，但却不记得有采访者问过我个人碳足迹的情况（除了一两篇文章本身是关于个人碳足迹的）。观众或读者很少（如果有的话）会获得任何有关我的个人碳足迹的信息。因此这怎么可能影响他们对我要说的话所做出的评价呢？只有在这项研究协议创建的人工实验室中，传播者的个人行为才能如此直接地影响其信息传达。

此外，该研究提供的建议完全不切实际。如果气候倡导者必须住在电力网之外，只吃他们自己种植的东西，只穿他们自己编织的衣服，那就不会有太多的气候运动了。这种程度的牺牲是大多数人无法接受的。气候传播者必须在现有的系统内运作，以便有效地阐明改变该系统的理由。

最后，也许最重要的是，该研究忽略了越来越多的研究，这些研究表明，对个人行动的过分关注会削弱对气候变化问题的系统性解决方案的支持，也就是政府的气候政策。[76] 鉴于在实现必要的碳减排以避免灾难性的气候变化方面，有效的政策比个人行为更为关键，我甚至可以拍着胸脯说，试图将焦点转向气候传播者的个人碳足迹的做法与气候行动是背道而驰的。

尽管如此，《气候变化》杂志上的那篇文章及其思想的影响已经远远超出了科学界和学术界。

苦行僧式的生活？

我在之前暗示过，关于个人责任的转移视线活动还会产生一个不利后果。[77] 要求气候保护者过苦行僧式的生活，不吃肉、不旅行、没有娱乐活动，这在政治上是极具危险性的，因为这会正中气候怀疑论者的下怀，他们想把气候倡导者描绘成仇恨自由的极权主义者。换句话说，存在这样一种危险，若持续对个人行为施加限制，可能会引起保守势力的过度对抗，并助长他们反对气候行动的气焰。

进步派和保守派都可能存在不满情绪。对于进步人士来说，通常会涉及不公平的问题。对于保守派来说，这通常意味着丧失个人自由。让气候行动完全与个人牺牲挂钩，会强化已经占据主导地位的保守主义思想："他们会夺走你的汉堡包和塑料吸管……然后夺走你的枪。"可以预见，这种概念已经成为保守派的一句口号。

注意网络"喷子"和水军传播过这种说法。我经常在自己的 Twitter 中遇到水军。其中的一次发生在 2019 年 9 月，在纽约市举行联合国气候变化大会之前，气候运动的反对者帕特里克·摩尔对我发难。[78]（摩尔最有名的言论可能是说孟山都公司生产的除草剂草甘膦足够安全，"即使你喝一整夸脱[①]，它也不会对你造成任何伤害"[79]。但在一次现场采访中，观众递给他一杯草甘膦，他拒绝喝下，并怒气冲冲地离开了现场。）他把我称为"死亡崇拜者"，因为他指出，要将全球变暖稳定在危险水平以下，就需要我们最终实现净碳排放为零（这可以通过我们的经济脱碳以及使用技术捕捉和封存碳来实现）。一个来自被机器人哨兵平台认定（65%）有问题的账号回复："当你回到石器时代时，反红肉

---

① 夸脱，英美制容量单位，1 美制夸脱约为 946.35 毫升。——编者注

军团甚至不允许你穿动物皮草。”[80]

“气候内幕新闻”的玛丽安娜·拉韦尔记录了 2019 年联合国气候变化大会举行之前网络水军所使用的惊人相似的消息传递模式。一个被机器人哨兵平台评分为 84% 的账号在 Twitter 上说：“民主党 # 社会党人想要禁止：一切由塑料制成的东西——红肉、核能……我认为没有人被这样洗脑过！”另一个评级可疑的 Twitter 用户说：“民主党的立场是禁止使用吸管，瓜分我们的肉，夺走我们的枪和汽车，为了控制人口而大规模堕胎，这样我们就可以在 11 年内死于气候变化！！”[81]

气候行动之所以如此重要，是因为气候变化本身不再是一个制造分裂的问题。否认气候变化者的民调支持率只有个位数，最近的民意调查显示，大多数保守派支持清洁能源解决方案。[82] 因此，气候怀疑论者需要其他东西来动员保守派支持他们的“事业”，从意识形态层面讲，将气候行动定义为大政府的“他们会拿走你的汉堡包”的权力控制，会威胁个人自由，这是为了达成气候怀疑论者的目的而量身定做的。

不幸的是，当气候保护者用“牺牲”一词来描述气候行动时，通常会正中气候怀疑论者的下怀。专注于能源和气候领域的作家拉米兹·纳姆这样说：“我认为对个人牺牲的关注……让许多人望而却步。这使得在气候问题上采取政治行动变得更加困难。”[83] 一个名为“焦虑”的游戏直播平台和《保守版新闻》（*Conservative Edition News*）等保守媒体之所以如此热衷于报道埃里克·霍尔特豪斯的飞行事件，是因为这一行为助长了环境极端分子试图规定其他人应该如何生活的气焰。[84] 它是转移视线者的礼物。

气候行动需要做出牺牲的前提本身就存在严重缺陷。如果有的话，那么事实就会恰恰相反。以毁灭性的野火、热浪、洪水和超级风暴造成的破坏来衡量，对气候不采取行动的成本远远超过采取行动的成本。真正的牺牲是如果我们不采取行动，就会遭受更加危险和破坏性的气候变化影响，这才是真正适用的理念。

相反，我们看到气候倡导组织经常在它们的信息中强调需要“个人牺牲”的概念。再看看杰森·马克在塞拉俱乐部发表的关于个人行动重要性的文章。这篇文章的副标题是“个人牺牲是必要的，并且环保分子应该对此实事求是”[85]。

当气候学家强调为了减少个人碳足迹而选择做出牺牲时，他们也可能无意中支持了这种气候怀疑论者事先设计好的无益的理念。在美联社的一篇文章中，记者塞思·博伦斯坦写道：“一些气候学家和活动家正在减少自己的飞行次数、减少肉类消费和碳足迹，以避免加剧他们所研究的全球变暖。”博伦斯坦主要关注的是一位名叫金·科布的气候科学家，他解释说：“科布准备把自己关起来……她明年只会飞一次，去参加在智利举行的大型国际科学会议……今年，她错过了飞往巴黎、北京和悉尼的 11 个航班。”[86]

博伦斯坦强调“这是有代价的”，并指出“科布受邀成为明年在圣迭戈举行的大型海洋科学会议的发言人，这是一份美差。科布询问组织者她是否可以远程完成发言”，但“组织者说不可以……并且撤回了这份邀请”。科布是我的同事和朋友，在我看来，她无疑是在认真努力地成为一股积极的变革力量，并为其他科学家树立一个良好的榜样。但我们是否想传达这样的信息，即气候学家（以及其他人）必须为了个人的碳足迹做出职业牺牲。

看起来，《科学家必须付诸行动》这篇文章的作者沙赫泽·阿塔里就是这样认为的。阿塔里说，虽然她不想“给科布泼冷水”，但人们会根据她消耗了多少能量来“评判”她。[87]我们已经讨论过为什么这不太可能是真的，而且在气候学家的信息中强调“牺牲”的程度，可能会疏远温和又保守的民众，使气候行动成为将斯巴达式的生活方式强加给民众的一个借口。

坦率地说，保守派中有一大批人，在谈到强壮、聪明、大胆、年轻、强大的拉丁裔时，会表现出更多的厌恶。纽约市国会女议员亚历山德里娅·奥卡西奥－科尔特斯正是如此，因此，当她成为绿色新政的主要支持者时，她完美地充当了陪衬。但新政也被用来以更实质的方式削弱保守派对气候行动的支持。

绿色新政是对富兰克林·罗斯福总统新政的一种认可，而罗斯福新政是20世纪30年代美国政府的一项重大举措，利用大规模的政府刺激性支出，努力使美国摆脱大萧条。罗斯福新政主要通过高速公路、水坝、国家公园基础设施等重大建设项目来促进就业。正如奥巴马时期最初设想的那样，绿色新政还采用市场机制，例如碳税和绿色能源补贴，以应对环境挑战。[88]

然而，经过“行政事务委员会”（和参议员埃德·马基）的改造，绿色新政已呈现出更大的前景，并把关注点放在各种社会项目上。2019年2月7日，“行政事务委员会”和绿色新政的联合发起人提出了正式决议，支持“在未来10年进行全国总动员”，其中包括：

- 保证所有美国人都有一份能维持家庭生计的工作，有充足的家庭假和医疗假，有带薪假期，以及退休保障。

- 为所有美国人民提供高质量的医疗保健，负担得起的、安全的、适足的住房，经济安全，获得清洁的水、清洁的空气、健康且负担得起的食物以及自然环境。
- 向所有美国人民提供资源、培训和高质量的教育，包括高等教育。[89]

虽然总体上，我支持绿色新政的目标，但我对这个具体提案宏大的范围有一些担忧，我在《自然》杂志发表评论："在气候运动中加入其他有价值的社会项目，可能会疏远所需的支持者（如独立人士和温和的保守派），他们对更广泛的渐进式社会变革议程感到担忧。"[90]

我并不是唯一持这种观点的人。在 2020 年 1 月《卫报》的一篇专栏文章中，哈佛大学经济学家杰弗里·弗兰克尔表达了非常相似的担忧，他写道："在美国，'绿色新政'意味着对气候事业的承诺。但我担心，国会支持者提出的立法提案弊大于利，因为它包含了一些毫不相关的措施，如联邦工作保障。这一提议为美国否认气候变化者长期以来一直在说的一个谎言提供了事实依据：全球气候变暖是一个骗局，被用作扩大政府规模的借口。"[91]

在我发表在《自然》杂志的评论中，我对明显缺乏支持碳定价等市场机制的提议提出了质疑，并指出这样做可能疏远本来可以加入的政治中间派。在下一章，我们将讨论更多关于这个主题的内容。

一些气候变化行动的倡导者想得更远，包括作家和活动家娜奥米·克莱恩。正如我在《自然》杂志的评论中所说："克莱恩的论点是，新自由主义（以私有化和自由市场资本主义为基础的全球政策模型）必须通过大众抵制推翻，而且气候变化不能与其他紧迫的社会问题分离开来，收入不平等、企业监管、厌女症和白人至上等问题都是新自由主义的弊病。”[92] 这样的说法助长了保守派的气焰，强化了右翼的比喻，即环保主义者是“西瓜”（外绿内红），他们想暗中以环境可持续性为借口推翻资本主义并结束经济增长。[93] 例如，一位保守派评论员说气候运动旨在“阻止世界经济增长”[94]。对于许多保守派来说，这样的说法很难不让他们心生疑虑。

我想提醒大家注意绿色新政决议中的另一个要点，即解决方案，它建议“与美国农民和牧场主合作，在技术可行的前提下，消除农业部门的污染和温室气体排放”。为了避免我们低估默多克的《福克斯新闻》节目主持人在歪曲事实和恶意评论方面的能力，请考虑一下他们对这一相当有价值的建议的诠释。擅长煽风点火的《福克斯新闻》记者肖恩·汉尼提说：“不要再吃牛排了，我想政府强制素食主义是正确的。”[95]《福克斯新闻》的付费撰稿人、（非常）业余的苏联问题专家塞布·戈尔卡在保守派会议中指出：“他们想夺走你的皮卡车，重建你的家园，夺走你的汉堡包……”[96]

《福克斯新闻》向“行政事务委员会”和绿色新政宣战，标题为《“行政事务委员会”被指控用绿色新政艺术系列进行苏联式宣传》和《秘密行动的“行政事务委员会”的绿色新政，现在成了新墨西哥州的法律，选民被忽视》的报道上了《福克斯新闻》的头条。[97] 不出所料，研究表明，通过这种宣传，《福克斯新闻》将绿色新政武器化，在短短几个月内使保守派共和党人对该提案的支持率从 57% 大幅降低到 32%。[98]

当然，气候怀疑论者很乐意在其中扮演两面派。2020年6月泄露的一份文件显示，包括雪佛龙在内的化石燃料公司充当了一场公关活动的幕后推手，该活动试图利用2020年春季的“黑人的命也是命”抗议活动在气候运动中散播种族分裂的种子。[99]“宪法审查委员会”的委员和这家保守派公关公司为开展这项运动，一直在向记者发电子邮件，鼓励他们关注支持“黑人的命也是命”运动的环保组织如何倡导“会伤害少数族裔社区的政策”，特别是绿色新政会如何伤害少数族裔社区。使那些气候怀疑论者在努力将另一个分裂因素（这次涉及种族正义和公平问题）插入气候运动中时，被当场抓了个现行。

应该怎么做?

那么我们能做些什么来降低目前正在进行的转移视线活动的影响呢？首先，社交媒体圈子里的一些流行语可供借鉴，即“要意识到你是什么时候上当受骗的”“不要让‘喷子’抓住把柄”。学会识别“喷子”和机器人水军，当你遇到他们时要勇敢举报。他们采用分而治之的策略来对抗气候倡导者，当你卷入其中时，你就会不知不觉成为该策略的推动者。你的观点要有建设性，并且要与他人开展有意义的互动。不要与那些立场与你相同的人纷争。作为积极参与社交媒体的一分子，我必须不断提醒自己，我现在给你的建议就是这样。当流言蜚语威胁到我们的公共话语时，我们必须尽最大努力纠正它们。但我们必须避开那些想要分裂我们的“喷子”和水军设置的陷阱。没有什么硬性规定可供大家遵守，我们每个人都必须保持警惕，做出最好的判断。

我们每个人都应该参与支持气候行动。参与这些行动让我们感觉更好，也为别人树立了良好的榜样……但是不要自满，别以为当你回收瓶子或骑自行车上班时，你就完美地履行了自己的职责。如果没有深刻的系统性变革，我们就无法解决这个问题，而这需要政府采取行动。反过来，这需要我们发出自己的声音，呼吁变革，支持关注气候的组织机构，以及投票支持赞同气候友好政策的政治家，在这些气候友好型的政策中就包括为污染定价，而这将是下一章的主题。

第五章　是否实施碳定价

股市风光无两，地球愁云惨雾。

——史蒂文·马吉

正如我的朋友比尔·麦吉本平时喜欢说的那样，化石燃料工业获得了有史以来最大的市场补贴，即免费将其废料排放到大气中的特权。[1]在全球能源市场的竞争环境中，相比气候友好型的可再生能源，化石燃料行业获得了不公平的竞争优势。我们需要一些机制，迫使污染者为他们的化石燃料产品所造成的气候破坏买单，使那些不会破坏我们地球家园的能源形式占据优势地位。

这种机制可以通过采取可交易的排放许可证的形式来实施，即总量管制与交易制度。也就是政府分配或出售有限数量的污染许可证，污染者可以买卖这些许可证。这一机制通过为污染者提供减少排放的经济激励措施来达到限制污染的目的。另一项政策是碳税，即在销售含碳燃料或任何其他产生温室气体排放的产品时征税。此外如果能将碳从大气中回收，掩埋或储存碳排放物，企业可以获得碳信用，从而抵消碳排放。

化石燃料利益集团和右翼反监管的富豪们一直坚决反对任何旨在为碳排放定价的立法，因为这会使他们的利润减少。2009年，他们在美国破坏了一项碳定价法案，还破坏了澳大利亚和其他地方的类似立法。此外，由特朗普政府领导的美国政府牵头，包括俄罗斯和沙特阿拉伯在内的国家石油集团联盟，也在密谋阻止碳定价倡议。具有讽刺意味的是，现在的一些环保人士却在无意中给他们提供了帮助。

背信弃义

你可能还记得，前共和党总统乔治·布什在1990年签署了一份关于《清洁空气法案》的限额与贸易修正案，要求燃煤电厂在排放废气之前先脱硫。1990—2004年，尽管发电量增加了25%，但燃煤电厂的硫排放量却下降了36%。2007年硫排放量约为900万吨，2010年降至约500万吨。美国东北部的湖泊、溪流和森林，包括我和家人经常在夏天去度假的阿迪朗达克西部，都恢复了生机。这是一个在改善环境方面取得成功的真实案例。你可能认为共和党人会居功自傲，并通过同样的市场手段来应对气候危机。[2]但事实上，共和党旋即否认了自己的智慧果实。

2009年，为了管制二氧化碳排放，由加州民主党国会议员亨利·韦克斯曼和马萨诸塞州的爱德华·马基（时任众议院议员）提出总量管制与交易制度法案（《韦克斯曼－马基法案》），该法案原本预计会得到态度温和的共和党人的支持，但该法案之所以最后得以通过，主要是基于党派立场的投票。不出所料，反对票来自化石燃料利益集团和它们的游说团体，它们试图给这份法案贴上“总量管制和苛捐杂税”的标签。[3]不过，也有一些反对票来自环境保护团体，它们认为问题在于这不是一种税收。它们赞成征收明确的碳排放税，而不是实行可交易的排放许可证制度。[4]

诺贝尔经济学奖得主、《纽约时报》专栏作家保罗·克鲁格曼认为，虽然碳税或碳限额交易政策可以实现减少碳排放的目标，但“实际上，总量管制与交易制度还有一些主要优势，特别是在实现有效的国际合作方面”。他认为，考虑到目前的政治状况，众议院法案可能是最好的妥协方案：“经过多年的否认和不作为，我们终于有机会对气候变化采取重大行动。《韦克斯曼－马基法案》并不完美，在某些方面甚至令人失望，但这是我们现在可以采取的行动，而地球也不会一直等待。”[5]

在政治层面，更加令人困惑的是，一些共和党人实际上支持征收碳税。但此举存在一个条件，它必须是“收入中性的”，也就是说，它不能增加对美国人民的整体税收，所以其他税收（如个人所得税）就必须减少。南卡罗来纳州的国会议员鲍勃·英格里斯和亚利桑那州的杰夫·弗拉克都是在财政问题上保守的共和党人，他们认为这种方式可以替代总量管制与交易制度法案。[6]

化石燃料利益集团及其说客现在正面临严重的威胁。此项气候法案仅获两院制立法部门中的一院通过，还远没有成为全国性法律，甚至一些共和党人也支持碳定价。这使得气候怀疑论者也全力行动起来。首先，科赫兄弟利用他们巨大的财富和影响力发动了一场大规模的虚假信息运动，以挫败气候法案。[7]他们有像科赫资助的“竞争企业研究所”这样的宣传窗口，研究所的迈伦·埃贝尔将总量管制与交易制度法案歪曲为一项“税收”法案，称其将破坏我们的经济，并且会伤害普通公民。甚至《纽约时报》也被这种说法蒙蔽，大肆宣扬相关论调。《纽约时报》记者约翰·布罗德尔称博伊登·格雷全力倡导“酸雨的总量管制与交易制度”。博伊登·格雷曾在布什政府第一任期内担任白宫的法律顾问，他说：“反对者认为《韦克斯曼－马基法案》是一种税收政策，这在很大程度上是正确的。”[8]《纽约时报》没有注意到格雷曾与科赫兄弟合作过，他们都是“健全经济公民委员会”的董事会成员，该委员会是科赫于 1984 年成立的一个保守派智库。从“健全经济公民委员会”又衍生出了“自由工作”以及“美国繁荣”等组织。[9]

“美国繁荣”组织实际上是科赫兄弟的一个游说团体。科赫家族将它当作一种工具，赞助全国各地的“热空气”公共汽车之旅（a“hot-air” bus tour）活动，并借此传播否认气候变化的观点，加剧了人们对于调节碳排放会破坏经济的恐慌。[10]他们甚至聚集了一群不满于经济、种族状况和当前社会格局变化，认为自己已被社会抛弃的底层民众，策划发动了一场被称为“茶党”的“人工草皮”运动，以制造平民普遍反对气候法案的假象。[11]

与此同时，科赫家族向所有可能考虑支持气候立法的共和党议员发出警告，通过对国会议员鲍勃·英格里斯（共和党人）的处理，表明自己的立场。如前所述，英格里斯曾支持一项碳税法案。《隐秘帝国》的作者克里斯托弗·伦纳德这样描述 2010 年英格里斯竞选连任期间发生的事情：“科氏工业停止向英格里斯提供竞选资金，转而向其主要对手特雷·高迪大量捐款，并帮忙组织茶党运动人士前往市政厅会议现场向英格里斯表示抗议。市政厅的会议现场到处是愤怒的抗议者，场面十分混乱。在满场的喧器中，没人听得到英格里斯先生的声音。英格里斯连任失败，他的失败给其他共和党人传达了一个信息，即科赫家族关于气候规则的观念不容侵犯。”[12]

科赫家族的计谋得逞了。民主党人未能在参议院获得法案通过支持（至少 60 票），而且该法案也从未被提交到奥巴马总统的办公桌上。即使国会两院都在其控制之下，而总统也支持气候行动，民主党人还是无法通过一项气候法案。虽然人们可能会指责他们无能，但毫无疑问，正如布罗德尔在《纽约时报》上所说，总量管制与交易制度“遭到了石油行业和保守团体的强烈反对，它们将其描述为扼杀经济的苛捐杂税”[13]。科赫兄弟的数千万美元和他们投入旨在削减法案影响力的钱，对气候问题毫无裨益。这位备受困扰的总统已经在与右派关于医疗改革的斗争中消耗了大量政治资本。因此，这个曾经似乎有着美好前景的美国气候法案就这样悄无声息地结束了。[14]（有一点值得注意，鲍勃·英格里斯与我私交甚好，他现在领导着一个旨在让共和党人参与气候行动的组织。他四处奔走，向保守派民众宣传自由市场的碳定价方法，并于 2015 年获得“肯尼迪勇气奖”。[15]）

类似的情节也在其他主要的工业国家上演。澳大利亚或许是其中最引人注目的。[16]某种意义上，在这里发生的事情比在美国发生的事情更令人失望。澳大利亚确实对碳排放实施了全国性的定价，但后来并未执行这一政策。2011 年，在经历了一场旷日持久的政党间的斗争之后，当时执政的工党政府总理茱莉亚·吉拉德通过了一项排放交易计划，或称碳排放权交易制度（总量管制与交易制度的别称）。澳大利亚中右派反对党（“自由党”实际上是保守派），借鉴激进分子否决美国总量管制与交易制度法案的先例，将该法案歪曲为会损害个人利益的“碳排放税”。这对吉拉德来说是最致命的问题，她曾在竞选中承诺不通过碳排放税，但她没有否认采取碳排放交易措施的可能性。[17]

这时，曾屡次阻止碳计划实施的、由科赫家族资助的游说团体，以及煤炭利益集团和默多克媒体帝国（主导澳大利亚媒体格局）站了出来，沆瀣一气，抨击吉拉德和工党。[18] 据《纽约时报》描述，这些攻击围绕“承诺和税收”合并展开。碳排放权交易制度被描述为“会损害企业和增加家庭开支的负担，而不是能减少污染、确保孩子更安全的未来提案”。这种说法并非一无是处。原则上，总量管制与交易制度给污染者带来的一部分成本可以转嫁给消费者，但在实际操作中，这些成本是最低的。[19]

在前一章，我们已经详细描述过那些反对群体对“行政事务委员会”和绿色新政的攻击。吉拉德的批评者为了实现自己的目标，开诚布公地向选民呼吁反对女权主义。《纽约时报》指出：“吉拉德作为一名领导人，作为澳大利亚首位女总理，表现出的急躁、愤怒和刻薄……令人无比厌恶。”[20]

自由党化石燃料倡导者和否认气候变化者托尼·阿博特赢得了随后的大选，并最终废除了碳排放权交易制度。如今，保守的自由党—国家党——这个由自由党和国家党组成的联盟，仍掌控着这个国家，总理斯科特·莫里森与他们志同道合，一贯偏爱煤炭产业。即使澳大利亚人遭受了史无前例的毁灭性高温、干旱和山火的侵袭，但在国际气候谈判中，莫里森却扮演了阻碍者的角色，一直弱化气候变化的影响。值得注意的是，和美国一样，并不是所有澳大利亚的保守派政客都在气候问题上站错了队。自由党前总理马尔科姆·特恩布尔遭到默多克媒体的攻击，并于

2018 年被赶下台，这在很大程度上是因为他支持碳定价。现在，他在澳大利亚扮演的角色与英格里斯在美国扮演的角色相似，都在试图说服保守派回到气候保护阵营中。[21]

从这些攻击气候政策行为的时间轴来看，重新考虑“气候门”事件引起的争议对气候政策所起的作用具有指导意义。你可能还记得这起虚构的丑闻是如何在 2009 年 11 月底发酵的，它正好对同年 12 月最重要的哥本哈根世界气候大会造成了不利的影响。但我们知道，事件发生前已经过几个月的酝酿，这意味着该计划可能是在《韦克斯曼－马基法案》在美国众议院通过时（2009 年 6 月底）制定的。这一伪丑闻主导了保守派媒体，甚至一些主流媒体，包括美国有线电视新闻网也争相报道，直到 2010 年，在美国参议院开始讨论注定失败的总量管制与交易制度法案时，媒体的报道也如出一辙。对于气候怀疑论者来说这真是天赐良机啊！

2009 年，工党在澳大利亚执政，陆克文担任总理。陆克文曾试图通过一项原计划于 2010 年 7 月生效的总量管制与交易措施。但一个由反对党自由党联盟（当时由托尼·阿博特领导）和绿党组成的特别联盟都反对他的这一决定。据《卫报》报道：“自由党反对派认为，对碳排放权交易制度的考虑都应该推迟到 2009 年底举行的哥本哈根世界气候大会之后，这一策略有助于推迟自由党内部的清算时间。”[22] 这种策略不仅达到了这一目的，而且还推迟了一切对气候定价措施的考虑，直到“气候门”事件发生。虽没有更多线索，但我仍然怀疑自由党内部人士是否知道些其他人不知道的内幕。

陆克文曾预测，在哥本哈根世界气候大会后，会出现对气候行动更有利的政治环境。但事实并非如此，会议进程陷入了发展中国家和发达国家之间的争端。政治气氛也被气候怀疑论者的全面攻击弄得乌烟瘴气，他们为捏造“气候门”言论所使用的弹药也让整个政治氛围千疮百孔。

我们可以看到，俄罗斯和沙特阿拉伯这两个石油国在“气候门”事件发酵过程中发挥了重要作用。事实上，沙特阿拉伯试图用虚假的“气候门”主张来破坏整个哥本哈根世界气候大会。这个否认气候变化的石油国家集团又增加了另外两名成员：特朗普领导下的美国和富产石油的科威特。这个“非自愿”的国家间联盟，试图阻挠联合国政府间气候变化专门委员会于 2018 年 12 月在波兰举行的联合国气候变化会议上公布调查结果。政府间气候变化专门委员会的报告结论是，为了避免灾难性的全球变暖，有必要采取果断措施，立即减少全球碳排放。这四个国家拒绝“接受”新报告结果动议（相反，它们仅同意“注意”报告的结论，这是一项效力相对弱得多的措施，更容易被政策制定者所忽视）。圣基茨和尼维斯联邦，这个西印度群岛的国家正在遭受海平面上升和日益加剧的飓风的威胁，该国代表在联合国全体会议的发言称，少数国家为了两个词而耽误了重要的会议进程，这是“非常可笑”的。[23]

根据目前的情况来看，这个“非自愿”结成的联盟现在还包括雅伊尔·博索纳罗领导下的巴西和斯科特·莫里森领导下的澳大利亚。然而，到目前为止，俄罗斯仍然是反气候变化国家联盟中最活跃的成员。我们已经看到，它以一种不利于气候政策的方式参与并影响了美国的选举。

2018 年，法国的“黄背心”运动破坏了法国政府在国内引入碳排放税的努力。[24] 具有讽刺意味的是，尽管大多数抗议者实际上支持气候行动，但他们却反对燃油税的提议，他们认为燃油税将由工人阶级和穷人承担，却只对跨国公司有利。[25]

俄罗斯和其他石油国家的利益集团通过这些活动试图达到什么目的呢？在法国等国家，一些早期的碳定价政治灾难可能导致其他考虑气候政策的政府临阵退缩，就像 20 世纪七八十年代美国个别州通过环保质押金制的许多努力失败后，在国家层面通过环保质押金制的一切机会都成了泡影。因此，理论上说，一切有希望取得成功的碳定价新举措都将在有机会成功之前被扼杀在萌芽状态。为了阻止给碳排放定价，他们所要做的就是把它与社会动荡、混乱和经济低迷联系起来。

我们可以看到，美国的气候怀疑论者在气候政策方面采取的措施获得了丰厚的回报。2016 年 11 月被华盛顿州选民否决的气候税收倡议就是一个例子。当然，很多反对活动和大量的广告投放均来自化石燃料既得利益团体。但具有讽刺意味的是，反对这项倡议的人得到了诸如塞拉俱乐部这样的环境保护组织的资金支持，原因是该俱乐部认为碳税有违社会正义原则。这就引出了我们的下一个议题：环保人士与碳定价渐行渐远的讽刺一幕。[26]

疏而非堵

从市场角度来看，我们燃烧化石燃料是供求关系的结果。因此，调节化石燃料有两种互补的方法：控制供应和 / 或控制需求。实施碳定价（或者对可再生能源的激励）反映了一种减少需求的努力，而化石燃料撤资运动和反对管道铺设、海上石油钻探或矿山开采则是一种减少供应的举措。诸如比尔 · 麦吉本和佛蒙特州参议员伯尼·桑德斯等主要气候倡导者至少最初都支持这两种做法。[27]

尽管需求侧和供给侧的措施之间存在天然的二元性，但在政治组织方面也存在一种不对称性。这很容易促使激进人士抗议管道铺设或者削山工程，甚至参加大学校园的示威活动，要求管理者停止使用化石燃料。这些活动是引人注目的，涉及冲突，打造了一批领军人物，并产生了头版头条和图片新闻报道。想想人们对于在立岩苏族（印第安原住民苏族三大部落之一）自留地区域内修建科塔石油管道的抗议示威活动，或者想想达里尔·汉娜和詹姆斯·汉森因抗议梅西能源公司在西弗吉尼亚州的煤炭加工厂而被捕的事件。[28] 还有哈佛和耶鲁两所大学的学生抗议者联手打断 2019 年哈佛－耶鲁橄榄球比赛，要求两所大学脱离化石燃料控股。[29]

相比之下，碳定价问题看起来是个抽象的话题，很难登上头版图片报道或电视屏幕。此外，虽然碳定价和对于石油管道的抗议都反映了影响化石燃料使用的潜在市场经济的努力，但碳定价更容易被视作市场经济的收购行为。因此，碳定价不仅容易受到右派的攻击，也容易受到左派的攻击。我们已经看到了保守派是如何被人蛊惑开始反对碳定价的，即通过恐吓性的信息来警告民众，声称碳定价是政府通过高压手段对个人自由的侵犯。但是，进步分子也反对碳定价，对他们来说，碳定价被描述为一种表面上的新自由主义经济学机制，会影响社会公平。

还有一个似乎与环境左派产生共鸣的论点是，碳定价相当于累退税，会有选择性地损害低收入工人的利益。这就是那套被用来煽动“黄背心”运动的说辞。[30] 据说，唐纳德·特朗普在制定能源与环境政策时，作为化石燃料利益集团的傀儡，他坚持认为

"黄背心"运动是人们反对环境保护的证据。(如前所述,没有任何迹象能表明这一点。)[31]

实际上,碳排放税究竟是累进的还是累退的,取决于它的设计方式。例如,通过收费和分红将筹集到的收入返还人民,这种计划可以设计成累进的,通过适量产生的红利将收入返还给穷人和那些受影响最大的人。

事实上,已经成功实施的碳定价计划在本质上是累进的。澳大利亚总理茱莉亚·吉拉德的碳排放权交易制度出台后,政府补偿了低收入者,人们最终在经济上受益。在加拿大推行碳排放退税制度后,大多数家庭实际上节省了开支。[32] 拥护和倡导社会正义的教皇方济各称,碳定价对于应对气候变化的"紧急情况"来说"至关重要"。[33]

另一种论点是,碳定价代表了气候行动的一种政治零和游戏,任何碳税都以失去追究污染者责任的法律途径为代价。更具体地说,一些气候运动人士认为,碳税的实施将使化石燃料公司免予为其行为承担法律责任。但事实并非如此。

烟草业最终为隐藏其产品会对公众造成的危险承担了责任,而今天,我们也在努力利用法律体系将隐瞒化石燃料对全球造成危险的污染者绳之以法。[34] 一些针对化石燃料公司的诉讼目前正在通过法律手段进行处理。[35] 有两个州对埃克森美孚展开了欺诈调查(其中一个州在 2019 年进入审判阶段,但失败了)。包括纽约和旧金山在内的 9 个市县已通过法庭向化石燃料公司寻求赔偿,使它们弥补对气候造成的损害。然而,最广为人知的也许就是朱莉安娜诉讼美国政府案,该案是由 21 名儿童对联邦政府提起的诉讼,指控其侵犯了他们享有安全气候的权利。该诉讼虽然已被驳回，但目前正在上诉中。[36]

认为碳税将会以某种方式终结化石燃料集团利益的法律责任的信念是基于错误的理解，这是将化石燃料利益集团想要的和它们实际得到的混淆了。一些气候活动人士苦口婆心地警告说，气候定价立法是一个“化石燃料利益集团资助的特洛伊木马”，相当于通过“免除化石燃料公司的诉讼”来“让石油、天然气和煤炭公司摆脱困境”。[37] 虽然化石燃料公司一直在游说通过一项法案来做到这一点，但在国会提出的气候法案中，没有一项提议免除了化石燃料公司的责任。[38] 将碳定价等同于免除化石燃料利益集团的法律责任，简直是一种谬论。

进步派批评人士经常提出的另一个论点是，碳排放税不能实现我们所需的减排。但这取决于税收的规模。[39] 例如，回想一下2012—2014 年澳大利亚发生的情况，当时吉拉德通过碳排放权交易制度为碳排放设定了适当的价格，使污染者的二氧化碳排放成本在 23 美元每吨上下。在碳排放权交易制度实施的前 6 个月中，电力部门的碳排放量下降幅度超过了 9%。而当 2014 年阿博特政府废除碳排放权市场交易制度时发生了什么？排放量达到了一次峰值，即年度增幅超过 10%。[40] 碳税只是气候行动工具箱中的一个工具，在任何综合气候保护计划中，碳税都必须与其他需求侧和供给侧措施结合起来。

尽管如此，由于一些左派环保人士的反对，“行政事务委员会”的绿色新政版本得到了一些有影响力的环保组织的支持，主张反对对汽车碳排放定价。2019 年初，包括绿色和平组织和350.org 在内的 626 个团体，向国会的每一位议员递交了一封集体签署的信，声明支持绿色新政，同时声明这些组织“将大力反对任何……会使企业利润凌驾于社区责任和利益之上的立法，包括市场机制……如碳排放交易和补偿”（这里着重强调）[41]。在其他案例中，环保人士和绿色团体仍在为反对碳定价努力奔走。例如，正如我们之前了解到的，塞拉俱乐部帮助挫败了 2016 年在华盛顿发起的气候税倡议，原因是其领导人认为它不符合社会公平原则。[42]

然后是澳大利亚工党前总理陆克文在 2009 年提出的碳污染减排计划（CPRS）。陆克文政府已经通过与气候政策友好型自由党领袖马尔科姆·特恩布尔的谈判，达成了可能在议会通过的一揽子方案。然而，特恩布尔却被拥护化石燃料的托尼·阿博特取代，后者成了自由党领导人。在阿博特作为自由党领袖的第一天，绿党的国会议员（从该党派的名字就能看出环境保护在其中的优先地位）与阿博特一道投票反对碳污染减排计划，据称是因为党内成员想要实现更宏大的减排目标。马克·巴特勒在《卫报》解释说，绿党的这一重大决定“开始让阿博特形成一种势头，而且这种势头对近 10 年的长期气候行动形成了阻碍”。巴特勒说：“如果碳污染减排计划在 2009 年获得议会通过，那么在阿博特成为总理之前，碳排放权市场交易制度可能已经运行了好几年。而且阿博特很可能根本无力建立一个平台来推翻如此大规模的改革举措。”[43]

有时候，科学界的著名发言人也会煽动进步人士反对碳定价。以澳大利亚环境科学家威尔·斯特芬为例，他是澳大利亚国立大学气候变化研究所的执行主任，也是《美国国家科学院院刊》中一篇有争议的评论文章《温室地球》的主要作者。[44] 当被问及如何防止“温室地球”事件发生时，斯特芬说：“显然，我们必须做的是尽快减少温室气体排放……我们必须摆脱所谓的新自由主义经济学……以非常快的速度转向更像战时的社会关系，使社会脱碳。”[45]（重点强调。）虽然斯特芬无疑是环境科学方面的专家，但他在这里发表的关于经济和政策的言论是错误的。如果我们要实现经济的快速脱碳，碳定价（有人怀疑他将其与“新自由主义经济学”混为一谈）是至关重要的，它是我们在市场经济中可以利用的主要杠杆。[46]

在反市场经济但支持绿色新政的群体中，社会活动家娜奥米·克莱恩不容忽视。她向来认为，现代资本主义——也就是新自由主义市场经济学——从根本上与基本人权和环境可持续发展背道而驰。亚当·图兹在《外交政策》杂志发表的文章《气候变化如何超越左派》中说：“娜奥米·克莱恩的《改变一切》一书中对新自由主义的谴责给新的绿色左派提供了一份宣言。”[47]

我在《自然》杂志上发表了一篇评论，向公众推荐克莱恩新著的一本关于绿色新政的书，但我质疑她对市场机制的批评，于是我指出，碳定价没道理是累退的或者发展不充分的。[48]她的粉丝旋即在社交媒体上公开谴责我。我可以理解，她的一些支持者可能会对此感到失望，因为我和她之间存在一些分歧，我也不支持她对绿色新政的具体看法，但其实我们是站在同一条战线上的。没想到我习以为常的来自右派的尖锐的人身攻击，这次竟然来自左派。

一位读者对我的评论嗤之以鼻，他说我是“目光短浅的白人兄弟、人云亦云的垃圾，不能代表一线人员”。现在，我必须谦恭地承认，我对于一线工作的确所知甚少。20年来，我一直身处被化石燃料工业资助的各方势力攻击的困境中，而我的职业生涯则致力于气候变化的有关研究，并积极参与与之有关的行动。[49]

埃里克·霍尔特豪斯也在 Twitter 上表达了反对意见，他写道："女士们，他是不是……利用自己的平台在著名杂志上撰写贬低绿色新政的专栏文章？他不是你们的气候英雄，他只是一个守门人而已。"[50] 那些来自陌生人和表面上与我立场相同的人的回复，似乎再次例证了种族、性别和枪打出头鸟文化是用来分裂气候运动的运作方式。[51]

然而，这一特定事件的启示是，一些环保左派正在积极努力，这会让目前对于绿色新政的支持形式（包括对碳定价的支持）转变为一场关于气候保护态度的纯洁度测试。即使对此进行质疑，也可能引发大规模的、类似暴徒般的网络攻击和丑陋的指控，不知何故，这些指控充斥着身份政治，并带有种族、性别和年龄歧视色彩。我们已经看到，气候怀疑论者抓住这种内部冲突，使之扩大化，并播下异议的种子，以分裂气候共同体。他们在这里肯定故技重演了。所幸，正如我们所看到的，还有许多致力于气候保护的倡导者认识到了这一威胁，并愿意反击那些不必要的分裂言论。我们作为一个社会群体，在应对气候行动（包括碳定价）时能找到某种程度上的共同立场是至关重要的。这就引出了我们的下一个话题。

无关党派之争

尽管我们对碳定价的作用产生了分歧，但这不存在任何本质上的分歧或党派色彩。我们知道，处理污染的市场机制实际上起源于共和党。碳定价不仅得到了总统经济顾问委员会所有共和党前主席的支持，而且也得到了民主党人的广泛支持。截至 2019

年 7 月，民主党总统提名的候选人中有 9 人支持了该法案。有一个例外情况以及随后出现的一个重大“翻转”相当有趣，我们稍后将讨论。[52]

只是近年来随着实施碳定价的努力真正开始向前推进，我们才看到政治派别的双方对碳定价的支持开始削弱。这给化石燃料利益方提供了便利，他们的发言人可能会出于公关目的公开声称他们的公司和组织支持碳定价，但在幕后仍在为努力破坏碳定价的团体提供资助。[53]

唐纳德·特朗普已经将自己的政策制定权外包给从污染中获利的利益集团，他对碳定价不屑一顾，并嘲笑这是“保护主义”，而他的做法并不令人惊讶。[54]但一些环保人士对碳定价越来越担忧，肯定影响了其他气候友好型的政客，使得他们尽量避开在碳定价方面表明立场。以纽约州州长安德鲁·科莫为例，他在气候行动的多个方面一直都是领导者。他支持从供应角度限制化石燃料的开采，并且是第二位禁止通过水力压裂法开采天然气的州长。[55]他还实施了至少一种针对需求方的措施，即政府对可再生能源的激励措施（这将是下一章的主题）。他向纽约州提出的建议是，到 2030 年，该州可再生能源发电份额达到 70% 的目标，并要求到 2040 年实现净零排放，但科莫尚未表示支持对碳排放定价。[56]

尽管如此，其他人还是呼吁他支持碳定价。理查德·杜威是纽约独立系统运营商（NYISO）的总裁和首席执行官，这是一家非营利性公司，负责运营纽约州的散装电网，管理其具有竞争力的电力批发市场，对其电力系统进行全面的长期规划，并推进电力系统在技术层面的基础设施建设。[57]杜威坚持认为，科莫如果不实施碳定价，就无法实现上述目标：“这些目标真的需要尽快实现。”他补充说，碳定价“是实现这些目标的必要因素”。[58]

我们需要碳定价的结论也得到了国际货币基金组织的支持。国际货币基金组织不是一个左倾组织，它的存在是为了确保金融体系稳定、促进国际贸易发展，以及提高就业率和维持经济增长。[59]据估算，综合考虑世界各地已经实施的不同的碳定价体系，全球有效碳排放定价的平均价格约为每吨 2 美元。然而，国际货币基金组织警告说，如果我们要达到《巴黎协定》中控制气候变暖在 2℃以下的目标，全世界平均需要的碳定价应为每吨 75 美元。（为了将全球变暖控制在 1.5℃——越来越被认为是构成危险的气候变化的升温水平——以下，需要付出更高的代价。[60]）

但这些都是客观、温和无党派机构的例子，它们并没有特别要求实施碳定价。尽管有一些民主党人和共和党人也支持碳定价，但为什么在碳定价这一问题上很难找到政治共同点？当然，一部分原因是，化石燃料利益集团以及气候怀疑论者在不遗余力地搅浑水（毋庸置疑，唐纳德·特朗普威胁要对欧盟提议的碳税进行打击报复[61]）。但坦率地说，进步的科学家和思想领袖有时反而会给上述气候怀疑论者提供便利，帮忙创造对两党妥协均有害的政治经济环境。

我来讲讲大卫·马斯蒂奥的一个小插曲，他是《今日美国》的副总编辑，自称“保守自由主义者”。2019 年 6 月，我与他人合作撰写了一篇专栏文章，讨论了新气候转移视线活动的危险性。[62]我原以为《纽约时报》会发表这篇文章，但它并没有。我以为《华盛顿邮报》会发表，但也没有。后来，我把文章投到了《今日美国》。大卫不仅欣然接受了这篇文章，并主动提出发表它，还鼓励我将来写的任何专栏文章都不要忘记投给《今日美国》。他正是我们需要的那种保守派。

几个月后，当我读到大卫在 Twitter 上发表的一份有争议的声明时，我感到很沮丧。他写道："为什么我仍然对人们达成气候变化的共识持怀疑态度？如果这是一个真实的紧急情况，科学家就会支持、动员资本的力量，而不是支持政府的管控举措。"[63]我想知道这则声明背后的动机是什么。点开一看，我发现那是一条转述了 11 000 名科学家签名信的推文。"11 000 名科学家宣布我们处于气候紧急状态。除此之外，我们还需要远离资本主义……"[64]我有意删除了这条推文其余的部分，因为我希望你只读到大卫会怀疑宣布气候紧急状态是一种推翻资本主义的工具（至少对于一部分人来说）。对"西瓜"的恐惧，再次出现。

在环境保护人士中出现了一种狭隘的态度，这无助于对气候行动达成共识。下面举一个例子。2020 年 1 月，罗纳德·里根任总统时期的国务卿乔治·舒尔茨和无党派气候领导委员会主席兼首席执行官泰德·霍尔斯特德在《华盛顿邮报》上合写了一篇题为《获胜的保守气候解决方案》的专栏文章。[65]在文章中，他们倡导实施"税收中和"的碳税政策，或者更具体地说，是一种收费和分红制度，类似无党派公民气候游说团所倡导的制度。这种碳税政策规定政府会向碳排放者收取费用，收入会通过红利分配给人民（例如，以政府发给个人的季度支票的形式）。

现在让我们一起回顾一下沃克斯新闻网站的作家大卫·罗伯茨对专栏文章的回应。罗伯茨在 Twitter 上说："我永远不会习惯将共和党一再拒绝以及大量保守派反对的政策……称为'保守解决方案'这种奇怪的行为。"他接着补充说："被这一政策吸引的保守派是保守的中间派和保守的民主党人。这是一场左翼力量的内部争端，其中一方欺骗性地声称能够获得右翼的支持。”[66]

通常，罗伯茨对气候政治的见解颇能一语中的。但在这件事上，他受到了误导。他没有区分传统的保守派（里根式的保守派，比如乔治·舒尔茨，正如我们所看到的，他不仅支持，而且实际上为我们提供了基于市场的减少污染物的方法）和今天的共和党，他们与科赫兄弟、默多克媒体集团以及化石燃料行业串通一气。

这些老式的保守派，包括乔治·舒尔茨、汉克·保尔森、鲍勃·英格里斯、阿诺德·施瓦辛格，或者说英国前首相大卫·卡梅伦，不仅支持气候行动，而且对之充满热情。然而，他们对自己所认为的严厉的政府监管方法感到担忧，包括目前的绿色新政。正如舒尔茨和霍尔斯特德所说的，“气候问题是真实的，而绿色新政则是糟糕的”[67]。施瓦辛格在担任加州州长时，领导了减少碳排放的行动，他严厉批评唐纳德·特朗普削减环境保护的措施，认为绿色新政是“口号”和“营销工具”，虽出于“善意”，但很“虚假”。[68]卡梅伦请求他的保守派同伴不要忽略这一点：“不要把气候和地球未来的问题抛之脑后……这些是自然的保守派议题，不要把它们交给左派，否则你会得到反商业、反企业、反技术的回应。”[69]

我们不太可能看到一项类似于“绿色新政”的气候法案能得到美国国会两院的一致通过。这需要两党在某种程度上的妥协，这就意味着需要温和的保守派。我们不能因为党派言论就去疏远他们，而是要为他们创造空间，欢迎他们加入这个阵营。要在参与气候行动的温和保守派与顽固的否认者、欺骗者和转移视线者之间形成一个合法的分隔带。

为了化石燃料行业的利益以及科赫兄弟尽力维护共和党的纯

净性，没有人会认为通过气候立法是一件容易的事情。但分歧已经开始出现，特别是由于年青一代的转变等导致了这一分化的产生。共和党民意调查专家弗兰克·伦茨发现，40 岁以下的共和党选民对收费和分红的碳定价政策的支持率高达 6 ∶ 1。[70] 同样的代际趋势在奥巴马时期导致婚姻平等问题出现了临界点，而这种趋势也将很快使气候问题达到临界点……但我们没有 10 年的时间等待，美国迈向全面气候立法的最可行的路径是市场机制，包括碳定价。如果进步人士，而不是保守派，通过拒绝妥协、合作和建立共识而成为气候进步的最大阻碍，那将是讽刺，甚至是悲剧性的。

具有讽刺意味的是，进步人士不仅在气候政策方面越来越反对寻求中间立场，而且我们还进入了一个“奇怪”的世界，在这个世界里，政治左翼和政治右翼讨论的气候变化议题有时几乎没有区别。亚当·图兹在《外交政策》上报道了 2019 年 9 月英国工党会议上发生的一件事情：“英国总工会秘书长蒂姆·罗奇警告声称，要实施脱碳计划，就需要‘没收汽油车’、实行‘国家肉类配给’和‘限制每个家庭每 5 年只飞行一次’。他总结道：‘这将使整个行业和它们提供的工作岗位处于危险之中。’”[71] 其他工党领袖对碳定价的看法则更为开明，2020 年 3 月，美国公用事业工人联合会主席詹姆斯·斯莱文与参议员谢尔登·怀特豪斯合作撰写了一篇专栏文章，阐述了他们支持碳定价的理由。他们主张采取措施，确保将收取的费用返还给消费者，用于帮助个人和社区，特别是煤炭工人及其家庭，以支持他们享有健康计划、养老金和教育机会。[72]

我们再来看看英国的气候科学家凯文·安德森吧，他批评主流气候学界低估了气候变化构成威胁的程度，并夸大了已经取得的进展……在批评一份由气候变化委员会（一个独立委员会，给英国政府就气候缓解问题提供建议）出具的关于应当采取何种措施以满足《巴黎协定》承诺的报告时，安德森称："这份报告不过是旨在迎合当前的政治和经济状况而已。"然后他还批评整个气候研究界串通一气："整个计划牢牢建立在政治教条的磐石之上，学术界和许多气候学界人士因为担心失去资金、声望等而不敢质疑这份报告。"[73]这项指控几乎与否认气候变化者的陈词滥调如出一辙，即气候科学家发明气候危机的说法只是为了吸引大量的拨款。[74]

事实上，今天盛行的气候变化政治有时就像贪吃蛇一样，一些处于政治光谱左端的人宣扬典型的右翼气候问题立场。布莱恩·博伊尔在《洛杉矶时报》上这样描述民主党总统候选人图尔西·加巴德："加巴德是一个难以捉摸的候选人，她的国内政策立场与伯尼·桑德斯和伊丽莎白·沃伦的进步纲领相当一致。事实上，在 2016 年，她还是桑德斯忠实的支持者之一。"[75]这听起来很"左"，不是吗？博伊尔继续指出，加巴德在任何问题上都采取了怪异的亲俄立场，事实上，她的候选人资格是由某些势力推动的。她是一个在初选中公开反对碳定价的民主党候选人，而这一立场与普京政府和特朗普政府有着令人怀疑的一致性，这是不是一种巧合？[76]这一矛盾说明了我们在当前的地缘政治环境中对"右"和"左"的传统区分已经站不住脚了。

政治界限模糊的一个更极端的例子是英国互联网杂志《尖刺》，以宣扬马克思主义的观点而闻名。该杂志经常参与它所认为的"反对现代环保主义受保护的"活动，包括否认气候科学

（例如，认为政府间气候变化专门委员会的报告“言过其实”“危言耸听”）。[77] 它也登载宣传气候运动的漫画。例如，它坚称气候倡导者主张的“我们有 12 年的时间来拯救地球”[78] 的说法是对有科学依据的预测的篡改，即如果我们要避免危险的 1.5℃的变暖，我们只有大约 12 年的时间来减少碳排放（减少一半）。[79]《尖刺》还推动英国脱欧，我们知道，这将会破坏欧盟为气候定价所做出的努力。对于一家杂志社来说，这是一种令人困惑的做法，但多亏了英国专栏作家乔治·蒙比尔特的工作，才使这一切都变得清晰起来。在《卫报》的一次报道中，蒙比尔特透露，《尖刺》杂志的资助者实际上是化石燃料行业的亿万富翁查尔斯·科赫。[80] 如果说这一切能对人们有所启示的话，那就是气候怀疑论者正努力在气候运动中制造冲突，并使之渗透到环境左翼团体中，试图颠覆气候身份政治。他们似乎会为了阻止气候进展和碳定价而不择手段。要记住，前车之鉴，后事之师。

加速转型

气候行动要求我们的全球经济和大规模的新基础设施发生根本性的转变，但我们没有理由认为，在正确的市场激励下，不能实现这一目标，并且是快速地实现它。我们都看到了，这些激励措施必须同时涉及供给侧和需求侧两个层面。

供给侧方面的措施包括阻断管道建设、禁止使用水力压裂法、禁止削山采矿、取消化石燃料公司的投资，并停止大量新的化石燃料基础设施的建设。这些行动显然有助于激进主义、抗议、媒体冲突和宣传。它们也会产生重大影响……以“拱心石”XL 输油管道项目为例，它能从加拿大焦油砂矿向开放市场输送大量最肮脏、最碳密集型的石油。气候科学家詹姆斯·汉森宣称：“这将是气候的末日。”[81] 而为了应对环保组织的大规模抗议和压力，奥巴马最终在 2015 年叫停了该输油管道的建设，认为这一项目将“削弱”他的政府在“采取严肃行动以应对气候变化”方面的“全球领导地位”。[82] 奥巴马政府实施的清洁能源计划和更严格的燃油效率标准，有效地阻止了“拱心石”XL 输油管道项目的建设。这也使得奥巴马在 2015 年中美进行的双边气候谈判中获得了强有力的支持。反过来，这又为当年晚些时候达成的具有深远影响的《巴黎协定》奠定了基础。[83]

但是，正如个人行动不能替代系统性变革一样，供给侧方面的举措也不能替代需求侧方面的举措，两者都很有必要。需求侧方面的措施试图营造公平的竞争环境，这才使得气候友好型的能源、交通运输和农业实践在市场上的地位超过了化石燃料。碳定价是我们目前可以推广此类工作强有力的工具之一。将这个工具从谈判桌上撤下无疑等同于气候战争中的单方面裁军。

这和澳大利亚发生的事情非常类似。环保人士和保守派最初都支持的一个成功的碳定价计划，后来被否认气候变化、消耗化石燃料的总理阿博特否决。不幸的是，在创纪录的炎热、干燥、山火肆虐的 2019—2020 年夏季，澳大利亚出现了反乌托邦的地狱景观，如同 1979 年澳大利亚电影《疯狂的麦克斯》中的场景再现。澳大利亚曾是工业全球气候行动领导力的杰出榜样，现在却成了因气候不作为而付出代价的典型。然而，对于澳大利亚人来说，通过投票选出一个承诺在下一次选举中对气候采取行动的政府和重新夺回领导权还不算太晚。

在美国也同样不算太晚。我认为，碳定价的命运仍然不确定。2016 年唐纳德·特朗普的当选是一个重大挫折。拜登担任总统之后或许将使碳定价重新提上议程。我们看到，仍有迹象表明，一些政治左翼人士也对这一政策持有敌意。例如，在 2020 年民主党初选期间，伯尼·桑德斯从2019年7月支持碳定价（尽管有限定条件），到 11 月在回答《华盛顿邮报》的直接提问时表示不再支持这种政策，他在碳定价问题上的态度发生了翻转。愤世嫉俗者可能会认为，这一让步反映了他试图从主要初选挑战者伊丽莎白·沃伦手中争夺反对碳定价的绿色新政支持者。最具讽刺意味的是，由于这一立场翻转，2020 年总统的主要政党候选人都可能反对这一重要的气候行动机制。[84]

当然，一个真正全面的公平竞争战略不仅仅是迫使企业污染者为他们造成的损害买单。那是“大棒”，我们也需要“胡萝卜”。这意味着鼓励能源供应商使用更清洁、更安全、无碳的能源以取代化石燃料（反过来说，废除向化石燃料能源生产商提供不正常的现有补贴）。当然，气候怀疑论者也反对这些措施，这一点在下一章会有详细的描述。

第六章　击沉竞争对手

我们像佃农一样，本可以利用太阳能、风能和潮汐能等自然界取之不尽、用之不竭的能源为我们提供燃料，而我们却选择了砍倒房子周围的篱笆。

——托马斯·爱迪生

我们从前一章了解到，碳定价是实现能源市场公平竞争的一种手段，实施碳定价后，那些不会造成全球变暖的能源（如可再生能源）就可以与那些能够造成气候变暖的能源（如化石燃料）公平竞争了。还有一种方法就是对可再生能源实施明确的激励措施（并消除对化石燃料的依赖）。然而，气候怀疑论者又开始大做文章，他们宣传有利于化石燃料能源的计划，同时蓄意破坏那些鼓励可再生能源的项目，并开展宣传活动，对可再生能源作为化石燃料的可行替代品这一事实大加诋毁。

选择性补贴

化石燃料产业最喜欢采取各种补贴和激励措施。在得到相关支持后，国际货币基金组织的调查数据显示，化石燃料产业以援助穷人购买化石燃料生产电力、资本投资税收减免以及化石燃料基础设施公共融资等形式，在全球范围内获得了约 5 000 亿美元公开的补贴。这是一笔巨款。但如果把隐性补贴也算进去的话，即公民因相关环境污染而产生的健康成本和损害，包括气候变化所造成的损害，补贴总额估计会增加到惊人的 5 万亿美元。[1] 这些额外补贴并非偶然产生，而是由化石燃料产业利用其巨大的财富和影响力获得的。仅在 2015—2016 年选举周期内，化石燃料公司就在竞选捐款和游说活动上花费了 3.54 亿美元。[2]

化石燃料利益集团还竭尽所能地阻止对其竞争对手——可再生能源的补贴和激励，并在这方面取得了巨大的成功。这导致能源市场上存在一种不正常的激励结构，通过这种结构，我们在人为地提升那些正在破坏地球的能源的价值，同时贬低那些能够拯救地球的能源的价值。化石燃料产业游说团体，如美国立法交流委员会和哈特兰研究所，一直在蓄意破坏国家和州一级促进可再生能源的举措。

媒体监管网 SourceWatch 将美国立法交流委员会描述为一个“团体法案工厂”，通过它，“企业将自己的愿望清单交给州立法者，从而为自己谋取利益”[3]。近年来，由于公众对其融资活动的监管力度持续加大，埃克森美孚、壳牌和英国石油等化石燃料公司纷纷退出了美国立法交流委员会。但是，私人控股的化石燃料巨头科氏工业集团一直在为该委员会提供资金。[4] 仅在一年内，美国立法交流委员会就帮助推动 37 个州签署了 70 项不利于清洁能源的法案。国家政策规定一部分用于生产的能源必须是可再生能源（所谓的可再生能源配额制），但委员会提出的立法明显违背了这一政策。[5] 怀俄明州共和党人在2020年发起的一项法案就是对这些努力的讽刺。该法案提出，到2022年，公用事业100%的电力须由煤、石油和天然气提供，但这一法案最终没能实施。[6]

美国立法交流委员会还推动立法，惩罚那些在家中安装太阳能板的人。通过对拥有太阳能板的房主征收附加税来达到处罚的目的，因为这些房主试图将其多余的电力出售给电力公司。[7] 讽刺的是，科赫兄弟竟然成功激起了自己曾经帮助过的茶党成员的愤怒，尽管科氏工业集团似乎只反对触及其底线的国家干预（见图6-1）。

图6-1　一场意外的政治斗争

科氏工业集团资助的哈特兰研究所也参与了对可再生能源的类似攻击。[8] 从2012年开始，它就积极促成美国立法交流委员会的《电力自由法案》，这是旨在废除州一级可再生能源标准计划的示范性立法。幸运的是，哈特兰研究所的努力在州一级收效甚微，只有俄亥俄州叫停了可再生能源标准计划，但只叫停了一年（2014 年）。同时，它的企图在国家层面也以失败告终。哈特兰研究所还试图阻止鼓励太阳能的州计划的顺利实施。[9]

该立法委员会和研究所所做的一切都是为了破坏政府部门所提倡的脱碳计划。但是，如果不对电动汽车发起攻击，那么对可再生能源的攻击将是不完整的，因为使用电动汽车也是交通部门去碳化的途径。可想而知，如果可再生能源能给你提供电力，并且你可以使用户外的充电桩给车充满电，这就意味着你不再依赖石油了。与此同时，新能源对石油产业也造成了威胁，因为石油产业依靠销售汽油获利；新能源也会对科氏工业集团造成威胁，因为它依靠提炼和销售石油与汽油获利。2015 年，科氏工业集团的代理人与石油提炼和销售公司的经理人会面，计划花费数百万美元对新能源汽车实施攻击。[10]

该计划的关键点是一个与他们交易的政客——怀俄明州的共和党参议员约翰·巴拉索，他是在 2018 年选举期间科赫兄弟资助的第三大受益人。[11] 巴拉索是参议院环境和公共工程委员会主席，他在 2019 年提出了一项名为《每个司机都应享有公平》的法案。该法案不仅将终止对新能源汽车的联邦税收抵免政策，而且还将为所有替代燃油汽车的车辆设立一个年度“高速公路使用费”。你可能不会感到惊讶，因为巴拉索在努力向选民推销这项法案时，借鉴了科赫兄弟的宣传要点（例如，税收抵免会给“富有的买家提供不当的补贴”，以及“努力工作的怀俄明州纳税人不应该补贴富有的加州豪华车买家”）。巴拉索和其他共和党支持者还借用了由科氏工业集团资助的曼哈顿研究所炮制的观点（例如，他们谎称，废止新能源汽车税收抵免政策将在未来 10 年为纳税人节省大约 200 亿美元）。这些谬论是基于各种可能出现的错误，如数据挖掘、一厢情愿的想法、歪理和教条主义得出的。[12]

特斯拉是化石燃料产业的最大威胁。特斯拉电动汽车不仅在性能方面超越了传统的时尚汽车，而且埃隆·马斯克和他的公司也真正重新定义了新能源汽车的概念。在北卡罗来纳州，美国制造的特斯拉汽车的性能超过了传统的高性能汽车，其中也包括诸如宝马、奔驰和奥迪等外国品牌。该公司的成功代表着美国创新、美国工业和自由市场取得了胜利！因此，共和党州参议院介入并试图通过一项禁止出售特斯拉电动汽车的法案。[13] 虽然该法案未能通过，但特斯拉仍被禁止在夏洛特这样的主要城市销售。[14] 此后不久，共和党州长克里斯·克里斯蒂试图在新泽西州颁布同样的禁令。[15] 其他支持共和党的州，如得克萨斯州、犹他州、西弗吉尼亚州和亚利桑那州也相继效仿。[16] 关于“自由市场”，共和党人的所作所为就先讲这么多吧！

与此同时，保守派的媒体也听命于化石燃料利益集团，大肆宣扬一些莫须有的说法，旨在破坏公众对可再生能源的支持。索林卓公司是加利福尼亚州使用非常规创新技术的薄膜太阳能电池制造商。然而，硅价暴跌导致该公司无法与传统太阳能电池板公司竞争，公司最终于 2011 年 9 月宣布破产[17]，并拖欠了美国能源部 5.35 亿美元的贷款，这些贷款属于在贝拉克·奥巴马 2009 年总统在职期间推出的刺激经济一揽子计划的一部分。联邦计划提供的绝大部分资金（98%）流向了未拖欠其贷款的公司。能源部预计，在未来 20 年中，该计划支持的 30 家企业中有 20 家将开始运营并实现创收，其利润将超过 50 亿美元。[18]

尽管该计划总体上还算成功，但气候怀疑论者一直试图将索林卓公司作为可再生能源失败的范例。他们还利用索林卓公司的丑闻攻击奥巴马在 2015 年提出的预算案。也许他们对预算案真正的不满意之处在于该预算案取消了对石油、天然气和煤炭行业的近 500 亿美元的税收减免政策。[19] 因此，为了更好地实施反对措施，《福克斯新闻》和“每日传讯”（一个伪装成媒体的科赫兄弟游说团体）等，试图利用索林卓公司将奥巴马的预算案与一个看起来失败的可再生能源议程联系起来。[20] 不管它们怎么宣扬，其实索林卓公司并未获得总统 2015 年预算计划中所包括的清洁能源税收抵免优惠。该预算案甚至没有增加 2009 年支持索林卓公司的贷款担保计划的资金。[21] 当有机会抹黑可再生能源，同时保护化石燃料补贴时，事实就会被彻底无视。

鳄鱼的眼泪

气候怀疑论者的另一条攻击路线是为所谓的可再生能源构成的威胁流下“鳄鱼的眼泪”。他们会通过划分环境阵营的经典策略来达到目的，并说服人们，虽然可再生能源标榜安全可靠、环境友好，却会对我们的健康和环境构成威胁。

因此，我们得到的是谬论和扭曲，他们试图给那些有环保意识的人捏造出一个虚假的困境，即经济脱碳会在某种程度上以破坏环境为代价。最具代表性的例子莫过于风力涡轮机对鸟类构成的威胁。曼哈顿学院的罗伯特·布赖斯，一直在接受科氏工业集团的资助，他经常在《华尔街日报》的社论版块和《国家评论》等极右翼机构媒体上宣扬这一谬论。[22] 布赖斯真的会对那些被风力涡轮机杀死的鸟类感到惋惜吗？相较于每年被涡轮机杀死的鸟类数量，被家猫杀死的鸟类显然更多。为什么布赖斯和默多克媒体没有去讨伐猫？他们以及其他推动“风力涡轮机对鸟类是一种威胁”鬼话的化石燃料利益集团，会不会是在流“鳄鱼的眼泪”？

当谈论到关于我们鸟类朋友的福利时，我更信任奥杜邦学会，该学会的使命是“保护鸟类赖以生存的环境，无论今天还是明天”。奥杜邦学会指出，气候变化比风力涡轮机对鸟类造成的危害大得多。奥杜邦学会的一份报告显示，由于气候变化，美国数百种鸟类（包括美国的象征白头海雕）处于“严重濒危”状态，到 2080 年，一些鸟类物种预计将减少 95%。如果将风力发电站布置在远离鸟类迁徙路线的地方，可以最大限度地降低风力涡轮机杀死鸟类的概率。因此，奥杜邦学会支持“将适当的风力发电作为可再生能源，这有助于降低气候变化对鸟类和人类构成的威胁”[23]。

为了使人们远离风力发电，气候怀疑论者甚至设法编造出一种假想的健康困扰，即他们宣称的“风力涡轮机综合征”。反风力发电的倡导者声称，包括肺癌、皮肤癌、痔疮，以及体重不正常变化在内的各种疾病都是由风电站的设立而造成的。这只是其中一个例子，说明萨根对“伪科学”最担心的事情已经发生了。[24]尽管这种现象的背后完全没有科学证据的支撑，但一些诚实的人还是声称患有这种想象出来的综合征，这是一种典型的“传播性疾病”。也就是说，那些身患疾病的人，碰巧住在风力发电站附近，听到别人谈论这种综合征，为了寻找可以指责的对象，接受了这种虽是伪科学但看起来很合理的解释。[25]科氏工业集团的下属团体、化石燃料利益集团以及默多克媒体帝国都试图将“风力涡轮机综合征”的谬论传播到各地，这当然不足为奇。[26]福克斯商业网站的埃里克·博林说："随着对风能的需求不断增加，风力涡轮机在美国各地兴起。但代价是什么呢？代价就是发电厂附近的居民会感到头晕目眩，声称他们看到了不明飞行物坠落。"[27]是的，你没看错，"就是不明飞行物坠落"！反风力大军甚至设法招募了唐纳德·特朗普总统，在关于风力涡轮机的一系列荒谬说法中，特朗普居然说风力涡轮机会引发癌症。[28]

事实上，特朗普在 2019 年 4 月 2 日的筹款演讲中，危言耸听地说，如果在社区内修建风力发电站，就会给居民造成财务损失，他警告美国人："如果你的房子附近有风车，恭喜你，你的房子刚刚贬值了 75%。"[29]但实际研究没有发现任何可以证明风力涡轮机会影响居民财产价值的证据。[30]

他们还为所谓的太阳能对环境造成负面影响流下了"鳄鱼的眼泪"。这并不是说太阳能农场和太阳能电池板对环境没有影响，在土地使用、栖息地流失、水资源使用，以及制造业生产的过程中，使用太阳能确实存在有害物质释放的可能性。[31]但是与煤炭、天然气和石油对环境造成的影响相比，太阳能所产生的负面影响就显得微乎其微，而且这甚至没有考虑到使用化石燃料造成的气候变化所带来的损失。

所谓的"突破研究所"，其实最初从事与化石燃料利益相关的活动，近年来才被冠以"核（工业）游说团体"的名号。[32]公共道德专家克莱夫·汉密尔顿指责该机构"歪曲关于能源效率投资的节能数据，批评几乎所有减少美国温室气体排放的拟议措施，并与反气候科学组织结盟"[33]。托马斯·格克为《清洁技术》撰文，指出该研究所的文章倾向于"一方面诋毁可再生能源，另一方面宣扬核能是解决 21 世纪全球能源危机的方案"[34]。

“突破研究所”的联合创始人迈克尔·谢伦伯格大肆宣传太阳能对环境构成重大威胁的谬论。2018 年 5 月，他为《福布斯》撰写了一篇专栏文章，表示他为所谓的太阳能光伏电池中化学物质的毒性流下了“哀伤的泪水”。[35]奇怪的是，他的文章中没有提到以下事实：一是美国的太阳能电池板制造商必须遵守法律，以确保工人不会受有毒化学物质的伤害，并且所有化学废品必须得到妥善处置；二是制造商具有强烈的经济动机，确保有价值的稀有材料被回收而不是被当作废品扔掉。[36]

仅仅几个月后，谢伦伯格又在《福布斯》上发表了另一篇文章，他非常严肃地断言“核能是最安全的电力来源”，他还认为，“那些低辐射水平的物质是无害的，核废料是最好的废料”。[37]不久后人们就会生活在这样一个充斥着谬论的世界：核能代表安全，太阳能代表危险，黑白不分，是非颠倒。欢迎来到“否认气候变化温和派”的怪异世界。

《福克斯新闻》还会定期对其观众和读者进行反太阳能宣传，告诫人们太阳能会对环境构成威胁。它的很多头条新闻都是如此，例如“建在龟类动物沙漠栖息地中的太阳能工厂会使绿党对抗绿色”[38]。这是一个气候怀疑论者的两面派观点，将虚假的环境问题与环境保护主义结合在一起，列在头条新闻中；更有如“环境问题威胁到加州沙漠的太阳能发电扩张”“东海岸大型太阳能项目使邻国大为恼火”和我最喜欢的“内华达州沙漠中有世界上最大的太阳能烤鸟厂”。[39]鲁珀特·默多克对我们鸟类同胞表达的深切而长期的关怀“非常令人感动”。当你意识到鸟类是生活在现代的恐龙后代时，这就完全解释得通了。

不过，令我感到奇怪的是，我不记得在《福克斯新闻》上看到过像“削山采煤杀死了鱼类和两栖动物”，或“深层石油钻探正在摧毁墨西哥湾”，或“我们对化石燃料的依赖正在伤害地球”这样的新闻标题。《福克斯新闻》和保守派媒体在可再生能源对人和环境的影响方面表现得极为关心，而对化石燃料的影响却视若无睹。

右翼媒体使用的一些诋毁太阳能的策略有点滑稽，例如，就像之前提到的风力涡轮机会导致癌症的谬论一样，太阳能电池板显然会导致我们在寒冷的气候中被冻死。《福克斯新闻》主持人杰西·沃特斯在抹黑绿色新政及其制定者亚历山德里娅·奥卡西奥－科尔特斯时说：“他们推出的这一新政要在10年内取缔所有的石油和天然气。如果你正处于极地气候中，那么你要如何利用太阳能电池板来取暖？”[40]

当然，对公众宣传可再生能源会对他们造成伤害的这一策略并不局限于美国国内。澳大利亚总理斯科特·莫里森曾因在议会挥舞一小块煤炭来证明他的“清洁能源”理念而声名大噪，他在这方面展现出了自己精明强干的一面。2019年4月，莫里森抨击工党设立的目标，即到2030年，新能源汽车将占所有新车销量的50%。他还告诫工党领袖比尔·肖顿，支持新能源汽车的政策对澳大利亚人来说是“美好周末的结束”。莫里森还警告说：“我国民众偏爱乘坐四驱车旅行，在涉及澳大利亚人如何选择时，肖顿试图让我们停止使用SUV（运动型多用途汽车）。”具有讽刺意味的是，莫里森政府（自由国民联盟）提出的关于新能源汽车的政策比工党的政策更加不乐观，并且它们设定了一个目标，到2030年，所有新车销量中有25%为新能源汽车。看到其中的讽刺意味后，肖顿回应说，莫里森和联合政府“如此沉迷于恐吓活动，甚至用自己出台的政策吓唬大家”[41]。

让他们烧煤吧！

如果说气候怀疑论者在谈到可再生能源对我们的健康和环境所构成的威胁时，流下几滴伪善的眼泪，那么当谈到对穷人的困境有何担忧时，他们就已经哭出了一条河。他们采用了一种逻辑谬误，即“你不能一边嚼口香糖一边走路”，或者更具体地说，认为宣传可再生能源时，会将资源从本应用于消除第三世界贫困的廉价化石燃料能源中转移出来。这样就会出现一个臆造的概念——能源贫困。

能源贫困这一概念是基于一个错误前提得出的，即缺乏获取能源的途径（而不是缺少食物、水资源、医疗卫生等）对发展中国家构成了主要威胁，此外，化石燃料是提供这种能源的唯一可行方法。也就是说，如果你关心世界上的弱势群体，那么你就应该提倡使用化石燃料。这是一种真正聪明的战略，尽管有愤世嫉俗和操纵他人的意味，但它能让宣传推介化石燃料的气候怀疑论者招募政治进步者和温和派人士加入他们的行列。

“突破研究所”也是该概念的提倡者之一，如其官网所示，它的使命是“通过技术创新使清洁能源更加便宜，从而应对全球变暖和能源贫困”[42]。此外，微软前首席执行官比尔·盖茨和埃克森美孚前首席执行官雷克斯·蒂勒森也是能源贫困概念的支持者。蒂勒森曾提出过一个没有任何明显讽刺意味的问题：“如果要人类遭受苦难，那么拯救地球有什么好处？”[43]

毫无疑问，比约恩·隆伯格是最热情的能源贫困理论斗士。

隆伯格自封“持怀疑论的环保主义者”。然而，隆伯格既不是怀疑论者，会对似是而非的主张进行善意的审查，也不会对已知科学不加甄选就全盘否定。隆伯格充满魅力地挥舞着绿色和平组织的 T 恤，以此来证明他热衷于环保事业。

但是，再深入挖掘一下，一个截然不同的故事就会出现。隆伯格的“哥本哈根共识中心”由兰道夫基金会资助，兰道夫基金会的主要受托人希瑟·希金斯也是由科氏工业集团资助的国际妇女论坛的主席。[44] 这个组织实际上是一个虚拟实体，其官方地址注册在马萨诸塞州洛厄尔的一家包裹服务公司。澳大利亚保守派的阿博特政府试图为其提供永久性办公地点，许诺如果西澳大利亚大学愿意为该组织提供一个办公地点，那么政府将提供 400 万美元的纳税人资金，但西澳大利亚大学最终放弃了这项提议。[45]

隆伯格经常在包括《华尔街日报》、《纽约时报》和《今日美国》在内的主要报刊上发表评论，弱化气候变化造成的影响，批评可再生能源并推广化石燃料的使用。他面带微笑，自称对环境和穷人非常关注，并对那些引导我们不再使用化石燃料而去使用清洁能源的人大加斥责。[46]

虽然隆伯格对发展中国家的困境公开表示同情，但他却对那些最易遭受气候变化破坏性影响的人表现出了极大的不屑。他在一篇专访中警告说：“海平面上升 20 英尺……海岸线将被淹没约 16 000 平方英里①，目前在那里还居住着 4 亿多人。”这无疑是一个令人警醒的事实。但是隆伯格并没有见好就收，他继续说：“4 亿多这一数字很庞大，但并不是全人类。实际上，这一数字

① 1 平方英里约为 2.59 平方千米。——编者注

不到世界人口的 6%，也就是说 94% 的人口不会被淹没。”[47]

保守党显然正在研究隆伯格的观点。这种类型的“大局”思维在 2020 年初的新冠疫情危机中再次出现。例如，威斯康星州右翼参议员罗恩·约翰逊就特朗普政府未能在疫情早期采取有意义的行动向选民传达了类似说辞，约翰逊抱怨道：“目前，所有人都在听到死亡的消息。”他承认：“当然，死亡令人震惊，但另一方面，绝大多数感染者确实还是能够活下来的。”他还乐观地说：“病毒杀死的人口数量不超过我们总人口的 3.4%。”[48] 毕竟，比约恩和罗恩的朋友中会有几亿感染者吗？

在谈到穷人所处的境遇时，我必须承认自己可能存在偏见，相较于比约恩·隆伯格，我更看重教皇方济各的看法。方济各驳斥了能源贫困这一说法，并指出，在大多数发展中国家，以太阳能和水力发电为形式的分布式可再生能源比化石燃料更为实用。[49] 甚至对化石燃料比较友好的《华尔街日报》也承认了这一点，指出：“可再生能源可以为偏远地区提供解决方案，因为它是在同一地区创建和使用的，并且不需要大型发电厂和绵延数百千米的输电线路。”[50] 但如果你已经放弃了《华尔街日报》，那么比约恩·隆伯格将……

当然，还有一个更深层次的问题，那就是，人们在注重改善气候的同时对穷人的关注度也会降低。正如教皇方济各在其关于环境的宗教通谕中所强调的那样，气候变化加剧了其他社会挑战，包括粮食、水资源、土地稀缺、健康，以及国家和国际安全等问题。美国国防部对此表示赞同。[51] 但能源贫困概念的讽刺之处在于，气候变化的影响实际上将使更多人陷入贫困，造成比今天更多的贫困人口。在气候崩溃的情况下，何谈经济？不过，也不要只相信我的话。世界银行 2015 年的一项研究得出了这样的结论：气候变化可能会在 2030 年之前使 1 亿人陷入极度贫困。甚至连《福克斯新闻》也对此进行了报道。[52]

是工作的问题

气候怀疑论者善用的另一个计谋就是吓唬人，让人们认为气候行动和可再生能源会使其失业。与科氏基金会有关的一个自称“未来力量”的组织，试图将美国煤炭行业数十年来的稳步衰落和煤炭社区的灭亡归咎于汤姆·施泰尔，他是一名气候活动家和慈善家，或许这并非巧合，从一位合格的“恶棍”的角度来看，他还是一位犹太裔亿万富翁。该基金会甚至试图把那些濒临破产的煤炭城镇冠以“施泰尔镇”的名号。他们的“证据”是，随着施泰尔慈善支出的增加，煤炭工作岗位不断减少，这并不是一种能通过同行评议文献、可靠的报纸文章，甚至是幸运饼干预测出的结果。[53]

的确，煤炭行业的工作岗位正在消失。如今，蓬勃发展的可再生能源行业的就业机会（仅太阳能行业就拥有成千上万个）要多于垂死挣扎的煤炭行业（目前只有不到 5 万个采煤工作岗位）。[54] 但这些工作机会的减少更多是与煤炭开采的机械化、自动化以及来自廉价化石燃料（天然气）的竞争有关，而不是来自可再生能源的竞争，更不是气候活动本身。

尽管政府推出了工作再培训计划和其他措施来帮助因煤炭行业没落而下岗的工人，但不可避免地，那些人，特别是年长的工人，在下岗后实现再就业不会那么容易。代表能源部门的工人领袖，例如，美国公用事业工人联合会主席詹姆斯·斯莱文认为，气候政策必须包含帮助煤炭工人及其家庭的措施，要为他们的健康计划、养老金和教育机会提供财政支持。[55]

技术转型从来都不会一帆风顺，总会有赢家和输家。但是，指责可再生能源行业造成煤炭工作岗位的流失，就像因为捕鲸业提供的大部分灯油被煤油和燃煤电力照明所取代，而去指责化石燃料行业摧毁捕鲸业一样，这两种指责都不合适。

你呢，迈克尔·摩尔？

把自由派偶像迈克尔·摩尔归入气候怀疑论者“朋友组”的类别吧，他现在也加入了抨击可再生能源的行列。他与导演杰夫·吉布斯在左翼论战中长期合作，像在两人合作的反“哥伦拜校园枪击事件”、反布什、反伊拉克战争电影《华氏 9·11》中一样，摩尔在 2020 年的电影《人类星球》中提倡全面打击可再生能源。虽然执导这部纪录片的是吉布斯，但摩尔利用自己的名气进行脱口秀巡回演出，不遗余力地宣传这部电影，好像他下个月的房租就指望该影片的票房收入了。[56]

《人类星球》在电影节一上映，负面评论就接踵而来。[57] 事实证明，这部电影非常不受欢迎，以至于摩尔无法让主要发行商接受这部电影。Netflix（网飞）和其他主流媒体平台也不会上架该电影。因此，摩尔最终在 2020 年的世界地球日将该纪录片免费发布到视频网站 YouTube 上，仿佛他的目的是投掷一枚手榴弹，对气候行动造成很大程度的附带破坏。[58]

许多能源和气候专家列举了电影中的致命缺陷，包括一些欺骗性事实和不诚实的论点[59]，其中包括：错误地使用10年前的数据、照片和采访，严重夸大了可再生能源的局限性，低估了当今可再生能源和存储技术的效率和容量；抱怨太阳能电池板和风力涡轮机的建造中仍使用由化石燃料驱动的电网，但并未注意到与煤炭或天然气相比，这两者生命周期内的碳排放量很小，并且电网的去碳化正是可再生能源转型的目标；夸大了对生物燃料和生物质能碳足迹的估计（与化石燃料相比微不足道），而且没有注意到生物质能仅占家庭发电量的2%（尽管摩尔和吉布斯在这部电影中有一半的时间都在抱怨它）。[60]

令人失望的是，这部电影宣扬了关于可再生能源的各种危言耸听的说法，人们期望在《福克斯新闻》中而不是在迈克尔·摩尔制作的电影中听到这些说法。例如，它谴责新能源汽车并不环保，因为它们是靠电网提供燃料的，而电网仍然主要依靠化石燃料能源来驱动。但是，这一论点忽略了一个基本事实，即任何有意义的绿色能源转换的基本组成部分就是与电网脱碳相配合的运输电气化。[61]将注意力放在前者而不承认后者，无论是有意还是无意地这样做，都完全错过了重点。

对于可再生能源在表面上造成的可怕的环境影响，我们再一次体会到了虚伪的善意，如太阳能发电厂和风力发电站所需的大片土地，对太阳能电池板所用金属的依赖，等等。奇怪的是，迈克尔·摩尔似乎更关注风力涡轮机和太阳能电池板领域，而对他在气候变化领域的新发现却没那么关注。电影上映后不久，他在Twitter上写道："由于可观的利润、人性的贪婪和错误的引导，公众认为我们正在输掉这场气候大战。"[62]但我想说，首先，我们并没有"输掉气候大战"，相反，正如我们稍后将看到的那样，我们目前正在取得重大进展。尽管可观的利润和人性的贪婪是问题的一部分，但对可再生能源的误导性攻击以及承担这些责任的假先知同样是问题的一部分。这又让我们把目光投到了迈克尔·摩尔和杰夫·吉布斯的身上。

例如，当得知美国从燃烧生物质（主要是有机垃圾）中获得了一些可再生能源时，他们大为惊讶。但是，在一个本来就漏洞百出的电影中，他们声称生物质能的发电量超过了太阳能和风能，这明显是一个与事实不符的说法。实际数字恰好相反，生物质能仅占总发电量的1.4%，太阳能和风能占总发电量的9.1%。[63]错上加错的是，他们重复了“生物质释放的二氧化碳比煤炭多50%，是天然气的三倍多”等极具误导性的说法。这个错误的说法是“计算错误”的副产品。我们在第四章提到的2014年的纪录片《奶牛阴谋》中也出现了同样的计算错误。

大家可能还记得，《奶牛阴谋》声称牲畜要为51%的碳排放量负责，这个数字是不真实的，是基于错误的计算加上不充分的科学理解得出的。编剧似乎没有意识到一个简单的事实，即奶牛呼气时产生的碳（以二氧化碳的形式，通过我们所说的呼吸作用）来自它们消耗掉的植物，而这些植物首先（通过光合作用）会从大气中吸收碳。奶牛或任何动物（包括人类）呼气时，并没有向大气中净增加二氧化碳，我们只是帮助碳在大气/生物圈中循环。[64]牲畜对碳排放的实际贡献来自完全不同的过程：发酵、粪便管理、饲料生产和能源消耗。奶牛也能产生甲烷，甲烷本身是一种温室气体，但其在大气中存在的时间并没有二氧化碳久。奇怪的是，牲畜对碳排放的真正净贡献（15%），相当于将《奶牛阴谋》中引用的数字（51%）中的5和1进行了对调。

摩尔和吉布斯在《人类星球》中基本上犯了同样的错误，那就是他们并没有告知观众，燃烧生物质（古老的森林除外）产生的二氧化碳都是近年来从大气中产生的二氧化碳。因此，当我们试图减少大气中的碳含量时，生物质在很大程度上接近“碳中和”，虽然这远远谈不上完美，但仍比燃烧煤炭或天然气的石炭纪时代排放二氧化碳的情况更好。燃烧生物质本身并不会增加大气中的二氧化碳含量。当然，一些碳排放与加工和运输相关，这仅仅是因为我们的许多基础设施仍然依赖化石燃料能源经济，其结果是可再生能源革命收效甚微。的确，可再生能源碳排放量很小，每千瓦时约产生 10 克碳污染。相比之下，天然气每千瓦时产生约 500 克的碳污染，煤炭每千瓦时产生 900 克的碳污染！与动物保护主义者过分夸大吃肉对气候变化的影响以推动减少肉类消费的（公认是有价值的）目标一样，也有一些森林保护主义者夸大了他们阻止森林砍伐的目标（也被公认为是值得的）。[65]

弄清事实非常重要。生物质中所使用的木屑通常是已经存在的林业砍伐行为的副产品，而不是像有些人暗示的那样，是砍伐树木作为燃料的结果。生物质是一个很大的范畴。虽然我们不应该将森林变成木屑来燃烧，但是燃烧某些形式的有机废料确实是有意义的，当我们过渡到更清洁的可再生能源时，这些有机废料就可以提供一种接近碳中和的能源。

《人类星球》固化了许多我们所熟悉的比喻，以至于它几乎成为新气候战争的典型代表。正如我们在上一章中所提到的那样，在这场新的气候战争中，我们面临的一个挑战是，在涉及由市场驱动的气候解决方案时，气候运动本身已经出现了缺口。摩尔和吉布斯试图将该缺口撬开。事实上，在他们看来，风能和太阳能越来越有利可图的事实表明，它们是“糟糕的”能源。用《拉斯维加斯评论杂志》编辑委员会的话来说，摩尔似乎“极为惊讶地发现……向绿色能源的任何转变都需要邪恶的工业家和资本家的大量投资，他们可能会从中牟利。但谁知道呢”[66]。

因此，讽刺的是，英雄变成了恶棍，而恶棍摇身一变成了英雄。气候卫士比尔·麦吉本很久以前曾因支持有限利用生物质能而受到谴责。[67] 据说，阿尔·戈尔也因“更专注于利益而不是拯救地球”受到抨击。[68]（难道不能对迈克尔·摩尔和他的 5 000 万美元净资产发起类似的抨击吗？[69]）摩尔和吉布斯显然“对发现由查尔斯·科赫和大卫·科赫拥有的一家公司获得了太阳能税收抵免而感到十分震惊”。现在，我们有很多理由不喜欢科赫兄弟，但他们投资太阳能的事实并不是理由之一。只有在特朗普时代的煤气灯效应下，一个进步的电影制片人才能制作出一部充满争议的电影，这部电影基于一种荒谬的观点，即极右翼的富豪们暗地里尽可能地提供支持，以消除我们对化石燃料的依赖。这样做的结果会让进步的环保主义者上当受骗。

之后，就是失败主义和绝望（我们将在第八章中详细探讨这个话题）。《卫报》指出：“最令人不寒而栗的是，吉布斯在电影的某个情节中似乎暗示了人类对此无能为力，就像人类最终会死亡一样，因此可以说人类这个物种本身正在目睹着自己的死亡过程。”[70] 屡获殊荣的环保电影制片人尼尔·利文斯顿为《行动电影》撰稿时提出了更为严厉的批评：“这部电影充斥着虚假的信息，而且故意误导观众，好让人们认为除此之外别无选择，吉布斯和摩尔真该为此感到羞愧……所以简单地说，由杰夫·吉布斯与执行制片人迈克尔·摩尔拍摄的新电影《人类星球》是不准确的、具有误导性的，只是为了让人们在面对问题时沮丧到无所作为。”[71] 末日论和希望的丧失可能会把人们引向与彻底否认相同的不作为之路。这正中迈克尔·摩尔的下怀。

这样一来就会遇到之前存在的典型的转移视线的问题。从技术上讲，摩尔和吉布斯确实提出了一个“解决方案”。但他们没有关注造成问题的根源，即我们对化石燃料的依赖，而是将注意力转移到个人行为上，正如我们所看到的，这显然是他们为了应对新气候变化而提出的策略。一个罔顾事实的说法是，这都是其他人的行为。环保作家克坦·乔希评论说：“摩尔最终是为了达到控制人口数量的效果才这样做的，你从电影一开始就会感觉到，这是一种残酷邪恶且具有种族主义的意识形态。”[72] 布莱恩·卡恩在《地球人》中写道：“在电影播放的过程中，吉布斯采访了一群白人专家，他们中的大多数认可吉布斯的观点……布赖特巴特新闻网和其他与否认气候变化的化石燃料公司结盟的保守派对这部电影赞不绝口，这是有原因的，因为它忽略了追究权势阶层责任的解决方案，听起来就像是种族歧视的狗哨声。”[73] 值得注意的是，发展中国家的人口（这是人口增长的主要群体）与发达国家的人口相比，他们的碳足迹微不足道。世界上最富有的 10% 的国家产生的碳排放量占全球的一半。[74] 问题不是“太多的人”，而是“排放碳量大的人太多”。正如环保社会学家格兰特·萨姆斯所说，摩尔和吉布斯的整部电影都在“生态虚无主义和生态法西斯主义之间徘徊”[75]。

另外，保守派基金会和媒体都喜欢摩尔的电影，并不仅仅是“布赖特巴特新闻网对他们拍摄这部大胆、勇敢的电影充满了感激和钦佩”[76]。一些化石燃料资助团体，例如竞争企业研究所和哈特兰研究所（以及它们雇用的“攻击犬”安东尼·沃茨）都对它赞不绝口。[77] 竞争企业研究所鼓动人们“在《人类星球》被禁播之前赶紧去观看”，而哈特兰研究所则通过系列播客来宣传这部电影。[78] 沃茨将这部影片宣传为“地球日史诗”，并在其博客上直接提供了这部影片的链接。[79] 化石燃料行业资助的否认气候变化者史蒂夫·米洛伊坚持认为：“如有必要，应强制要求欧盟政客睁大眼睛认真观看迈克尔·摩尔的《人类星球》。”[80] 其他化石燃料行业的“攻击犬”，包括建设性明天委员会的马克·莫拉诺也在宣传这部电影，他还在 Twitter 上对批评者展开攻击，这也使得 Twitter 成为右翼分子实施暴行的可预测场所。[81] 是的，甚至连科赫兄弟都参与其中。科赫兄弟资助的一个游说团体，一个名为“美国能源联盟”的反可再生能源组织，也花费了数千美元来宣传这部电影。[82]

最后，我们想知道迈克尔·摩尔拍摄这部电影是出于什么样的动机。政治博弈可能会催生各怀异心的盟友。摩尔在伯尼·桑德斯竞选总统期间是他坚定的支持者。桑德斯将自己对绿色新政的支持作为竞选纲领的核心，而绿色新政本质上支持可再生能源。但是摩尔多年来一直支持朱利安·阿桑奇[83]，这位维基解密的创始人与俄罗斯密切合作，共同打击气候科学，并破坏气候行动。此外，摩尔一直是蓝领工人和工会运动的长期拥护者，从 1989 年的电影《罗杰和我》开始，摩尔就谴责通用汽车对工会工人的镇压。左翼劳工与左翼环保人士以前也不是没有发生过冲突。在第五章中，我们提到通用汽车工会秘书长蒂姆·罗奇曾警告说，气候变化行动将导致没收汽油车、按比例分配肉类和限制家庭每 5 年飞行一次，以及将整个行业及其所创造的就业机会置于危险之中。[84]

摩尔是否将经济脱碳视为对工人的威胁？他是否与化石燃料行业达成秘密协议？或者他只是迷失了方向？特朗普总统的任职是否以某种方式导致他“翻转立场”？还是摩尔只在乎自己的作品是否具有煽动性而不在乎是非曲直？如今，距离他最成功的电影播出已经过去 10 多年了，这部电影的现实意义也日益受到质疑，难道他只是在寻找一种戏剧性的方式来使自己关注当今的决定性问题吗？毕竟，常言说得好，一日为辩论家，终生都是辩论家。

也许这仅仅是环保记者艾米丽·阿特金所称的“初涉气候问题之人”现象的体现[85]，即特定的特权人群（主要是中年白人）认为他们可以在互联网上畅所欲言，与一些精心挑选的“专家”交流，并解决其他人几十年都无法解决的重大问题。几乎不可避免的是，这部作品最终会是一团乱麻，整部影片充斥着致命的糟糕镜头和误导性的说辞，以明显的居高临下的男性视角表达观点。关于如何应对气候变化，我们已经看到了比尔·盖茨、538① 的纳特·西尔弗的做法，现在，又出现了迈克尔·摩尔。[86]

事实是，我们可能永远不会知道迈克尔·摩尔和杰夫·吉布斯制作这部电影背后的动机是什么，尽管他们的所作所为明显动机不纯、有辱人们的智商，且缺乏诚意。我们知道，他们错误的论战迎合了化石燃料利益集团的目的，他们利用误导性和虚假的信息来实施否认、拖延和转移注意力的策略。看来他们的名字将

① 538，即 FiveThirtyEight's，是一个专注于民意调查分析、政治、经济与体育的博客。——编者注

被载入我们这个时代的决定性战斗的史册中，因为他们讽刺地站在了富有且强大的污染者一边，背离了他们声称关心的“人民”。

不会得逞的!

最后，当其他观点都烟消云散后，我们只能说：“好吧，这样行不通。你不能这样做！”实际上，气候怀疑论者将自己变成了名副其实的椒盐脆饼①，向人们解释为什么我们无法用可再生能源为经济提供动力。他们说，这存在根本性障碍，可再生能源无法持续输出电力。间歇性！电池也不足！

是的，风并不总是在吹，阳光不总是会有，而且电池也没有无限的存储容量。但是这些挑战（如果你能原谅我的双关语）是被夸大了的。智能电网技术可以自适应地结合各种可再生能源，从而克服这些局限，而且不用等很久，现在就可以实现。就像特斯拉生产的那种支持公用事业规模的“大电池”系统，在为南澳大利亚等容易停电的地区提供电力的稳定性方面，其表现和竞争力超过了化石燃料发电机。[87]

同行评议的研究表明，即使没有任何技术革新，即使用目前的可再生能源和储能技术，我们也可以在 2030 年前满足全球 80% 的能源需求，在 2050 年前满足 100% 的能源需求。这个目标将通过提高能源效率、实现所有能源部门的电气化，以及通过混合发电资源达到电网的去碳化来实现，包括住宅屋顶太阳能和太阳能发电厂、陆上和海上风电站、波浪能、地热能以及水电和

---

① 美国人喜欢的经典零食，此处形容他们广受欢迎。——译者注

潮汐能。技术的精确组合取决于地点、季节和一天中的时间。[88]抱歉，比尔·盖茨，但我们“不需要一个奇迹”。[89]解决方案已经在这里了。我们只需要迅速大规模地部署它。归根结底，这一目标的实现取决于政治意愿和经济激励。

可再生能源转型将创造数百万个就业机会，在无燃料成本的情况下稳定能源价格，减少电力中断，并通过分散发电来增加获得能源的机会。[90]但这不是我们从科赫家族资助的哈特兰研究所等组织那里听到的。相反，我们看到了像煤炭行业的“攻击犬”和否认气候变化者大卫·沃基克之类的专家文章，标题为《不可能从可再生能源中获得 100% 的能量》。[91]在驳斥可再生能源转型的可行性时，沃基克玩了一场经典的宾果填格子游戏，喋喋不休地谈论表面上的致命问题：间歇性（如前所述，已经大体解决了）、可扩展性（这仅取决于政府的激励措施，即沃基克的老板科赫家族竭力为支持化石燃料行业和反对可再生能源而做的博弈）和费用（他高估了电池的存储成本，忽略了电池以外的多种存储选择，例如，抽水蓄能电力，并假装认为像科罗拉多州这样的地方没有阳光）。

沃基克在文章的最后向我们讲述了一些修正主义的历史，把那些已经过渡到 100% 可再生能源的城镇和城市的成功故事斥为“虚假说法”。不要关注堪萨斯州的格林斯堡，那个被龙卷风夷为平地的小镇，在其保守的共和党市长的领导下重建了 100% 的可再生能源。[92]那其实并不存在！这是假新闻！批评者已经超越了对气候变化的否认，转而否认现实本身。

说到否认现实，让我们再谈谈《福克斯新闻》及其对在美国使用太阳能的立场。2013 年，奥巴马政府对可再生能源的支持遭到抨击，《福克斯新闻》的主持人格雷琴·卡尔森询问福克斯商业网站的记者希巴尼·乔希太阳能在德国比在美国更成功的具体原因。卡尔森问："德国在做正确的事情吗？因为德国是一个较小的国家，这使太阳能在德国推行起来更可行吗？"乔希说："虽然德国是一个较小的国家，但那里有很多阳光，是吧，它的光照要比我们多得多。"（强调一下。）卡尔·萨根听到这个回答后肯定会气到"在坟墓里打滚"。也许乔希感觉到她刚刚说的话有些荒唐，所以更加努力地为自己辩解："问题是一旦碰到阴天或下雨天，就不会有阳光了。"她认为加利福尼亚州实际上偶尔会有一点光照，她说："在东海岸，搞太阳能是行不通的。"[93]

当然，只有在《福克斯新闻》的神话宇宙里，美国东海岸的光照才会比德国的光照少。媒体事务监督组织在对该细分市场的回应中指出，美国能源部国家可再生能源实验室的估计结果显示，整个美国境内的平均日照量几乎比德国日照最多的地区还要多。[94] 实际上，正如能源部国家可再生能源实验室的一位科学家所指出的那样，"德国的太阳能类似于阿拉斯加的太阳能"。（阿拉斯加获得的平均光照是美国所有州中最少的。[95]）但是，回到卡尔森最初的问题：德国的太阳能产业比美国做得好的真正原因是什么？答案很简单，就是没有《福克斯新闻》、其他默多克媒体、科赫兄弟和化石燃料利益集团联手摧毁它。

虚假的解决方案

我们已经看到，气候怀疑论者正在采取双重行动，一方面努力阻止碳价上升，另一方面阻止或减缓目前正在进行的可再生能源过渡。请奋起反击吧，当你听到有人说有关风力涡轮机和太阳能电池板可能带来环境威胁的谬论时，请予以反击，并更正这些错误观念。如果你的朋友、家人或同事被“鳄鱼的眼泪”所迷惑，请递给他们一块手帕，向他们解释他们已经上当受骗这一事实。当有人引用“能源贫困”或“失业”作为反对可再生能源的论据时，你要指出事实恰恰相反：第三世界经济发展最安全、最健康的途径是获得清洁、分散的可再生能源，能源行业就业增长的最大机会来自可再生能源，而不是化石燃料。

但也要为下一轮攻击做好准备：公众渴望一种有意义的气候解决方案。如果不是可再生能源，那一定是其他东西。因此，气候怀疑论者试图用不会对化石燃料巨头构成威胁的、令人放心的、听起来似乎可信的替代性解决方案填补这一空白。他们通过引入一种看似有说服力的新词语来做到这一点，比如，地球工程、清洁煤、过渡性燃料、适应性、韧性。

第七章　权宜之计

对人类而言，再次将目光聚焦于地球，并徜徉于她的美，了解其惊奇，感受其谦逊，这不仅非常必要，而且大有裨益。

——蕾切尔·卡森

当我绞尽脑汁去解决一个问题时，我从不会考虑它的美感，但当我完成后，如果解决方案不漂亮，我就知道它是错的。

——理查德·巴克敏斯特·富勒

气候怀疑论者试图推广一种所谓的“解决方案”（天然气、碳捕捉、地球工程）来阻止真正的气候进步，但实际上这些并不是真正的解决方案。他们的策略是使用一些给人感觉良好的词和术语，例如，过渡性燃料、清洁煤、适应性、韧性，这些词语和术语给人一种行动的幻觉，但实际上它们都是空洞的承诺。这一策略给人们提供了合理的推诿说辞：气候怀疑论者声称已经提供了解决方案，只不过不是好的解决方案。他们在故意拖延，在化石燃料行业继续牟取暴利的同时阻止有意义的行动，著名的气候倡导者亚历克斯·史特芬称之为“掠夺性延迟”。[1] 我们必须意识到并揭露这些“努力”，因为它们是虚假的，经不起时间的考验。在应对气候危机方面，我们不能再继续拖延了。

一座没有出口的桥

我要向你推销一座通往无化石燃料的未来之桥。但是，要当心这是个诱饵，因为它实际上是一座没有出口的桥。这座桥就是天然气。天然气主要是由甲烷组成的天然存在的气体，我们先前了解到，奶牛打嗝也会产生这种气体，从而增加了温室气体的排放。然而，这种特殊的甲烷并非来源于生物，它是一种化石燃料，由古老的有机物质——那些数百万年前死去并被掩埋在地表之下的植物和动物形成。它们深入地壳，在那里经受巨大的压力并且被加热，最终变成了固态、液态或气态（分别为煤、石油或天然气）的碳氢化合物分子混合物。与其他碳氢化合物一样，天然气富含能量，很容易燃烧，可以用来取暖、烹饪或发电。它也可以冷却成液体（液化天然气），液化天然气可以用作运输燃料。

从沙特阿拉伯到委内瑞拉再到墨西哥湾，从蒙大拿州和达科他州到横跨阿巴拉契亚盆地的马塞勒斯页岩，在世界各地的沉积盆地中都可以找到天然气储层，也包括我的家乡宾夕法尼亚州。在过去的 15 年里，大规模天然气矿床的发现促使宾夕法尼亚州的天然气钻探呈现爆炸式增长。现在，宾夕法尼亚州生产的天然气占全美的比例超过 20%。

天然气的井喷式开采为该州带来了数十亿美元的收入，由此还引发了一场激烈的辩论，恕我直言，在我们越来越多地应对气候变化产生的负面影响时，宾夕法尼亚州在扩大化石燃料开采方面发挥了什么作用呢？（这甚至没有考虑到天然气开采带来的其他潜在的环境威胁，包括化学品对供水安全的影响。）[2]

这场辩论正在一个越来越大的舞台上演。澳大利亚的天然气热潮正在威胁其商定的碳排放目标。[3]事实上，在2019—2020年夏季发生的毁灭性山火结束之前，来自澳大利亚保守派、支持化石燃料的总理斯科特·莫里森就火急火燎地宣布了一项20亿美元的计划以促进该国天然气工业的发展。[4]他显然没有意识到这一悲剧的讽刺意味。

与此同时，特朗普政府在美国大力推广天然气，试图通过将其重新命名为“自由天然气”来改善其形象。[5]暗示它将以某种方式帮助传播自由，这让人想起曾经的宣传活动。烟草业在20世纪初使用“自由火炬”一词来鼓励女性吸烟，使她们相信在美国第一次女权主义浪潮中，吸烟是增强赋权的源泉。[6]

人们通常把天然气描述为过渡性燃料，是一种让我们慢慢摆脱煤炭等碳密集型燃料，并缓缓推动我们走向可再生能源未来的方式。这么说的原因是，天然气产生的每瓦特电力所产生的二氧化碳大约是煤炭的一半。事实上，所谓的“煤改气”是导致全球碳排放量趋于平缓的部分原因，因为天然气取代了碳排放更密集的煤炭。例如，在美国，天然气在2007—2014年帮助电力部门减少了16%的碳排放。[7]

然而，天然气在化石燃料中的独特之处在于，它不仅是一种化石燃料，也是一种温室气体。事实上，在20年的时间里，甲烷作为一种温室气体，其效力几乎是二氧化碳的100倍。[8]这意味着，它不仅会导致气候变暖，当我们燃烧甲烷获取能源时，它还会重新释放二氧化碳，而且当甲烷本身被释放到大气中时，它也会导致气候变暖。水力压裂法，或称压裂法，被用于打破基岩以获取天然气矿藏，不可避免地会导致一些甲烷直接泄漏到大气中（即所谓的“逃逸性甲烷”）。

奥巴马政府试图通过要求天然气利益集团严控钻井作业、管道和储存设施中的甲烷排放来限制逃逸性甲烷排放。特朗普政府取消了这些规定，声称这将为天然气行业节省数百万美元。[9]

但这让其他人付出了代价。2020 年的研究表明，近几十年来大气中甲烷水平飙升主要来自天然气开采（而不是农业和畜牧业，或泥炭沼泽和融化的永久冻土等自然资源）。[10] 此外，甲烷排放量的增加需要承担在此期间全球气候变暖 1/4 的责任。[11] 将这些联系起来，可以合理地说，钻探所产生的逃逸性甲烷排放对气候变暖有“重大贡献”，至少在短期内它们可以恰好抵消煤改气带来的二氧化碳排放量的减少。

过渡性燃料的开采还存在其他问题。最明显的是我们没有几十年那么长的时间来解决这个问题。如果我们要避免变暖超过 1.5℃的底线，那么我们需要在 10 年内将全球碳排放量减少一半。[12] 而这是一个非常短的过渡期。越来越多地使用天然气发电可能会挤出对电力行业真正的零碳解决方案，即对可再生能源的投资。归根结底，天然气面临的困境在于化石燃料造成的问题不能用化石燃料本身来解决。

脏煤

为什么不在燃煤电厂把二氧化碳排放到大气中之前就将其

收集起来呢？之后可以把它密封在某种容器中，再埋在地表以下（或海底）的某个地方。这种方法其实是有名字的，它被称为“碳捕集和封存”，并且这种解决方法已经付诸实施了。

当我第一次起草上面的段落时，我背后的电视机还在播放埃克森美孚推广碳捕集和封存的商业广告。这则广告给大家展现了一个通过技术可以解决问题的美好愿景：燃煤可以不产生碳污染，我们终于实现了“清洁煤”的承诺！问题解决了是吗？其实也没有完全解决。碳捕集和封存方案的可行性、成本和可靠性实际上存在许多现实问题。

通常，利用这种方法可以将煤炭燃烧过程中释放的二氧化碳从排放物中去除、捕获、压缩和液化。然后将其泵入地表以下数千米处的地球深处，在那里与多孔的火成岩反应形成石灰石。这种方法模拟了在地质时间尺度上掩埋二氧化碳的地质过程，为将二氧化碳长期封存在地质层中提供了一种潜在的方法。

碳捕集和封存的第一个全面的概念验证项目是在伊利诺伊州实施的。它被称为“未来发电”项目，旨在提供有关效率、残余排放和其他事项的数据，使科学家能够评估碳捕集和封存的性能。如果碳捕集和封存将来在更大的范围内进行商业部署，那么这些数据将是至关重要的。该项目由美国能源部和煤炭生产商、用户和分销商联盟资助。由于难以获得公共资金，项目最终在 2015 年被终止。[13] 然而，其他碳捕集和封存项目紧随其后开始实施，包括得克萨斯州的大型佩特拉诺瓦碳捕集和封存项目。

尽管“未来发电”项目失败了，但它确实为碳捕集和封存的可行性提供了一些有用的参考。参与该项目的科学家估计，他们每年可以掩埋大约 130 万吨二氧化碳，相当于该发电厂燃煤排放量的 90%。[14] 选择这里作为“未来发电”项目实施地点的部分原因是它的便利性，它位于适合碳封存的地质构造之上。对于许多现有的发电厂而言，情况可能并非如此。

全球碳捕集和封存研究所报告称，目前全球有 51 个碳捕集和封存设施处于发展阶段，计划每年捕获近 1 亿吨二氧化碳。(目前有 19 个设施在运营，另外 32 个正在建设或开发中。) 其中，有 8 个设施位于美国。[15]

碳捕集和封存听起来像是一种减轻碳相关温室气体排放的万无一失的方法，但其可扩展性存在实际问题。掩埋目前每年由燃煤产生的数十亿吨的碳污染根本不可行，因为许多燃煤电厂并不位于有利于碳捕集和封存的地点，此外，考虑到不可预见的因素，例如，地震活动或地下水流，碳捕集和封存在任何特定位置的功效都可能受到影响。未妥善封存的碳很容易变得活跃并喷回大气中。

实施碳捕集和封存，在经济方面也存在问题。目前，煤炭在市场上无法与其他形式的能源竞争。我们知道，煤炭行业已经是一个濒死的行业。要求燃煤电厂捕获和封存碳只会推高其运营成本，并加速该行业的崩溃。当然，除非政府为此买单（即像你我这样的纳税人）。在这种情况下，我们将补贴这些仍具有气候风险的污染能源，而不是那些可以降低气候风险的、更便宜的清洁能源，这是一种反常的经济激励结构。

最后，还有一个更根本性的限制，即在最好的情况下，碳捕集和封存也不是碳中和。即使“未来发电”项目的科学家估计的 90% 的封存率是正确的，这个比例更普遍地代表碳捕集和封存的结果，那也意味着有 10% 的二氧化碳会逃逸到大气中。配备碳捕集和封存设备的燃煤电厂每年将继续排放数千万吨二氧化碳。此外，在碳捕集和封存过程中捕获的大部分二氧化碳被放入开采的油井中，以提高石油采收率，而回收的石油在燃烧时产生的二氧化碳量将是碳捕集和封存技术最初封存的二氧化碳的数倍。这就是碳友好方案产生的结果！

尽管最近人们都在谈论“清洁煤技术”，但这种技术，即不含温室气体污染的煤基能源尚不存在。在收集和研究来自实验地点的数据之前，这个过程需要数年时间，我们尚不清楚碳捕集和封存实际封存了多少二氧化碳。可能需要几十年才能确定长期碳埋藏的真正功效。然而，我们已经看到，即使是数十年的额外温室气体排放也可能使我们面临灾难性的气候变化。正如专注于清洁能源解决方案的智囊团未来电力策略公司（TFIE Strategy, Inc.）的首席策略师迈克尔·巴纳德所指出的那样：“我们正身处一个洞穴，这个洞穴是我们把碳从地上铲到天空形成的，而我们要做的第一件事就是停止铲碳。碳捕集和封存所做的就是从大量的碳中取出几茶匙的量，然后将它们放回洞中。”[16]

碳捕集和封存对化石燃料公司很有吸引力，因为这为它们继续开采和销售化石燃料提供了许可。然而，碳捕集和封存对保护气候者来说是个噩梦，因为它所声称的碳中和是可疑的。不出所料，碳捕集和封存一直处于围绕绿色新政的政策辩论的中心。

大家可能还记得第五章中的一份文件，该文件是由主要的环保组织签署的，它提出了“行政事务委员会”绿色新政的特定版本，警告称这些组织“将大力反对任何……会使企业利润凌驾于社区责任和利益之上的立法，包括市场机制……如碳排放权交易和补偿”[17]。这些省略号所掩盖的就是“碳捕集和封存”（以及“核电”和“将废物转化为能源和生物质能”），它被列入了黑名单。这种过于限制性的语言似乎使一些著名的主流环保组织，如塞拉俱乐部、奥杜邦学会和环境保护基金组织无法签署这份文件。[18]

然而，有一个著名的团体确实签署了这份文件，那就是“日出运动”组织，这个由青年领导的活动团体在2018年底开始崭露头角。特别是在新闻中，它试图向众议院的多数党领袖施压，要求其成立一个绿色新政委员会。该组织要求任何潜在的计划都必须为“对温室气体排放和捕集进行大规模投资”提供资金，这似乎与它们签署的文件中关于碳捕集的限制性语言相冲突。但是“日出运动”组织现在省略了“捕集”，只提到“减少温室气体”，这似乎表明支持通过植树造林和再生农业能够自然地减少温室气体，但这是通过忽略“捕集”这一步骤，而不是通过碳捕集和封存技术来实现的。[19]

中立派的《麻省理工科技评论》的高级能源编辑詹姆斯·坦普尔在他撰写的一篇题为《让绿色新政以科学为基础》的文章中，对环保主义者签署的文件提出了异议。坦普尔认为，该文件声称的那种“快速和积极的行动”对于避免温度上升1.5℃是必要的，但这可能与取消碳捕集等关键行动的政策不符。[20]

因此，气候激进派和气候温和派就行业和市场驱动机制的作用展开了争论。出于从科学和经济学角度做出的评估，我更支持气候温和派，因为其优点在于价格亲民。但出于上述所有原因（目前难以实现碳化的部门如水泥生产等除外），针对碳捕集和封存计划的可疑之处，我更倾向于站在气候激进派的一边。

地球工程

如果“清洁煤”和天然气“过渡性燃料”不是解决方案，那么我们还有什么其他可以摆脱气候危机的方法吗？也许我们应该考虑地球工程，即采用全球规模的技术干预关于地球的计划，以期抵消碳污染导致的温室效应。

这些提议方案听起来像是天方夜谭，犹如科幻电影。当我们开始改变大自然时，往往会发生坏事。我们可能不会有一个由类人猿、巨大的喷火恐龙或制度化的食人族统治的星球，但我们可能会遇到更严重的干旱、更快的冰盖融化，或者任何令人不快的意外。当涉及一个我们并不完全了解的系统时，非预期后果原则最具决定性。如果我们用拙劣的地球工程尝试搞砸这个星球，就没有“重来”的机会了。而且，正如大家所说，我们“没有第二个地球”。

例如，考虑将反射颗粒，即硫酸盐气溶胶射入大气层稳定的平流层中，它们将在那里停留多年。这种由人类产生的效应将模仿火山喷发冷却地球的方式。一次爆炸性的热带火山喷发可以将足够多的反射硫酸盐颗粒喷入平流层，使地球冷却一段时间。（例如，1991 年菲律宾的皮纳图博火山喷发使地球温度在大约 15 个月内下降了 0.6℃。[21]）

该方案的优点是具有可行性。我们将使用定制的大炮将大量硫酸盐气溶胶发射到平流层，就像皮纳图博火山喷发期间释放的颗粒一样多。计算一下，只需每隔几年在平流层中注入一次皮纳图博火山喷发规模的颗粒，即可抵消当前碳排放的变暖效应。这样做成本也相对较低（与其他缓解手段相比）。[22]

然而，该计划具有明显的缺点，即可能导致严重的逆气候影响。首先，这会造成一种与我们习惯的气候截然不同的气候。地球工程引起的冷却空间模式并不是温室气体变暖模式的镜像，因为两者的物理原理不同。在前一种情况下，我们减少了射入地球的阳光，而在后一种情况下，我们阻止了热能从地球表面逸出。这些效应具有非常不同的空间模式。平均而言，实施硫酸盐气溶胶计划，地球可能不会变暖，但有些地区会变冷，而其他地区会变暖。事实上，一些地区最终变暖的速度可能会比没有地球工程的情况还要快。可以想象，我们最终可能会加剧西南极洲或格陵兰岛冰盖的不稳定性，并加速全球海平面的上升。气候模型的模拟表明，各大洲可能会变得更加干燥，从而加剧旱情。[23]

还可能会产生其他严重的环境方面的副作用。毕竟，在 20 世纪 60 年代和 70 年代，在《清洁空气法案》通过之前，燃煤发电厂在低层大气中产生的二氧化硫和由此产生的硫酸盐气溶胶给我们带来了酸雨问题。地球工程产生的硫酸盐颗粒会位于更高的平流层，但它们最终仍会落到地表，使河流和湖泊酸化，然后出现“臭氧空洞”。尽管大部分破坏已经恢复，但平流层中仍存在足够消耗臭氧层的化学物质，再加上注入的硫酸盐气溶胶带来的额外冲击，我们可能将继续看到保护性臭氧层遭到破坏。

与那些不解决根本问题（持续的碳排放）的“掩盖”气候变化的方法一样，二氧化碳将继续在大气和海洋中积聚。海洋酸化问题，有时被称为“全球变暖的邪恶的孪生兄弟”，将继续恶化，进一步威胁全世界的珊瑚礁和钙质海洋生物，如贝类和软体动物，并对海洋食物链造成严重破坏。

硫酸盐气溶胶地球工程是浮士德式的交易：它需要我们继续将硫酸盐气溶胶注入平流层，同时二氧化碳依然在大气中积聚。如果发生重大战争、瘟疫、小行星碰撞或其他任何可能干扰硫酸盐注入时间的事情，冷却效果将在几年内消失。我们将在短短几年内经历数十年的气候变暖，这为“气候突变”的概念赋予了新的含义。

这一未来的技术解决方案最具讽刺意味的一点是，它可能会使太阳能这个最重要、最安全的气候解决方案变得不可行。硫酸盐气溶胶会减少到达地球表面的可用于产生太阳能的阳光，这使从气候变化问题的根源上摆脱化石燃料的艰巨挑战变得更加困难。

另一个广泛讨论的地球工程计划是海洋铁肥化。在世界的大部分海洋中，铁是藻类或浮游生物的主要限制性营养物质，藻类或浮游生物在进行光合作用时会吸收二氧化碳。因此，可以通过将铁粉播撒到海洋中来使浮游生物大量繁殖，从而代谢二氧化碳。当浮游生物死亡时，它们往往会沉入海底，将碳掩埋起来。

海洋铁肥化的优势之一是可以从源头上解决问题，去除大气中的碳。这意味着它还可以防止海洋酸化。这是一个被称为“负排放技术”的例子，它实际上可以去除大气中的二氧化碳。这个想法很有吸引力，十多年前，许多公司试图将该计划商业化。一家公司甚至出售碳信用额，承诺只需 5 美元即可掩埋一吨二氧化碳，这对任何寻求降低碳足迹的组织或公司来说都是一笔划算的交易。

然而，随后的试验表明，该计划并没有真正奏效。铁肥使上层海洋的碳循环更加活跃，但深层碳埋藏并没有明显增加，这意味着大气中的碳没有被永久清除。更糟糕的是，研究表明，铁肥实际上可能导致有害的“赤潮”藻类大量繁殖，从而形成海洋死区。由于缺乏有效的证据，再加上人们对意外后果的日益关注，关于铁肥地球工程的支持已经销声匿迹了。[24]

但是，想要减排，是否还有其他安全且经济高效的负排放技术呢？毕竟，树木就可以做到这一点。它们在进行光合作用时，从大气中吸收二氧化碳，并将其储存在树干、树枝和树叶中。然后，树木把碳埋在地下、根部、落叶和树枝垃圾中，这些垃圾沉积在森林的地面上，然后被埋在土壤里。

或许我们可以向树木学习，甚至可以在它们的基础上进行改进。毕竟，树木并不能完成完美的碳掩埋工作。因为树木像我们一样会呼吸，将二氧化碳排回大气中。当它们枯萎并分解时，其中一部分碳会逃逸回大气中。这是陆地碳循环长期保持平衡的一部分。

我们可能会尝试制作一种更完美的（从气候的角度来看）“树”，一种能够比普通树木更有效地从空气中吸收碳并且不会将任何碳排放回大气的树。合成树（“叶子”用碳酸钠处理过）不会死亡和分解，而是可以把它们从大气中提取的碳变成小苏打，实现长期掩埋。这种方案不仅由科学家提出，而且其可行性已经通过概念试验得到证实。据估计，全世界 1 000 万棵合成树的矩阵可以吸收我们目前相当大一部分碳排放，也许多达 10%。[25] 但是这种所谓的直接空气捕集很难，且成本高昂，每去除一吨碳的成本可能超过 500 美元。最近提出的一种相关方法，即通过人为加强岩石的风化作用来清除大气中的二氧化碳，成本可能较低，每吨在 50~200 美元。但它的支持者承认，这种方法每年最多只能去除约 20 亿吨二氧化碳，与目前的碳排放量相比，这确实是杯水车薪。[26]

这些限制意味着，目前通过限制化石燃料燃烧来防止大气中二氧化碳的积聚要容易得多，成本也低得多。但是，通过进一步的研究和大规模生产的规模经济，可以大幅降低直接空气捕集的成本。如果在尽一切可能减少碳排放后，我们仍然发现自己正在走向灾难性的气候变暖，那么我们可能需要一个权宜之计。

在所有地球工程方案中，直接空气捕集似乎是最安全、最有效的。与继续依赖化石燃料的碳捕集和封存不同，这种碳掩埋形式与更新造林（稍后讨论）一起，可以成为从大气中“抽取”碳的重要组成部分，这一战略可以说属于任何全面的气候缓解计划。但由于我们只讨论当前碳排放量最多的 10%，很明显这不能成为缓解气候变化的主要策略。

人们提出了许多其他方案，从在太空中放置反光镜到在海洋上播撒低云。所有这些都充满了政治和道德上的复杂性。首先，谁可以设置全球恒温器的温度？对于地势低洼的岛国来说，目前的二氧化碳水平已经太高了，那里的人已经因海平面上升几英尺而面临失去土地和丰富的文化遗产的威胁。当工业世界还在争论我们是否仍能避免 1.5℃或 2℃的变暖危险时，对许多人来说，变暖危险已经来临。有些人可能希望将恒温器设置在比其他人更低的温度。那么所有的一切应该由谁来做决定？

我们可以很容易想象出一种全新的全球冲突形式，其中的“流氓国家”利用地球工程以最有利于自己的方式控制气候。例如，气候模型模拟可能表明，硫酸盐气溶胶的注入可以缓解困扰特定国家的干旱。然而，这样做的代价是在其他地方造成干旱。

一直以来，中东无休止的冲突从根本上来看是关于获取稀缺淡水资源的问题。[27] 地球工程是否会提供另一种武器来推动这场正在进行的战斗呢？

地球工程的一个根本性问题是它存在所谓的道德风险，即一方（例如，化石燃料行业）推动的行动对另一方（例如，其他人）会有风险，但似乎对其自己却是有利的。地球工程为持续依赖化石燃料的受益者提供了潜在的支持。当我们有廉价的替代方案时，为什么要以严格的碳排放法规来威胁我们的经济利益呢？该论点存在两个主要问题：一是气候变化对我们经济的威胁远超过脱碳；二是地球工程成本高昂，而且它具有巨大的潜在危害。

尽管存在警告、弊端和风险，但事实证明，地球工程对化石燃料利益集团及其拥护者极具吸引力。[28] 它们可以各取所需，利益集团声称支持这种公认的气候"解决方案"，但前提是这种解决方案不会对化石燃料的商业模式构成威胁。2019 年，国际环境法中心发布的关于地球工程的报告解释了为什么"最受欢迎的去除二氧化碳和改造太阳辐射的战略，依赖于碳密集型燃料的持续生产和燃烧，以确保其可行性"，并且指出，"主要的化石燃料生产商已经在用未来地球工程的假设性承诺证明以下事实，即在未来几十年，石油、天然气和煤炭的持续生产和使用是合理的"。[29]

地球工程也吸引了自由市场的保守派，因为它迎合了市场驱动的技术创新可以解决任何问题而无须政府干预或监管的理念。碳定价或可再生能源激励措施的效果如何呢？太难也太冒险了！不顾一切地进行大规模、不受控制的试验，以某种方式抵消全球变暖的影响？太棒了！

例如，像世界上最大的化石燃料公司埃克森美孚的首席执行官雷克斯·蒂勒森这样在碳游戏中获取巨大利益的人认为，气候变化“只是一个工程问题”[30]，这不足为奇。一些大家熟悉的气候怀疑论者，如比约恩·隆伯格和突破研究所，已经将地球工程作为缓解气候变化的主要手段来推动。[31]

不过，也许更令人大开眼界的是，诸如微软前首席执行官比尔·盖茨这样的商业巨头已经接纳了这一概念。记者马克·冈瑟在《财富》杂志上撰文称：“盖茨一直相信，全球变暖的风险比大多数人想象的要严重。他认为世界各国政府未能遏制燃烧煤炭、石油和天然气造成的碳排放……因此，这位微软公司的亿万富翁和慈善家已经涉足这一领域，成为全球研究地球工程的主要资助者，而这项工程意在大规模地干预地球气候系统，以预防气候变化及其影响。”

盖茨向哈佛大学和斯坦福大学的两位气候科学家大卫·基思和肯·卡尔代拉捐赠了数百万美元，资助他们开展研究并从事地球工程试验。其中包括相对安全的直接空气捕集，但也包括可能有害的平流层硫酸盐气溶胶注入计划。[32]与此相关的一个例子是，本杰明·弗兰塔和杰弗里·苏普兰在他们发表在《卫报》的评论文章《化石燃料工业对学术界无形的殖民化》中，特别以斯坦福大学和哈佛大学的地球工程研究中心作为范例，说明“化石燃料行业对搞学术研究的企业的控制是一个棘手的问题，也对解决气候变化问题构成了威胁”[33]。

根据《麻省理工科技评论》詹姆斯·坦普尔的说法，哈佛大学的基思“在将地球工程这一敏感话题推向科学主流方面所做的工作不亚于任何一位研究人员”[34]。基思隶属突破研究所，并且是“生态现代主义宣言”的签署人，《卫报》专栏作家乔治·蒙比奥特将这种技术乐观主义者、伪环保主义者的论战描述为“具有普遍性……对历史一无所知……未经探索的偏见……缺乏深度思考的程度令人吃惊，以及自相矛盾的世界观，绝对是过时的”[35]。基思通过领导一家由比尔·盖茨资助的营利性企业来实施地球工程，目前正计划进行真正的试验，以测试将硫酸盐气溶胶注入平流层的可行性。[36]

基思在 2019 年率先开展了硫酸盐气溶胶地球工程对全球气候表面影响的研究，其中包括模拟影响的模型试验。[37]他在 Twitter 上宣传自己团队的发现，声称他和合著者已经证明“太阳能地球工程并没有让一些地区的情况变得更糟”。其他顶尖的气候科学家对这一说法提出异议。美国国家航空航天局戈达德太空研究所的气候研究员克里斯·科洛斯指出，模型试验有点像偷梁换柱：“他们实际上并没有将气溶胶放入大气中，而是减少太阳光以模拟地球工程。你可能认为这相对不重要……但控制太阳实际上是一个完美的计划。我们可以准确地知道太阳辐射通量的减少如何影响地球的能量平衡。而气溶胶和气候的相互作用要复杂得多。”科洛斯接着指出，他们所做的模型试验在许多方面是对在现实世界实施地球工程计划的严重理想化，并强调了我们在讨论硫酸盐气溶胶地球工程时提出的一些公认的缺陷和注意事项。[38]

盖茨资助的两位地球工程科学家中的另一位肯·卡尔代拉（他现在已经离开斯坦福大学，直接为比尔·盖茨工作）后来也发表了自己的看法，他断言：“有证据表明，太阳能地球工程有望减少气候破坏。”[39]许多顶尖的气候科学家再次提出了异议。

加州大学洛杉矶分校的气候研究员丹尼尔·斯温表示，他发现“奇怪”的是，这些理想化的地球工程试验只是相当字面地看待气候模型模拟的区域细节，但其他方面却附带了大量限制条件。他补充说，虽然有“大量证据”表明硫酸盐气溶胶地球工程确实会降低全球的平均温度，“但这并不是最重要的”。[40] 全球最具影响力的气候解决方案研究支持数据库之一“缩减项目”的执行董事乔纳森·福利补充说，依靠这种理想化的试验是“一种赌博，尤其是当模型难以再现详细的温度模式时”[41]。普渡大学首席气候研究员马修·胡贝尔表达了两个担忧：人类是否能够正确管理所需的高度结构化的地球工程协议，以及模型是否足够可靠，能够捕捉到一些可能出现的潜在的意外。[42]

人们有一种很明显的感觉，像基思和卡尔代拉这样的科学家，在从高度理想化的建模试验的结果跳到对现实世界做出概括性结论时，存在某种程度的狂妄自大。人们还能感觉到，他们对现实世界地球工程的态度可能从冷静调查转变为大力倡导。作为一名科学家，只要你直言不讳就没问题。我在《纽约时报》上也是这么说的。[43] 但他们两人似乎都不太乐意承认自己正在宣传该工程。对于这个问题，我可以直言不讳，基思和卡尔代拉都对我的一条推文做出了辩解性的回应，我在推文中指出，许多“地球工程倡导者……将地球工程视为继续燃烧化石燃料的借口”[44]（重点强调一下）。当时，他们认为这条推文是针对他们的（事实并非如此），我对此感到困惑，并且我非常怀疑他们是否真的认为自己是“地球工程倡导者”。每个人都模棱两可，想把倡导研究和倡导实施区分开来。[45] 我认为他们的言行模糊了这种区分。

最后，我们讨论一下气候末日论在这里的作用，下一章将深入探讨这个话题。地球工程倡导者与气候变化末日论者越来越志趣相投，他们认为现在的形势如此严峻，所以我们需要孤注一掷地大胆行动，或者我们已经没有任何采取有效行动的可能性了。

2019 年 12 月《华盛顿邮报》的一篇专栏文章《搞气候政治是死胡同，因此全世界可能转向这场孤注一掷的最后一搏》很好地宣扬了这种错误的观念。[46] 文中，另一位作者，来自委内瑞拉的政治评论员弗朗西斯科·托罗宣扬了气候政策的黯淡前景，阐明了一些气候保护主义者的观点，认为“只有大力推动净零碳排放才可以拯救世界。但……并不存在实现这一目标所需要的政治环境”。他引用了“10 年前的那次事件，包括马德里气候变化会议的失败（2019 年的《联合国气候变化框架公约》第 25 次缔约方大会）”作为例证。

之后，托罗利用这种失败主义的论点来证明实施具有潜在危险性的地球工程计划的合理性（是的，地球工程的未来可能不尽如人意，但无法预测的气候变化绝对是可怕的，任何阻止气候变化的行为都是徒劳的）。如果没有转移视线活动和污染利益集团的自由通行证，任何气候怀疑论都是不完整的（气候主义者通常将未能减少排放归咎于贪婪的公司和狡猾的政治家……现实是令人遗憾的，全世界人民都需要价格相对便宜的能源）。他援引“黄背心”抗议活动作为证据，证明人们将“惩罚那些威胁其使用低价能源的领导者”，这种做法极具误导性。

这篇评论说明气候末日论是如何被利用以支持可能受到污染者青睐的危险的技术解决方案的，但该方案可能使我们陷入更危险的境地。它显示了污染利益集团和为其服务的气候怀疑论者的极度虚伪，他们首先破坏像马德里气候变化会议那样的气候谈判，然后宣称这些谈判的失败正是他们提出"解决方案"（地球工程技术解决方案）的理由。[47]

归根结底，地球工程的根本问题在于，对一个我们并不完全了解的复杂系统进行修补，会带来巨大的风险。罗格斯大学的地球工程专家艾伦·罗伯克认为，地球工程的风险太大，我们不能尝试。"我们应该把唯一已知有智慧生命的星球交给这个复杂的技术系统吗？"罗伯克问道，"我们不知道自己的无知。"[48]之前讨论的国际环境法中心的报告指出，"地球工程是大规模气候行动在道德上必不可少的附属物的说法"与地球工程"只是一种避免或减少真正系统性变化需求的方式，即使科学和技术的发展表明转变是迫切需要的，也越来越可行"的现实形成了鲜明对比。此外，这份报告还强调："越来越多的证据表明，解决气候危机与其说与技术有关，不如说与政治意愿有关，这种主张依赖投机性和有风险的地球工程技术的做法越来越难以自圆其说。"[49]

让地球充满绿色

我们已经了解了科学家提出的一种地球工程，即直接碳捕集，通过模仿树木的天然功能，利用光合作用捕集碳，将其储存在树干和树枝中，然后将其埋在根、树枝和落叶中。那么为什么不直接进行大规模的植树造林，也就是说，对地球上大面积被砍伐的地区进行大规模重新造林（或在以前不是森林的地区植树造林），并以利用土地和农业实践作为补充呢？这些做法可以在土壤中封存额外的碳。

这种特殊的负排放选项的吸引力在于它是一条“无悔”的前进之路。毕竟，通过植树，我们可以获得更好的生态系统，维持甚至增加生物多样性，改善我们的土壤、空气和水的质量，更好地使我们免受气候变化的破坏性影响。“绿化地球”的努力能否大大减少我们的碳排放？能否完全减少碳排放？对于一些人来说，这当然不难，他们将注意力从污染者应该做什么的主题上转移开，将“植树”作为解决方案，并将其视为对气候采取大胆行动的证据。因此，唐纳德·特朗普的“政治安全新气候计划”（最初由他的一些共和党国会同事提出）支持种植数以亿计的新树木。[50] 这个建议真的有价值吗？

让我们来看看重新造林和植树造林的前景。一项研究声称，地球表面还有 900 万平方千米的土地可用于植树造林。这意味着在未来几十年中，数十亿棵树木总共可以捕集超2 000亿吨的碳。[51] 这相当于每年大约有 110 亿吨二氧化碳被封存。有科学家质疑这项研究的假设，并认为潜在的碳封存水平要低得多。事实上，政府间气候变化专门委员会报告（2019 年）估计，到 21 世纪末，可以通过重新造林封存的二氧化碳大约只有 600 亿吨，这相当于每年不到 10 亿吨二氧化碳。[52] 尽管如此，为了便于争论，我们更乐意接受 110 亿吨这个更高的数字。

基于回收农场废物和使用其他来源的堆肥材料的再生农业，结合增强土壤碳固存的土地利用实践，每年可以掩埋 3.5 亿~110 亿吨二氧化碳。我们可以再次以每年 110 亿吨这个非常乐观的上限为准。

将这些因素加在一起，我们每年会封存 220 亿吨二氧化碳。这听起来有点多，但目前化石燃料燃烧和其他人类活动每年会产生大约550亿吨二氧化碳。[53]这意味着即使我们接受了这种不确定性估值的上限，重新造林、农业和土地利用实践的综合效应，最多只能将大气中二氧化碳的积累速度减缓44%。换句话说，大气中的二氧化碳水平将继续上升，速度大约只有原来的一半。

当然，这一估计过于乐观了。我们不能忽视77亿人口（而且还在不断增长）对居住空间、农业和畜牧业空间的巨大需求。考虑到现实世界的经济限制，可用于重新造林的实际土地面积可能仅为这项研究中假设的技术上可用土地面积的30%左右。[54]

此外，气候变化本身可能会削弱森林的固碳能力。2019—2020年夏季的山火使澳大利亚在随后一年的碳排放总量翻了一番，并可能导致全球二氧化碳浓度增加1%~2%。[55]澳大利亚并不是唯一发生火灾的地方。从亚马孙雨林到北极地区发生的野火每年释放数十亿吨二氧化碳。[56]2020年发表在《自然》杂志上的一项研究表明，热带雨林的碳吸收峰值发生在20世纪90年代，此后受到伐木、耕作和气候变化的影响，碳吸收量一直在下降。该文作者发现，亚马孙雨林可能会在未来10年内从一个洗槽（碳的净吸收者）变成一个源头（碳的净生产者），这比之前气候模型预测的结果提前了几十年。[57]

这些发现凸显了依赖重新造林作为减缓气候变化主要手段（或者，就此而言，作为碳抵消或碳信用额的基础）的潜在隐患。任何被封存的碳都很容易丢失，也许会因为森林燃烧而迅速消失。讽刺的是，随着地球继续变暖，气候条件变得更容易引起大规模森林燃烧，情况会变得更糟。

此外，与地球工程一样，该方案也存在潜在的意外后果。一份森林碳掩埋政府报告的合著者告诉英国广播公司："如果我们不考虑对环境的广泛影响，包括对野生动物的影响，不考虑在减少洪水风险和对水质的影响以及在改善人们娱乐方式等方面的好处，我们就会疯狂地进行大规模的植树。”该报告指出，讽刺的是，漫无目的地植树实际上可能导致碳排放量增加。英国广播公司指出：“用树木覆盖高原牧场会降低英国生产肉类的能力，这可能导致其从通过砍伐热带雨林来生产牛肉的地方增加进口。”[58]

最后，如果不提出使用生物质作为能源然后捕集和封存产生的二氧化碳的建议，那么关于自然碳减排的讨论就是不完整的。这就是众所周知的“碳捕集和封存的生物能源”。政府间气候变化专门委员会在其稳定二氧化碳浓度的方案中强调了这一技术，该方案假定在几十年内的有效排放为零。政府间气候变化专门委员会这样做是基于以下假设，即碳捕集和封存的生物能源实际上可以产生负碳排放，将抵消一些残余化石燃料燃烧和其他生成碳，以实现所需的净零排放。

但是这怎么可能呢？大家可能还记得第六章中迈克尔·摩尔在他的电影《人类星球》中的错误主张，即“生物质释放的二氧化碳比煤炭多50%，是天然气的三倍多”。实际上，生物燃料（不考虑可能用于加工和运输的化石燃料能源）是碳中和的，作为植物时，它们从大气中吸收的二氧化碳与燃烧时释放的二氧化碳一样多。因此，它们比化石燃料更加碳友好，产生的能源几乎没有碳污染。事实上，从某种意义上来讲，生物燃料比可再生能源更加碳友好，它们在提供能源的同时可以从大气中吸收碳。

这看起来似乎违背了某些物理定律，但事实并非如此。人们可以通过燃烧生物燃料来获取能量，就像通过燃烧煤炭或天然气来获取能量一样。正如我们所解释的那样，这个过程开始是碳中和的。现在，如果你捕集二氧化碳并将其掩埋，那么你所做的甚至比碳中和还要好，你实际上是在吸收来自大气的碳并将其捕集、掩埋。当然，我们之前遇到的煤炭或天然气碳封存出现的所有问题在这里也会出现，也就是说，我们必须做到高效、安全、有效地永久掩埋，然而这并不容易。此外，对于碳捕集和封存技术，我们已经了解到前者不太可能落实，其中一些碳确实会返回到大气中。

前面提到过负排放技术，尤其是碳捕集和封存的生物能源，是政府间气候变化专门委员会的各种排放方案或“途径”的假设，包括那些使我们能够保持在临界升温阈值——例如 1.5℃或 2.0℃以下的技术。鉴于碳捕集和封存的生物能源尚未被证明在这些方案所假设的规模下具有商业可行性，政府间气候变化专门委员会理应受到批评，因为它提出可以允许短期内大量排放碳，同时避免全球变暖的危险，这个假设的基础是在未来几十年内使用目前未经证实的技术实现大规模负排放，这种提法简直就是在“踢走路上的罐子”①。如果人们没有发明出这项技术怎么办？“浮士德式的交易”就会再次出现。[59]

核能?

当我们讨论在继续满足社会对能源需求的同时如何快速使经

---

① 这是英语中常用的习语，意思是把不想做或难做的事情不断地往后拖延。——译者注

济脱碳时，我们应考虑所有的合理选项。因为解决方案不可能唾手可得，在我们制定关于如何完成这项挑战的政策时，有必要在深思熟虑后再进行讨论。

例如，可以提出一个善意的论点，即核能应该成为解决方案的一部分。我非常尊重我的同事，他们对将核能作为应对气候问题全面计划的一部分所发挥的作用充满信心。但我本人仍然怀疑核能是否应该在所需的清洁、绿色能源转型中发挥核心作用。我可以跟大家说说我持怀疑态度的原因。

首先，要获得安全、充足的核电，存在许多重大障碍。存在核扩散的风险，以及裂变材料和适用于武器的技术可能落入具有军国主义企图的敌对国家或恐怖分子手中的风险。放射性废料的长期安全处置也面临着挑战。还有一些典型的例子说明核电会对环境和人类造成严重威胁，例如，2011 年 3 月东京北部发生的福岛第一核电站事故就凸显了这一点。

对我而言，1979 年 3 月发生的历史性的三里岛核泄漏事故距离我家很近。它发生在我的家乡宾夕法尼亚州，在哈里斯堡附近萨斯奎汉纳河的一个狭长岛上，距离芳泉谷东南部不到 100 英里①，也就是我现在居住的地方。每次当我飞进哈里斯堡机场，飞过核电站令人毛骨悚然的标志性建筑——冷却塔时，我都会想起那起核电设施部分熔毁导致有害辐射释放的事故。（该工厂现已关闭，但尚未完全停工。）

任何能源生产方式都会存在环境风险，但核电造成的危险却是独一无二的。2019 年，罗伯特 · 杰伊 · 利夫顿和内奥米 · 奥

① 1 英里约为 1.609 千米。——编者注

利斯克斯在《波士顿环球报》专栏文章中指出，改进设计无法消除致命熔毁的可能性。[60] 核电站总是容易受到地震、火山或海啸等自然灾害的影响（例如，引发福岛核电站泄漏的海啸），也容易出现技术故障和人为失误（例如，造成三里岛核电站泄漏的人为操作不当）。

讽刺的是，气候变化本身也会使风险加剧。利夫顿和奥利斯克斯指出，极端干旱导致反应堆关闭，因为周围的水变得太热，无法提供必要的冷却，以将热量从反应堆核心输送到蒸汽涡轮机，并从蒸汽回路中去除多余的热量。[61] 我自己的一些研究表明，气候变化正导致萨斯奎汉纳河的可靠流量减少，而为三里岛核电站提供所需冷却水的正是这条河流。[62] 许多其他正在运行的工厂也面临着类似的威胁。

一些人支持小型模块化反应堆，顾名思义，它们比福岛或三里岛的大型反应堆规模小得多。它们所需投入的前期资金较少，而且可以更好地确保核材料的安全。然而，能源专家对小型模块化反应堆表示了严重担忧，包括：为多个反应堆选址、寻找冷却这些反应堆的水源，以及发电成本较高。[63] 简言之，小型模块化反应堆并不是“灵丹妙药”。

人们还争论所谓的“下一代”或“第四代”核电站，例如，在过热时能自动冷却的熔盐反应堆，或超高温反应堆，它可以与邻近的制氢设施结合，以降低成本。[64] 但加州大学伯克利分校能源专家丹尼尔·卡门指出：“先进的核项目可能需要30年的时间才能通过监管审查，解决突发问题，并证明它们具有一定的竞争力。”与此同时，我们可以看到其他技术上的突破，如电存储和核聚变。卡门补充说，虽然“在一个拥有100亿人口的星球上，拥有一种大型、方便、成本较低、安全的基载电力是非常有益的，就像我们从核裂变或核聚变中获得的那样”，但是“对于在10年前还听起来像是科幻小说一样的太阳能利用而言（如基于空间的太阳能，窗户上透明的太阳能薄膜），如今已出现了众多竞争对手，因为太阳能的应用已成为现实，那么其他技术突破还会远吗”？[65]

但有些人会争辩，我们的能源选择相当于平衡不同的风险。诚然，核能有风险，但权衡之下，它们有存在的价值。他们会说，核事故虽然严重，但却很罕见。虽然损害可能具有致命性和持久性，但它是区域性的。与之相比，气候变化带来的风险是普遍的、全球性的，虽然缓慢，但风险一直在持续增加。如果我们必须在一种风险或另一种风险之间做出选择，那么可以提出一个合理的论点，即核能将发挥重要作用。这个论点的问题在于，它相信一种谬论，即核能是我们实现经济脱碳所必需的能源。尽管继续运营现有核电站直至其关闭（通常来说核电站的“寿命”是20~40年）可能很有意义，但考虑到与核电站建设相关的具体碳排放是一种“沉没”的碳成本，建造新的核电站几乎没有什么意义。

正如我们所了解的，使用可再生能源，如住宅屋顶太阳能和太阳能发电厂、陆上和海上风电站、波浪能、地热能、水力发电和潮汐能，已经可以实现各个能源部门的电气化以及电网的脱碳。研究人员已经展示了如何扩大这些现有的可再生能源技术，以满足到2030年，各国80%的能源需求将来自风电、水电和太阳能，到2050年，这一比例将达到100%。对于那些认为核能是更便宜的选择的人来说，这些数据表明的情况并非如此。利夫顿和奥利斯克斯指出，核能发电的成本平均约为每兆瓦时100美元，而太阳能发电成本为每兆瓦时 50 美元，陆地风电发电的成本为每兆瓦时 30~40 美元。即使目前的激励措施对可再生能源不利，但与化石燃料相比，可再生能源的成本还是具有竞争力的，而且其成本远远低于核能。[66]

因此，如果数学和逻辑明显不支持核解决方案，那么拥护者为什么会如此不遗余力地争取呢？毫无疑问，对于某些人来说，这是一个原则性问题。之前提到，我非常尊敬我的一些同事，他们深信核能对解决气候危机至关重要。[67] 但遗憾的是，对许多人来说，这似乎与意识形态和政治部落主义有关。“嬉皮士拳头”（Hippie Punching，是一个政治数据，这里指通过反对被认为是左派的环境主义者来建立自己的保守派身份）已经成为一种惯例，因为有共同的目标有助于在气候领域团结保守派。例如，对全球变暖的罪魁祸首和保守派攻击的目标阿尔·戈尔进行攻击。我的朋友鲍勃·英格里斯曾是南卡罗来纳州的共和党众议员，他说：“在 1993—1999 年的国会议员任期内，我曾说过气候变化是胡说八道，我没有研究过科学。我只知道戈尔支持它，因此我反对它。”[68]

对核能的支持已成为气候政策领域保守派的口号。原因很简单，毕竟，在 20 世纪 70 年代反对核电的是左派。我在马萨诸塞州时，附近的新罕布什尔州发动了针对西布鲁克核电站的抗议活动，但抗议者是吃格兰诺拉麦片的树木保护主义者、邋遢的大学生和年迈的佩花嬉皮士①。

“敌人的敌人就是朋友”这句话可能无法很好地解释保守派

① 又称花癫派，是嬉皮士的绰号，因头戴花或向行人分花而得名。——译者注

大力支持核能的原因，但除此之外很难找到其他解释。保守派的首选解决方案应该是太阳能，因为太阳能可以在本地部署，如果可以私人安装，就能帮助用户摆脱对过度监管的集中式公用设施的依赖。与此同时，建设核电站需要巨额的前期资本投入，没有政府补贴是行不通的，因此建设核电站并非保守派声称支持的自由市场解决方案。[69] 鲍勃·英格里斯是著名的保守派气候斗士。他特别支持关于气候危机的自由市场解决方案。英格里斯也恰好对核能作为气候解决方案的作用有其他看法。“过去，保守派将不建造核电站的原因归于环境，这很容易，”他告诉记者，“但如果根据实际情况调整一下我们的说法，就会发现这更像是一个经济学问题。”[70]

英格里斯是个例外。保守派（以及美国有线电视新闻网评论员法里德·扎卡里亚等保守派自由主义者）支持核能和地球工程等重大环境修复工程。[71] 这些“解决方案”有什么共同点呢？它们将资源和注意力从更明显的解决方案——可再生能源上转移开。确实，愤世嫉俗者可能想知道，相较于解决实际的气候问题，一些坚定倡导核能和地球工程的人是否对抑制可再生能源革命有更高的热情。突破研究所也提倡核能和地球工程。生态现代主义者同样如此。[72] 民主党总统前候选人安德鲁·杨也提倡核能和地球工程，他在竞选期间试图左右逢源，既要保持在气候问题上的可信度，又要争取保守的民主党人的支持。[73]

适应性与韧性

虚假解决方案支持者的最后避难所是利用“适应性”和“韧

性”这样的说辞。这并不是说两者都不重要，其实它们很重要。我们别无选择，只能适应当下不可避免的气候变化影响，面对已经存在的不断加剧的气候风险，我们需要有更大的韧性。例如，全球适应委员会建议人们在未来 10 年内追求五个关键领域的气候变化适应措施：预警系统、具有气候复原力的基础设施、改变农业实践、保护沿海红树林生态系统和更具韧性的水资源管理。[74]

但是，与在转移视线活动中通过对个人行动的全面关注来破坏系统性变化一样，对适应性和韧性的全面关注已经成为气候怀疑论者青睐的策略。这是另一种听起来像是在采取积极措施来应对气候危机，同时实现化石燃料的照常燃烧和随之而来的持续获利的惯常做法。

我们在共和党人发布的信息中看到了这类说辞，他们仍试图在完全否认和无限期拖延之间徘徊。以佛罗里达州的共和党参议员马尔可·鲁比奥为例，该州正处于气候变化影响的最前线。2018 年 8 月，他在《今日美国》上发表了一篇评论文章，称创新和适应是应对气候变化的关键。[75] 在文章中，他坚持认为可以通过恢复大沼泽地来控制海平面上升的影响。一些成本高昂但能减缓佛罗里达海岸线海洋侵蚀的项目可能会让那些较富裕的社区获得一些时间，但是，正如我和一位同事在评论中回应的那样，如果无法搬到海拔更高的地方，沿海人口将更容易受到频繁的洪灾和有毒的涝水的影响，而且沿海旅游业和工业也会受到影响。[76]

我们没有办法解决海平面上升的问题。如果我们继续排放碳，使海洋变暖、冰原融化，海洋将在这场人类与自然的斗争中最终获胜。

2019 年初，在民主党夺回众议院之后，共和党在气候问题上的立场好坏参半。好消息是共和党人不再对基本的科学证据提出异议，他们似乎终于不再坚决否认。坏消息是他们仍然在提倡不作为，只是这一次以“创新”“保护”“适应”这样的语言来掩饰。[77]

共和党人对气候变化的态度就像一个人试图用水桶、毛巾和拖把修理天花板上的漏水点，但他并不是专业修理人员或勤杂工。《华盛顿邮报》的史蒂文·穆夫森在 2020 年初报道：“共和党仍在敲定细节，但一些批评人士表示，共和党应对气候变化的新方法看起来很像是旧调重弹。除了种植树木的提议，据说资深的共和党人还在考虑研究减税、限制塑料垃圾，以及以‘适应性’或‘韧性’为名的大型联邦政府资助的基础设施项目。‘创新’这个老生常谈的流行语将成为他们的战斗口号，尽管天然气会产生碳排放，但它仍将受到欢迎。”[78] 但还缺点什么呢？缺的是对碳排放、化石燃料和可再生能源的讨论。

一周后，众议院能源和商业委员会的共和党人、俄勒冈州的格雷格·沃尔登、密歇根州的弗雷德·厄普顿和伊利诺伊州的约翰·希姆库斯写了一篇专栏文章，他们承认“气候变化是真实的”，并补充说他们“专注于解决方案”。[79] 可以预见的是，他们的评论强调了这样一种信念，即“美国应对气候变化的方法应该建立在创新、保护和适应的原则之上”（这里要重点强调一下）。他们支持保守派喜欢的碳捕集和核能。在提到可再生能源时，他们强调在清洁能源技术、电池和存储方面的研究和创新。他们在文章中没有讨论可再生能源的实际部署或市场机制，例如，对可再生能源的激励或碳定价，这些机制可能会创造公平的竞争环境，并使人们能够迅速摆脱避免危机所必需的化石燃料。

这种现象并非只发生在美国。2019—2020 年夏季，澳大利亚在经历了历史性的森林大火之后，公众情绪发生了巨大转变，保守派勉强接受了气候威胁论。[80] 前副总理兼国家党领袖巴纳比·乔伊斯曾竭力否认气候变化，但在关于澳大利亚森林大火的 60 分钟特别节目中（我们作为嘉宾一起参加了这个节目），他承认，不仅“气候正在变化”，而且森林大火就是气候变化造成的。[81] 就连默多克旗下《先驱太阳报》否认气候变化的专栏作家安德鲁·博尔特，现在也承认是人为因素造成了气候变化这一现实。[82]

不幸的是，尽管勉强接受了这个问题，但现任澳大利亚政府除了提倡“适应性”和“韧性”，并没有任何采取行动的意愿。[83] 澳大利亚对化石燃料行业态度纵容的总理斯科特·莫里森一贯采用这种态度和做法。当涉及澳大利亚经历创纪录的高温和干旱、提供关键淡水资源的主要河流系统（如墨累河）的崩溃、大堡礁灾难性洪水事件导致的死亡循环，以及前所未有的、大面积快速蔓延的森林大火时，莫里森似乎认为，解决方案就是“对未来保持韧性”[84]。在墨尔本果汁传媒制作的模拟政府公共服务的公告中，该政策被讽刺地概括为“最好赶紧习惯吧”，该公告于 2020 年 2 月上旬迅速走红。[85]

再次强调一下，韧性确实发挥了作用，这一点很重要。毫无疑问，与毁灭性的澳大利亚山火搏斗的社区、居民和勇敢的消防员，不仅在扑灭火灾方面，而且在应对由此造成的死亡、损失和破坏方面，都表现出非凡的韧性、勇气和毅力。但事实上，“韧性”的政治话语对这些人和其他人而言都是一种伤害。在强调

“适应性”和“韧性”时，莫里森是在口头上而不是实质性地回应眼前的山火危机和人类造成的气候变化这一更长期的潜在危机。因而，由此引发了全社会的愤怒也是可以理解的。

莫里森政府忽视了消防队长先前的一项请求，即资助一支水上灭火飞机编队，而这正是在面对日益严峻的大火形势时所必需的。[86] 在采取行动时，莫里森政府所能做的就是在山火危机发生后，仓促而又被动地宣布政府为应对这次危机而实施的资助举措。[87]

这些行动相当于政治欺骗，目的是转移公众的注意力，不仅让人们不去认真讨论前所未有的极端天气灾害发生的根本原因，而且让他们忽略我们经济去碳化的重要性。对于澳大利亚来说，气候变化的危险性可以说已经达到了大约 1℃的升温值，并且必须大幅减少碳排放量才能避免两倍的升温。然而，在毁灭性的山火爆发之后，莫里森宣布了一项耗资 20 亿美元的计划来推广天然气，而他的盟友正忙于倡导修建新的燃煤发电站。他们还希望开辟新的出口导向型煤炭基地。[88]

在推动化石燃料的政治家于气候变化引发灾难之后惯用的言论中，我们遇到了另一种形式的转移视线之举。减少碳排放、阻止新的化石燃料基础设施建设和采用可再生能源的讨论仍然是禁区。相反，那些捍卫化石燃料霸权的人表现出一种更温和的否认态度。不要担心减排和脱碳，我们只会适应“新常态”。也许我们会进化并发育出鳃和鳍，还有耐火烧的皮肤。澳大利亚和世界其他地区破坏性极端天气事件的冲击提醒我们，在迅速变暖的世界中，适应性和韧性有其局限性。如果我们不能摆脱化石燃料，那么再多的韧性和适应性都是不够的。

真正的气候解决方案

正如我们所见，在气候问题上一条可行的发展道路包括一系列互补的可再生能源，将能源效率、电气化以及电网的去碳化结合起来。问题是，在这种情况下，化石燃料集团的利益会受损，因此它们将利用其巨大的财富和影响力来阻止任何朝这个方向发展的努力。这些利益集团，以及那些为利益集团辩护的人，试图转移人们对真正的气候解决方案的注意力，并推广貌似可行的替代方案。他们偏爱的选择包括气候友好型的化石燃料燃烧、不受控制的行星规模的气候操纵，以及大规模重新造林和核能等技术，这些技术作为真正的气候解决方案的可行性值得怀疑。另一个他们偏爱的选择是空谈适应性和韧性，而忽略问题的根源是来自燃烧化石燃料。

这些假先知大力推行他们的假方案。他们有听起来冠冕堂皇的名字，比如突破研究所或生态现代主义者。但是，不要被他们愚弄了，他们兜售的是以进步为幌子的换汤不换药的做法。注意，当有人试图鼓吹虚假的解决方案，转移人们对真实解决方案的注意力时，不要被他们的虚情假意所迷惑。

隶属突破研究所的马修·尼斯比特是一位生态现代主义者，感受一下他的哀叹吧，他写道："那些专门研究社交媒体黑暗艺术（参与）的人在利用这些平台攻击我们的大脑，好让我们关注保守派和化石燃料行业的恶行。"[89] 尼斯比特要求我们接受另一种现实，即社交媒体并没有被否认主义者和气候怀疑论者利用，反而是被某个神秘的环境行动派"黑暗艺术"的从业者以某种方式进行操纵，用来对付他们。这种无耻的说法出自尼斯比特也许并不奇怪，因为他几年前撰写了一份饱受批评、未经同行评议的报告。有人认为该报告采用了非常值得怀疑的统计方法，以证明在气候宣传战中，绿色组织的支出超过了化石燃料利益集团的支出，这种观点相当荒谬。[90]

但是，尼斯比特声称气候保护主义者可能会受到“末日迫在眉睫”的恐惧的影响，这又该怎么解释呢？在这一点上，他至少有一部分是正确的，但理由是错误的。假先知的计谋已经得逞，他们说服了一些气候保护主义者，让后者相信我们可能需要采取一些绝望的措施，例如地球工程。毕竟，绝望的时代需要绝望的措施，而且越来越多参与气候行动的人接受了末日和绝望的论调，讽刺的是，这可能导致他们走上气候怀疑论者为他们铺好的不作为的道路。这是新气候战争的最后一条战线，我们将在下一章中探讨。

第八章　真相已经够糟糕了

我们唯一恐惧的就是……恐惧本身，这是一种莫名其妙、丧失理智却又毫无根据的恐惧，它把人转退为进所需的种种努力化为泡影。

——富兰克林·罗斯福

一旦“灾难”有转变为世界末日的可能，就不要再用“灾难”一词来表述这件事。

——克里斯塔·沃尔夫

对科学证据的客观认识足以促使人类立即联手应对气候变化问题。这一点无须过分夸大。而那些靠贩卖世界末日概念而过分夸大气候威胁的人（在此我们称为“气候末日论者”）的存在最无益于解决问题。事实上，气候末日论对采取气候行动产生的威胁可能比气候变化更大。如果灾难性的全球变暖真的不可避免，且我们没有任何方法能够阻止它，那我们为什么还要采取行动呢？悲观主义可能会导致我们像完全否认威胁一样无所作为。此外，夸大其词和言过其实还助长了否认论者和气候怀疑论者对科学的质疑，给进一步采取行动造成更大的阻碍。

危险已至

没有人明确给出过人类活动给气候带来严重干扰的临界值。气温升高 1.5℃或 2℃对于我们来说并没有太大差别，我们也不会一下子就陷入气候变化带来的灾难深渊。举个更恰当的例子，如果我们走入雷区，那么走得越远，风险就越大。相反，我们越早打消继续前进的想法，就会越安全。

事实上，危险的气候变化已经屡见不鲜：2017 年 9 月，波多黎各遭遇百年来破坏力最大的“玛丽亚”飓风；而像图瓦卢这样地势低洼的岛屿国家，以及迈阿密、威尼斯之类的沿海城市，也都面临着被不断上升的海平面淹没的危险；亚马孙地区多次发生森林火灾以及由气候变化引起的旱灾；北极地区近年来也发生了前所未有的野火；而加利福尼亚州则经历了常年发生的山火，造成了空前的死亡人数和巨大的破坏。而这只是其中几个例子。近年来，美国、加拿大、欧洲和日本等国家和地区共同经历了异乎寻常且持续不断造成破坏的极端天气。非洲一直遭受着干旱、洪水和蝗虫灾难的折磨。澳大利亚几乎经历了各种形式的天气和气候灾难。受影响的国家和地区还在增加。

我们经常听到的一种说法是，在国际冲突、国家安全和国防方面，气候变化是一个“威胁倍增器”，因为它加剧了在食物、水、空间等关键资源方面本已存在的竞争。但这种思维同样适用于其他领域，包括人类健康。2020 年 3 月中旬，写下这段话的时候，我正独居于悉尼的休假住所里。俯瞰着宁静的太平洋，我暂时不去想居所外正在不断恶化且迅速传播的新型冠状病毒。但我不禁想到此次危机也许会引发一些后果。我们的基础设施已经因为与气候相关的挑战而不堪重负。澳大利亚尚未从2019—2020年夏季的气候灾难中恢复过来，然而紧随其后的还有对其社会基础设施的新冲击。不久后，所有应对和解决的办法都将于事无补。我被迫缩短了休假时间，返回美国。而那里的情况更糟。

所以，“危险的气候变化已经来临”这样的说法是很公平的，说起来也很简单，但问题的关键在于我们是否想让这个后果变严重。虽然气候变化否认者、怀疑论者和转移视线者喜欢指出科学研究中存在的一点不确定性，将其作为不作为的理由，但不确定性并不是我们毫不作为的理由。我们应该采取更协调一致的行动。我们已经知道，历史上对冰层坍塌和海平面上升速率的预测情况过于乐观。[1] 这些预测似乎也低估了极端天气事件的发生概率和严重程度。[2] 什么都不做会使严重后果不断加剧。而现在是时候采取行动了。

从一个奇怪的角度来说，认识到危险的气候变化已经来临这一事实是一种力量。因为再也无须担心会错过什么“危险”的事情了。现在想要预防消极影响为时已晚，因为这样的影响早已出现，但我们还要承受多少风险，在很大程度上取决于我们自己。我们需要积极参与气候行动。科学研究表明，准确地说，地球表面升温程度取决于我们燃烧了多少碳。自此，我们的决策将决定我们会看到多大程度的变暖和气候变化（关于一些重要的例子我们将稍后讨论）。

因此，“碳预算”是一个有意义的概念。我们只能燃烧有限数量的碳，以避免 1.5℃的全球变暖。如果我们超过了这个预算，那么全球变暖情况很可能发生，但我们仍然有预算来避免 2℃的气候变暖。我们每燃烧一点额外的碳都会让事情变得更糟。但相反地，我们避免燃烧的每一点碳都可以防止额外的破坏情况发生。时间紧迫，时不我待。

对气候问题表达关切是很重要的。对我们来说，重要的是要认识到肆无忌惮的气候变化的风险，包括可能出现的令人不快的意外情况。在评估我们的脆弱程度时，必须考虑到最坏的情况，特别是考虑到我们在历史上低估了关键气候变化的速率和量级带来的影响。因此，弱化气候变化威胁影响的人理应受到批判。

但还有一种危险，即夸大威胁，把问题说成无法解决，助长一种如临末日、不可避免和绝望的感觉。有人似乎认为，人们需要感到害怕和恐惧，才能主动参与气候变化事务。但研究表明，最激发人心的情绪是担忧、兴趣和希望。[3] 重要的是，恐惧并不具有激励作用，诉诸恐惧往往会适得其反，人们会因此逃避问题，从而导致他们脱离实际、怀疑现实，甚至否认问题的存在。

来自科罗拉多大学的马克斯・博伊科特是公认的气候信息研究领导者。他认为：“如果人们看不到希望或者对现实状况束手无策，就会缺乏解决问题的动力。”博伊科特有一件 T 恤，上面写着“这是真的”“是我们”“专家同意”“这很糟糕”“有希望”等文字（灵感来自乔治梅森大学气候传播专家埃德・迈巴赫所做的工作）。[4] 请再次注意需要在“紧迫性”（“情况糟糕”）和“主动性”（“仍有希望”）之间精心调整的平衡。

末日论

一方面，诚如我们所见，气候怀疑论者不断弱化气候变化的威胁，甚至认为气候变化“对我们有利”。你一定记得比约恩·隆伯格，他以海平面升高为由，将4亿多人的流离失所之事一笔勾销，因为他认为这些人“不到世界总人口的6%”。[5]或者想想特朗普政府环保局前局长（科赫兄弟的马屁精）斯科特·普鲁伊特的言论，他竟然无耻地声称气候变化有助于“人类的繁荣发展”。[6]还有默多克媒体帝国的弄臣安德鲁·博尔特在2019—2020年夏天澳大利亚遭遇气候变化引发的山火之后，居然在澳大利亚《先驱太阳报》的头版坚称“气候变暖对我们有好处”。[7]

但是，如果说这些气候怀疑论者倾向于弱化气候变化的威胁，那么在积极应对气候变化的群体中还有一部分人，他们不仅会夸大气候变化的影响，而且会对末日论表现出明显的偏好，他们不仅会将气候变化描述为一种迫切需要紧急应对的威胁，而且会将其描述为一项基本失败的事业、一场无望的斗争。从应对气候变化行动的角度来看，这在很多方面都存在问题。[8]它为气候怀疑论者提供了一个可行的切入点，使得他们可以通过提出“现在采取行动是否太晚”之类令人容易产生情感共鸣的问题，来分化气候倡导者（见图8-1）。

末日论是一种“隐蔽否认主义”，或者如果你喜欢的话，也可称之为“气候虚无主义”。否认主义和虚无主义之间的界限很模糊。正如清洁技术专栏作家克坦·乔希所说：“末日论是新的否认主义，是新的化石燃料利益保护主义，‘无助’是其传达的新信息。”[9]末日论之所以会被气候怀疑论者利用，主要是因为它

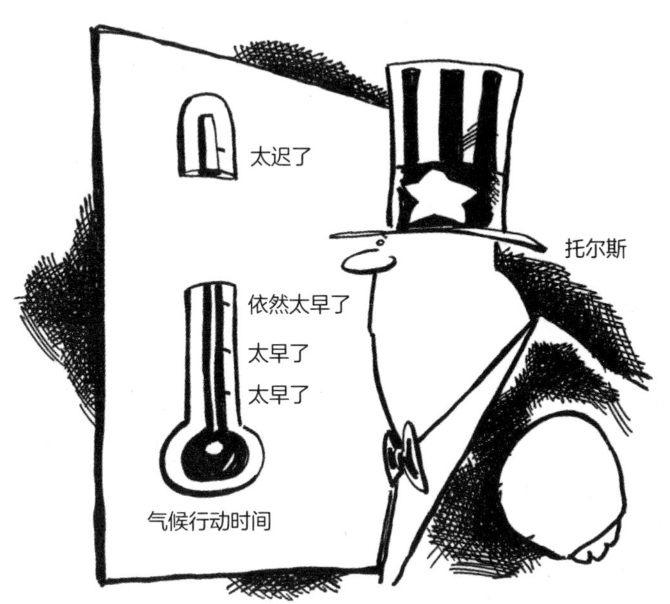

图 8-1　汤姆·托尔斯的漫画

会使人脱离现实。

这个概念已经不是第一次以这种方式被套用了。在 2011 年出版的《温斯顿的战争》一书中，英国历史学家马克斯·黑斯廷斯提出了一个令人信服的理由，即反对美国参与二战的孤立主义者有效地采用了末日论的叙事框架。[10] 黑斯廷斯描述了那些反对美国参与战争的人是如何从“我们大可不必参与”的论调迅速转变为“我们的参与为时已晚，于事无补”的说法。这一点与气候变化否认主义非常相似，甚至令人毛骨悚然。这个比喻值得展开讨论，可以说，应对气候危机所需的努力，实际上类似于第二次世界大战的动员努力。

气候末日论会让人止步不前。一位观察者指出：“气候末日论已被用作阻止人们、使人们停止采取行动，以及颠倒选举结果的工具。”[11] 这使它成为一个潜在的有用工具，可以被那些希望阻止或者推迟气候行动的污染利益集团使用。许多右翼政治人士出于意识形态和政治阵营的考虑反对采取有意义的气候行动，而末日论则为拉拢左翼人士提供了手段和帮助。这是一个可以真正建立两党联盟以促使他们不作为的不可思议的策略。

我们很容易理解为什么气候倡导者已经不再抱有幻想了。在几年的时间里，我们看到美国已从在国际气候谈判中发挥主导作用的国家转变成为唯一违背其对 2015 年《巴黎协定》承诺的国家。正是在这种环境中，末日论得以蓬勃发展。事实上，2019 年 9 月，哥伦比亚广播公司新闻的一项民意调查显示，在认为不应解决气候变化问题的受访者中，有 26% 的人认为“我们对此无能为力”，持此观点的人数远比那些认为“不存在气候变化”的人要多。[12] 这样看来，末日论现在似乎超越了否认主义，成为不作为的主要原因。

今天，末日论的观点已经普遍存在，甚至在公开的环境倡导者中也大行其道。请仔细想想摩根·菲利普斯曾说过的话。菲利普斯是冰川信托基金的联合董事，而冰川信托基金是一个非营利性组织，该组织旨在“帮助高海拔地区居住者适应气候变化，以减轻气候变化带来的影响”[13]。为了回应我于 2019 年 6 月在《今日美国》专栏上发表的文章，他在 Facebook 上发表言论称：“你无法拯救气候……解决问题所需的政治、文化和技术变革在目前无法实现……我们很可能已经处于大规模的灭绝进程中……在我看来，现在改变为时已晚。”[14]

然而，这种说法没有任何科学依据。在政府间气候变化专门委员会 2014 年公布的第五次评估报告中，在使用最先进的气候模型模拟情况下，4℃或 5℃的升温不会让全球气候变化失控，更不用说是 3℃的升温了，这正是当前政策带领我们稳步开展脱碳经济时很有可能出现的情况。[15] 至于"大规模灭绝"的说法，2020 年 4 月前发表在《自然》杂志上的综合研究报告指出，如果将全球变暖控制在 2℃以内，不到 2% 的生物种群会因气候变化而濒临灭绝（作者称之为"突然的生态破坏"）。如果全球变暖达到 4℃，这个概率就会提升到 15%。这个结果当然令人感到非常不安，但即使这样，它也并不会构成地质记录中出现的那种明显的"大规模灭绝"事件。[16]

看看这些关于末日的虚假预言会把菲利普斯引向何方。他还说："世界上不存在取之不尽的资源，以应对气候和生态崩溃。我们需要权衡利弊，必须考虑我们是否真的愿意花费数十亿美元购买虚幻的'绿色科技'银子弹，还是会为了降低南半球的灾难风险而花费数十亿美元。"总结起来他的观点有二：一是我们无法预防灾难性的、"失控的"气候变化；二是在帮助人们适应这场无法避免的"末日灾难"的过程中，我们总会耗费某些关键的资源。因此我们可以看到，末日论确实削弱了菲利普斯对缓解气候问题的支持态度。

污染利益集团正在助长末日论的气焰，它们不想看到我们改变。我们必须像在抵制否认气候变化的论调时所做的一样，进行激烈的反击。不出所料，网络"喷子"和水军都被收买用来传播末日论，描述末日不可避免。在我的 Twitter 回帖中，关于末日论的信息无处不在。让我们来看几个特别突出的例子。

如我们所见，加拿大总理贾斯廷·特鲁多及其内阁成员在实施碳定价问题上成了网络“喷子”攻击的目标。在一条回应特鲁多关于加拿大政府优先政策的平淡无奇的推文时，一位 Twitter 用户引用了我之前的声明，即“仅履行我们在巴黎承诺的要承担的义务并不足以让我们达成目标”[17]。一个名为“达琳莉莉”的账号（该账号经哨兵机器人评估得了 66 分）回复说：“人们对于地球升温束手无策。你不能阻止其他国家污染环境或者消耗它们自己的自然资源。事实上，这个世界的人口已经过剩了……世界即将终结。”[18] 这完全是末日论者的主张。

在 2019 年 6 月的《今日美国》专栏文章中，我附上了一个宣传系统性气候问题解决方案重要性的链接，被链接的文章仅强调了个人对气候问题做出努力的危险性。而这篇文章引发了末日论“喷子”疯狂的恶意回复。[19] 一位 Twitter 用户发文称：“只有确信我们在气候之战中终将取得胜利，我们的全力以赴才有意义。一旦我们认为自己毫无胜算，那么不如做些其他更有意义的事情。”[20] 几天后，同一个人在 Twitter 上发言称：“碳排放税已在法国引发了‘黄背心’抗议活动。能有人买得起一辆新的电动汽车吗？”并附以“神奇的想法太少且太晚了”的标题。[21] 请各位注意这条言论，它将末日论思想和削弱政府公信力结合在一起。这位 Twitter 用户不仅败坏了交通电气化的名声，也提到了“黄背心”抗议活动，而这场运动是主张不作为的人向碳定价泼脏水的工具。气候怀疑论者传递的正是这种既扑朔迷离而又别有用心的信息。

其实末日论者的社交媒体信息通常结合了“两面派”的主张，即改变气候现状毫无希望，因为美国两大政党在气候问题上的表现都很糟糕。（读者可能记得，在 2016 年美国大选中，某些势力就是用了这个比喻来压制人们对民主党候选人希拉里·克林顿的热情的。）我在 Twitter 上发布链接，以便人们阅读保罗·克鲁格曼在《纽约时报》上发表的一篇题为《毁灭地球的政党：共和党的气候变化否定论甚至比特朗普主义更加可怕》的文章。一名用户随即在 Twitter 上回应："奥巴马在任期结束以后，还在不断鼓吹石油出口。这是多么荒谬的事。否认气候问题的立场绝对是两党狼狈为奸的结果。坦率地说，民主党人的主张更糟糕，因为他们在知道气候问题确实存在的情况下，仍然坚持推行把我们带上毁灭之路的政策。"[22] 过去几年，在我的 Twitter 上还有许多末日论者发表的压制气候倡导者的言论。

末日论传播者

这个问题可能就像编辑选择文章标题一样简单。举个例子，前面提到的《自然》杂志的研究表明，如果将气候变暖程度控制在 2℃之内就有可能避免全球生态系统崩溃。而在 Twitter 上则是另外一番言论，获得普利策新闻奖的网络媒体"气候内幕新闻"表示："一项新的研究警告称，随着关键物种的灭绝，气候变化很快会导致大规模生态系统崩溃。"[23] 我们暂且认为它们并非有意为之，但希望大家注意，它们是如何盗用《自然》杂志的名号的，而且并没有在合适的语境中正确地表述其研究结果，也就是说它们根本没有说明，只要人们团结行动就能阻止最坏结果的出现。我委婉地建议它们把口号修改为："根据综合性科学杂志《自然》公布的研究结果，如果我们把全球变暖程度控制在 2℃以内——当然这个目标是可以达成的——那么就可能避免大规模生态系统崩溃。"[24] 澳大利亚《KM 杂志》的获奖编辑布鲁斯·博伊斯对此表示赞同，他解释说："如果所使用的新闻标题让人们变得消极旁观，而不是主动参与行动，那么媒体报道会将科学发现的积极成果转化为负面结果。"[25] 另一位观察者评论道："远离气候末日论和灾难论，你会突然发现，一个更好的未来触手可及。"[26]

如今，《纽约客》或已成为美国自由派精英的时事通讯。如果你在这本杂志上发表一篇专题文章，就如同你登上了《滚石》杂志封面，随即可以获得与进步知识分子同等的地位。小说家乔纳森·弗兰岑便是如此。他在 2019 年 9 月的《纽约客》杂志上发表了有史以来最令人惊叹的末日论者撰写的抨击文章。在这篇题为《卸下伪装，末日即将来临。要想做好准备，先要承认我们对此无能为力》的文章中，弗兰岑给了气候怀疑论者这么多年来收到的最大的礼物。[27]

毋庸置疑，有关这篇文章的评论都是负面的。《大众科学》杂志的乌拉·赫罗博克这样总结弗兰岑的文章："在他的主张中，那些倡导针对气候变化展开行动的人是在痴心妄想，新能源项目以及高速铁路的发展对于全球变暖于事无补。"[28] 气候关系组织的执行董事杰夫·内斯比特解释说："这种气候末日论和所谓的个人牺牲一样，都是陷阱，都是由反对在气候问题上采取任何实际行动的力量精心炮制的故事情节。"[29] 科普记者约翰·厄普顿认为："主流媒体的论调令人费解，它们总是发表文章宣称努力脱贫没有希望，或者直接告诉癌症患者应该放弃，因此，气候末日论的比喻大行其道，据我所知，持此观点的人多数是年龄偏大、家境优渥的白人。"[30] 终结气候沉默组织（End Climate Silence）的创始人吉纳维芙·冈瑟不以为然，她说："这篇文章完全语无伦次，文章声称由于'人的天性'，根本无法阻止末日来临（老旧的白人论调），我们只能忍受……谁都知道乔纳森·弗兰岑不是气候方面的权威，《纽约客》杂志也不应该登载垃圾文章。”缩减项目的执行董事乔纳森·福利形容这篇文章“浅陋粗鄙、缺乏研究深度、任性而为，这可能是我读过的否认气候变化者阵营之外发表的质量最低劣的气候文章了”[31]。

其实，这篇文章的根本问题在于它试图扭曲科学的本质，然后在完全站不住脚的基础上为末日论编造一个理由。关于这一点，我可以毫不避讳地讲，在这篇文章的初稿阶段，《纽约客》的事实审查员就联系了我，请我审核。该篇文章写道："要想预测全球平均气温的上升水平，科学家必须依赖于气象建模，气象建模制作过程很复杂，他们会取一系列变量，并通过超级计算机跑数据。也就是说，针对未来一个世纪取 10 000 个相关的刺激因素指标，以便对温度上升做出'最佳'预测。而随后媒体报道的消息其实并不是气温最有可能的上升幅度，这是在 93% 的情景中出现的最低升温幅度。所以说，当一位科学家预测气温会上升 2℃时，他大概只是说出自己最为自信的研究成果：气温将至少上升 2℃。然而实际最有可能的升幅要比这一数值高得多。"

我告诉事实审查员："这篇文章在我看来是不可信的。科学家在做出气温升高的一系列预测时，通常公布的数值是平均值或是气温升高的中值。真实数值小于或大于该平均值的可能性大致相等。而且大多数科学家会尽最大努力传达气温升高这一概念本身，也就是不确定的范围，而不仅仅是中间值。"

即便在被通知文章有误后，弗兰岑依然保留了自己"气温将至少上升 2℃"的不当说法（把"实际最有可能的升幅要比这一数值高得多"修改成了"事实上，气温升幅可能会更高"）。然而他最终的措辞仍然暗示该模型的平均值低估了气候变暖程度。尽管我已经告诉事实审查员，他们同样有可能低估或高估变暖程度，但这个未经纠正的错误仍旧支持着弗兰岑的末日论说辞。唉，多可惜，我当时只被允许审阅这一段话。

结果证明，整篇文章充斥着基本的科学错误。《商业内幕》总结了专家对文章的评价："科学家批评乔纳森·弗兰岑的'气候末日论'专栏文章，称之是关于气候变化最糟糕的表述。"[32] 我们已经遇到并且讨论过其中的关键性问题，也就是弗兰岑所认为的，我们无法将升温限制在2℃以下，这在客观上是站不住脚的，鉴于我们目前不断地快速推进脱碳项目，我们仍然有能力避免2℃的气候变暖。更为棘手的问题在于，他引用了稻草人谬误①逻辑，即我们会从气候悬崖上掉下去，所谓的失控反馈回路会启动，使缓解气候变化的努力失去作用。他的原话是："从长远来看，升温超过2℃对我们可能没有影响；一旦超过临界点，地球将开启自我转型阶段。"众所周知，这种"气温上升不受控制"的说法并没有客观的科学依据，但它们构成了弗兰岑虚假末日预言的全部基础。[33]

显然，在受到铺天盖地的恶评之后，弗兰岑的情感受到了伤害。而事实上，他也做出了反应，将网络上的批评归咎于自己的末日预言，并在网络上声称气候行动毫无进展。在接受《卫报》的采访时，他抱怨人们对他的"Twitter怒火"，说"网络暴力正

① 稻草人谬误是一种错误的论证方式。指在论辩中有意或无意地歪曲理解论题的立场，以便更容易地攻击论敌，或者回避论敌较强的论证而攻击其较弱的论证。——译者注

在阻止我们应对气候危机”[34]。他抱怨称：“在信息的真实度尚未被怀疑的时候，信息传播者竟然先受到质疑。”虽然我对他对于网络暴力的担忧表示同情，但正如我所指出的那样，网络暴力确实会阻止气候变化的行动进程。然而如上文所详述，他所受到的网络恶评，是基于他对气候科学根本性的错误陈述。

末日论更糟糕的一点是，它竟然赞同代际的不平等，也就是说，当涉及后代的利益时，它完全不屑一顾。鲁伯特·里德是英国东安格利亚大学的一名学者，自称灭绝反抗组织的发言人，他也是传播世界末日论的信使。在里德发表了一次极具宿命论调的公开演讲后，气候科学家塔姆辛·爱德华兹对他的言辞进行了强烈抨击：“我对这次演讲感到震惊。请不要再告诉孩子，他们会因为气候变化而停止成长。这是不对的……”[35]毋庸置疑，这个言论非常荒谬。

如果一个中年男人大声斥责一个为了更好、更宜居的未来而奋斗的少女，想必这是令人不安的。而如果其他中年男人站在旁边鼓掌，这个情景就更糟糕了。也许我的用词有些过分，但谁承想这竟是蓄意挑衅者，也就是作家罗伊·斯克兰顿和沃克斯网站气候专家大卫·罗伯茨在现实中的所作所为呢？

斯克兰顿是彻头彻尾的末日论者。2018年，他写了一本名为《我们命中注定》的书。[36]在书中，他冷嘲热讽地批评青年气候活动人士，认为他们的努力是“纯粹的迪士尼式”的过家家行为。尽管他已注销自己的Twitter账号，但早在2018年12月，他就在社交媒体上指责青年气候活动人士是被利用但不自知的工具：“让孩子传递灾难性的气候变化信息的行为不仅是责任感缺失的表现，也是一种令人尴尬的杞人忧天和令人无法理解的思考模式，即‘纯粹的迪士尼式’的逻辑。”[37]

斯克兰顿如此频繁地使用“迪士尼”，我惊讶于他竟然不需要向迪士尼支付版权费。他不断提及这家大型跨国娱乐集团，意在向专心于环境领域的作家，以及“350.org”的创始人比尔·麦吉本身上泼脏水。[38] 斯克兰顿轻描淡写的语言表明，他认为这一切多少有些可笑。但现实中，这件事非常严峻，没有人能对此一笑了之。

在这一特殊的事件中，我对《沃克斯新闻》的大卫·罗伯茨的反应尤为失望，这位专家对环境问题的看法往往很有见地。但罗伯茨转发了斯克兰顿为《洛杉矶书评》写的一篇文章，该文章驳斥了比尔·麦吉本和其他人为在拯救气候方面开辟可行道路的努力。[39] 罗伯茨对斯克兰顿的末日论观点表示赞同：“我喜欢罗伊·斯克兰顿写的这篇文章，我认同他的观点，我也认为有关气候的书籍或文章结尾那种强化气候变化威胁性的内容往往是最糟糕的部分。”然后，他轻蔑地对反对末日论的人说：“看着人们对斯克兰顿的文章有非常激烈，甚至愤怒的回应，这对他来说是一件‘很棒的事情’。”[40] 目前，罗伯茨似乎已经删除了这条推文。我并不怪他。

人们应该对任何一个自以为是、自私自利的人表示生气（包括贩卖与末日有关的有毒影片），他们以人类子孙后代的未来为代价进行宣传。作为一名致力于气象预测及气候数据研究的科学家，我敢很肯定地说，斯克兰顿、罗伯茨、里德、弗兰岑和其他末日论者都大错特错。如果我们步其后尘并向现实投降，那我们就真的离死亡不远了。如果是中年危机导致你放弃了未来，那就靠边站，不要挡道，不要阻碍其他人站出来抗争。

末日论专家

盖伊·麦克弗森是一位来自亚利桑那州的退休生态学教授，他可以说是末日论运动的科学领袖，一个类似邪教组织头目的人。和其他现代学者一样，麦克弗森认为，我们已经触发了不可逆转的恶性循环（如甲烷的大规模释放），这将使地球在几年内不再有任何生命迹象，而我们对此无能为力。他所说的“指数级气候变化”将使人类和所有其他物种在 10 年内由于所谓的失控变暖而灭绝。但我们已经看到，这种说法丝毫没有科学依据。当然，如果你愿意的话，可以在你的世界末日日历上注明 2026 年 12 月，因为按照麦克弗森所说，我们将于这个时段迎接集体灭亡。[41]（在 2020 年初的新冠疫情危机之后，麦克弗森暂时将他的世界末日估计提前到了 2020 年 11 月 1 日。所以如果你读到这里，那么你现在大可以松一口气了！[42]）

据科学记者斯科特·约翰逊所说：“麦克弗森是自称‘气候怀疑论者’的反面典型，这些人反驳气候科学的结论。虽然他可能持相反的观点，但他在论证自己的观点时却采用了与怀疑论者相同的方法。怀疑论者经常引用一些片段化的科学观点，如果全面审查这些科学片段，我们会发现它们实际上并不支持怀疑论者的主张，而这就是麦克弗森的惯常做法……怀疑论者和麦克弗森都诋毁政府间气候变化专门委员会是‘政治性’的组织，这实际上并不客观。他们几乎会引用任何支持其观点的主张，而不管这些主张的来源如何，他们将无证据的观点与科学研究相提并论。”[43]

麦克弗森向来高产，写书、频繁地开展讲座、在网络视频中鼓吹末日即将来临的信息。他劝我们应当为自己的死亡感到悲伤，但也要从“爱”中寻找慰藉，他的每一个视频都以同样的方式结束：“当一切都消逝时，只有爱永存。”他的信息像病毒一样在互联网环保社区传播，通过抄袭写出了“我们要走向灭绝吗？地球上的植物、动物和人类，正面临着迫在眉睫的灭亡，我们是如何走到这一步的，又该如何应对”。这段文字抄袭自以激进著称的赫芬顿邮报。[44] 绿色和平组织的联合创始人雷克斯·韦勒甚至在绿色和平组织网站上的一篇评论中回应了麦克弗森关于人类即将灭绝的言论。[45]

这种言论又正中拖延和气候怀疑论势力的下怀。它很容易被用来压制人们的积极性，并减少其对行动的热情。如果我们注定失败，那么为什么要花时间和努力去推动采取气候方面的行动呢？奇怪的是，这些努力总让人联想到那个关于在 2016 年的总统选举中，某些势力试图通过说服大量民主党选民相信希拉里·克拉顿和唐纳德·特朗普之间基本没有区别，来压制民主党投票率的传言。同样地，如果你的投票无关紧要，那么为什么要白费力气呢？

某些势力利用社交媒体挑拨离间，让支持硬核气候政策的伯尼·桑德斯（如完全禁止水力压裂法开采）与民主党的最终提名人——更支持“中立”气候政策的希拉里·克林顿之间心生嫌隙。[46] 由于某些势力此前一直不赞成国际气候行动，有传言称这次还利用社交媒体活动为反对气候行动主义增势。[47] 那么很显然，某些势力不会支持桑德斯激进的气候立场。如果能够让克林顿不被桑德斯的支持者接受，也让他们认为希拉里·克林顿不值得他们投票，那么就可以说服足够多的进步人士不参加选举。有传言称，在网络水军的运作下，唐纳德·特朗普荣登总统宝座，而他向来否认气候变化，并且是化石燃料的忠实拥趸。[48]

麦克弗森与特朗普之间的联系很有趣。麦克弗森经常在一个名为“美国自由之声”的网络电台上接受采访，而该电台的网页其实是右翼阴谋论者的狂欢地。[49] 麦克弗森在这个网站上发表了一篇评论，支持唐纳德·特朗普参加 2016 年的总统选举。他的原话是：“唐纳德·特朗普是净化之火[①]的又一个化身……他已经获得了我的投票，以加快我们灭亡的速度——点燃了火焰。如果你是那种经历了早期的悲伤，仍然觉得很难接受命运的人……那么你会发现其实毁灭的迹象越发明显，末日越来越近。因此在我看来，我今天的目标是对他人友善，向陌生人微笑，打电话给几个朋友以说服他们投票给唐纳德。”[50]

因此，通过对麦克弗森和其他末日论者的观察，我们会发现自己处在宇宙中一个非常奇怪的角落，在这里右就是左，末日就是否认。至于气候变化，不论它是一场骗局（正如唐纳德·特朗普希望我们认同的那样），还是超出我们的控制（正如麦克弗森坚持的那样），人们都没有理由减少碳排放。无人在意人类将如何走向终局，反正在气候怀疑论者的日程中，重要的只是目的地。

末日论者会抨击那些仍然教导人类避免灾难的建议。正如一位旁观者所指出的：“我看到有些人发布世界末日电影的链接，借此嘲笑气候活动人士还在试图避免灾难发生。”[51] 我个人就有过这种经历。2019 年 9 月初，我出现在微软全国广播公司由阿里·维尔希主持的节目中，讨论政府间气候变化专门委员会新发布的《气候变化中的海洋和冷冻层特别报告》的调查结

① 天主教徒认为炼狱中有净化之火，可以洁净他们的罪。——译者注

果。随后，一个自称支持“新绿色政策”的生态保护理想主义者在 Twitter 上抨击我，因为他对我引用这份报告中的“到 21 世纪末，人类燃烧的化石燃料导致海平面上升 5~6 英尺”的说法感到不满。[52]

对于我和其他顶尖的气候科学家而言，我们有什么必要通过撒谎来低估气候变化的威胁呢？气候末日论者就像否认气候变化者一样，常常炮制一些关于科学家的阴谋论。但在末日论者的版本中，科学家并没有密谋宣传一场大规模的骗局，相反，科学家进行了大规模的掩盖活动，以隐瞒气候变化情况到底有多糟糕。斯科特·约翰逊指出，“怀疑论者否定他们不喜欢的科学，说气候研究人员撒谎是为了保住科学研究的拨款”，而末日论者则坚持认为，“科学家在弱化风险，因为他们太懦弱，不敢说出真相，不敢挑战大企业的绝对权力”。[53] 在评论近年来的趋势时，我的气候科学家同事埃里克·斯泰格也许说得最清楚，他问道：“‘气候科学家由于研究经费拨款的缘故，一直在欺骗我们，告诉我们情况没有那么糟糕’的说法从何而来？这是不是一场真正的‘运动’，抑或一群网络水军在兴风作浪？”他补充说：“我怀念与否认气候变化者争论的日子。”[54]

这种做法无疑把阴谋论推到了一个令人不可思议的高度，如果说气候科学家会为了保住岗位而撒谎，那么应该只有失业的气候科学家才是可信的吧。这就是一位气候末日论传播者的说法，他的 Twitter 账号已经不复存在，他说：“我的建议是去读麦克弗森的书，他是个失业者，所以他说的是真相（因为有工作的学者大多受到了大企业的资助，无法避免被企业控制），也可以读一读以笔名发帖的山姆·卡拉纳和失业的彼得·瓦德姆斯的文章，后者是剑桥的冰雪专家。所有人都会在即将到来的集会中出现。”（实际上，麦克弗森和瓦德姆斯都是名誉教授。）请注意，“即将到来”这个词有“末日论倾向”。[55]

现在，我们已经对麦克弗森有所了解。那另外两个人呢？达纳·努奇泰利在《卫报》上提到，彼得·瓦德姆斯在 2012 年预测，到 2016 年夏天，我们将看到一个没有冰的北极。[56] 现在是 2020 年（本书英文版写作时间），而现实情况还远远没有变成这样。和麦克弗森一样，瓦德姆斯坚持认为北极变暖将导致大量原本被冻结的甲烷释放，并突然导致气候变暖。山姆·卡拉纳甚至不是一个真实存在的人，这只是一个笔名，所以我们对他的实际身份一无所知。我们仅知道，正如斯科特·约翰逊描述的那样，他的“主张充满奇谈怪论，毫无科学依据”。至于题材关于什么……你猜对了，是北极甲烷。[57]

为什么末日论者似乎如此乐于谈论北极变暖和甲烷呢？我们都知道甲烷是一种非常强大的温室气体。历史上一些最著名的灾难性气候变暖事件，似乎都与甲烷的大量释放有着千丝万缕的联系，这些甲烷隐藏于永久冻土或海底所谓的甲烷水合物中。例如，2.5 亿年前的二叠纪末，出现了大约 14℃的气候变暖现象，导致了地球史上规模最大的灭绝事件：地球上 90% 的生命灭绝。在大约 5 600 万年前的古新世和始新世的交界（也被称为古新世 – 始新世极热事件，或 PETM），地球经历了高达 7℃的变暖，生物再一次大范围灭绝。[58]

因此，如果致力于寻找一个充满戏剧性的、类似世界末日的气候变化场景，那么将目光投向甲烷着实吸引人。具体来讲，也就是说你可能会关注北极变暖释放大量之前冻结在永久冻土中的甲烷，导致进一步变暖、冰川融化、更多甲烷释放，以及失控的情况。但问题在于，除了少数反气候论科学家的可疑说法之外，根本没有证据表明预计的升温可能导致此类事件发生。针对该主题科学文献的权威性评论显示："没有任何证据表明甲烷释放会失控，并引发任何突然的灾难性事件。"[59]

但这并没有阻止"甲烷灾难说"的支持者寻找任何可能支持其言论的数据。早在 2019 年 9 月，他们就在炒作阿拉斯加巴罗市一个独立的甲烷测量站记录的瞬间峰值。当时我解释过，我几乎肯定这个现象只是一条孤立的碎片信息，这也许反映了这个场地的污染，而没有证据可以表明这是一个大趋势的一部分。[60] 果然，该地点的甲烷水平随后恢复了正常。当时至少有一家媒体在未能鉴别"假定的甲烷峰值已出现"这一消息真伪的情况下，就大肆报道，但其后来发表了更正声明，指出这些数据没有得到"验证"，只是受到了"当地污染"的影响，可能"发生了变化"。[61]

这里还有一个重要的问题要说明。尽管全球甲烷含量有所上升，但我们在前一章曾指出，有证据表明甲烷来自天然气开采，而不是永久冻土融化等自然来源。[62] 因此，末日论者的主张完全不成立。与其说目前的状况不受我们的控制，不如说我们通过管理天然气开采和排放适量的甲烷，可以阻止大气中甲烷的继续积聚。对我们来说，应该主动采取行动。

尽管末日论本身可能会被视为一场相当边缘化的运动，但有证据表明，末日论已然悄悄渗透到主流的气候话语体系中。以 2020 年 1 月气候专家之间发生的一次交流为例，这件事始于气候科学家凯文·安德森，他一直批评主流气候科学界在面对危机时过于自满且缺乏紧迫感。

安德森不是末日论者，但他代表着气候科学界的另一个极端。例如，他公开指责那些乘坐飞机的科学家，他本人甚至乘坐集装箱船去参加科学会议，并以此来表达自己的观点。更出格的是，他认为，即使是去偏远地区从事野外工作的科学家也不应该乘坐飞机。他说："老早以前，人们就不乘飞机去亚马孙雨林了。"[63] 但要告诉那些在艰苦的后勤补给条件下进行实地考察的科学家，他们必须多花几周时间乘船去偏远地区工作，这显得太过鲁莽，所以我们暂且不提这件事。但显然，安德森对气候解决方案的"个人行动"构想深信不疑。不过他也指责他的科学家同事缺乏系统性行动，这让我们有机会重回正题。

英国气候变化委员会是根据 2008 年《气候变化法案》成立的独立法定机构，旨在为英国政府提供关于温室气体排放目标和减少排放的建议，向议会报告在减少温室气体排放和应对气候变化方面取得的进展。2020 年 1 月，安德森对英国气候变化委员会给出的一份报告提出了批评。[64] 他近乎哀怨地问道："为什么学者和气候学界对英国气候变化委员会的'净零'报告几乎没有提出批评？这份报告的出现就是为了迎合政治和经济现状，这样一来，报告中提出的二氧化碳削减规模根本无法满足履行我们在巴黎所做的将升温控制在 1.5~2℃的承诺！"[65] 一位为气候变化委员会辩护的人士指出："气候变化委员会受命履行《巴黎协定》，但它们的工作很可能需要考虑许多因素。"[66]

当时，安德森对整个科学界发起了指控，他说道："我希望人们对审查过程有信心。人们在这个学科的边缘去讨论无伤大雅，但整个框架是牢固建立在一个以政治教条主义为基础的磐石上，学术界和许多气候团体之所以害怕和质疑这个框架，是因为它们担心失去资金支持、失去名望等。”[67]

如果你觉得这和我们从气候否认者以及气候末日论者嘴里听到的指责如出一辙，那是因为这的确是他们共同的心声。因此我们可以理解为何英国气候变化委员会的首席执行官对安德森的攻击感到不安，他回应说：“这不是一个政治教条主义的产物。这是英国的气候变化法案，我们必须遵循。”[68]英国气候科学家塔姆辛·爱德华兹反对这种针对气候科学界的集体诽谤，他在 Twitter 上说：“这的确是一种对学术界相当过分的指控……你凭什么说这个领域的多数人是为了保护自己的利益而保持沉默的？”[69]就凭安德森那些含糊其词又令人不满的回应？即他所说的“多年来，我与许多致力于缓解气候变化的学者（还有其他人）反复不断地讨论这个话题”[70]。在我看来，这能算得上一个解释吗？这是一种无限接近末日论的论调。或者说，这可能是它看起来更文明的近亲——“温和的末日论”。

“深度适应”

末日论有时会以其他名称出现。想想后来被称为“深度适应”的论调，这个概念是由英国坎布里亚大学学者杰姆·本德尔介绍推广的。2019 年 2 月，本德尔发表了一篇文章，一家名为“罪恶”的网站对这篇文章的评价是“关于气候变化的研究成果如此令人沮丧，人们不得不去接受心理咨询”[71]。但这不是一篇通常意义上的学术文章，所以科学类杂志拒绝刊登它，本德尔最终在自己的网站上把它登了出来。[72]这也就意味着它缺乏经过同行评议的科学文章的严谨性。尽管如此，它的浏览量还是远远超过任何典型的经过同行评议的科学文章。据估计，已经有超过10万人读过这篇文章。

本德尔的文章从表面上看，没有末日论者麦克弗森说的那么绝对。麦克弗森认为“所有生物将在10年内全部灭绝”，但是本德尔认为“气候导致的社会崩溃”（一个更模糊的概念）“在近期是不可避免的”，他进一步表示时间“大约在10年内”。[73] 本德尔的这一预测是基于我们如今很熟悉但已不可信的一种说法，即所谓的北极“甲烷炸弹”将导致气候变暖失控、农业崩溃、传染病呈指数级增长、现代社会崩溃，以及人类可能会灭绝，他至少在某些地方有过暗示。本德尔不仅夸大了气候变暖的趋势，也夸大了其影响。[74]

同样有问题的是，他为我们应对这一迫在眉睫的威胁开出的药方并没有涉及如何真正地缓解威胁。他没有提到减少碳排放，只说了一些关于“农业恢复”和“韧性”之类的模糊词语，还有就是要我们必须“适应”文明会不可避免地消亡。

英国广播公司采访了一些科学家，希望他们对本德尔这种观点的可取之处发表评论。[75] 其中包括牛津大学地球系统科学教授迈尔斯·艾伦，他表示“这种预测未来几年气候变化将导致社会崩溃的理论似乎非常牵强”，他指出：“很多人正在利用这种灾难论，使得大家认为减少排放没有意义。”

英国广播公司也引用了我的评论。我把本德尔的文章描述为“一场完美的误导和错误的风暴”，因为“其中关于科学及其影响的描述都是错误的”。我说：“没有可信的证据表明我们近期将面临‘不可避免的崩溃’。”我强调，本德尔的末日论构想正在“使一切失效”，会“引导我们走上完全否认气候变化，并且不作为的道路”。我想补充的是，“化石燃料利益集团喜欢这个框架”。

的确，他们必须这样做，因为本德尔的观点会引导人们放弃与气候变化做斗争。“罪恶”网站引用了一位对本德尔的文章感到震惊的读者所说的话：“我们完蛋了……气候变化会让我们彻底完蛋……我到底应不应该按照这篇文章所说的，深度适应现实，搬到苏格兰乡村等待世界末日？”[76]英国广播公司引用了另一个人的评论，“读完《深度适应》这篇文章几个月后”，他和他的妻子决定卖掉他们的房子，搬到乡下去。“当危机到来时，”他说，“一个小的区域会有很多人，而且会很混乱，如果我们搬到更北方的区域，就会更安全，因为那里天气更冷。”[77]我们有专业术语用来描述这类人，“世界末日准备者”或“生存主义者”。

如果你把最有环境保护意识的进步人士引向绝望的境地，并说服他们脱离文明社会，他们就不会在前线参与政治进程，不会为所需的系统性变革进行示威和斗争。本德尔的文章确实比否认气候变化者写的任何文章都更有力，更能使人们放弃斗争。

温和的末日论

如果说不加掩饰的末日论普遍过于尖锐，无法在主流气候话语中获得太多支持，那么如今温和的末日论已经找到了掌控话语权的法门。温和的末日论者并不争论人类作为一个物种是否会不可避免地消亡，但他们通常会暗示，目前灾难性的影响不可避免，减少碳排放不会使我们免受灾难。你可能会说，这不过是末日论披上了更体面的外衣而已。

温和的末日论者倾向于使用类似“恐慌”这样的术语。例如《恐慌时刻》，就是 2019 年《纽约时报》大卫·华莱士－韦尔斯专栏中一篇文章的标题，他还写过《不宜居住的地球》（我们将稍后讨论）。[78] 据非营利性组织科学辩论的执行主任、国家公共广播电台播客主持人谢丽尔·柯申鲍姆所说：“煽动恐慌和恐惧会造成一种错误的叙述，让读者感到不知所措，进而导致人们的不作为和绝望。”[79]

“恐慌”这个词让人联想到人们双手抱头在街上尖叫着跑过的画面。它很容易唤起人们非理性、绝望、鲁莽的行为，而不是经过深思熟虑的、慎重的行为。后者是有帮助的，而前者不是，它会让我们误入歧途。尽管我们有时也应当承认这个“P”打头的词语① 在某些情况下是合适的，但分散、不集中的“恐慌”信息可能会造成严重的后果。正如我们所知，这些信息促成了对地球构成潜在威胁的地球工程项目，这是他们兜售的、避免破坏气候的最后手段。看看 2019 年 12 月《华盛顿邮报》专栏文章的标题《气候政治是死胡同，所以世人只能孤注一掷》。[80]

温和的末日论已经变得越来越普遍。它的基本信条已经被上述的如灭绝反抗这样的组织采纳，后者的立场是“我们正在面临前所未有的全球紧急情况，地球上的生命危在旦夕。我们已经进入气候突然崩溃的时期，正处于自己制造的大灭绝之中”[81]。2020 年 1 月中旬，一篇奇怪的网络文章在网上疯传，讽刺的是，其标题是《气候宿命论》。[82] 虽然这篇文章没有署名，但它是由一个名为“自由实验室”的组织赞助的，该组织自称“创新中

① “恐慌”的英文即“panic”，以“p”打头。——译者注

心”和“智库”，旨在“通过定期出版物和公共活动分享可付诸实践的观点”。[83]

文章体现了温和的末日论者的矛盾心理和内部矛盾。文章写道：“去年，几份令人担忧的报告明确表示，我们需要立即采取积极的行动来防止灾难性的全球变暖。”这个开篇让人对文章充满期待，因为文章直接承认了全球变暖问题，似乎在恳求读者采取行动。可是在下一行，作者写道：“然而我们无法采取行动，因为我们肯定会触及全球变暖的临界点，这使任何进一步的行动都变得无关紧要。”文章突然转向末日论和“努力是徒劳的”这样的论调。接下来的内容使我们更加困惑，作者希望人们警惕宿命论，但这篇文章恰恰就是在宣扬宿命论：“随着这个概念的传播，2019 年，我们中的许多人可能成为气候宿命论的牺牲品，同时政治活动的焦点也将转向气候变化的适应论。”

尽管矛盾重重，但这篇文章提到了一个议程。文章以一份伪造的预测性声明作为结尾：“我们将目睹从防止气候变化到适应（并对抗）气候变化的转变。而这种转变在很大程度上需要进行工程项目建设，例如，建造水坝和抵御极端天气的建筑。政府很可能会把资金从预防措施转向这类气候变化适应性方案。”这句话的潜在信息是，气候变化很糟糕——非常糟糕，但我们无法采取行动来解决它，所以我们不妨只是适应，逐渐变得更有韧性，对了，还有探索技术修复方案。我们以前也提到过这个说法。这就是我们上一章所说的“权宜之计”。

在某种意义上，温和的末日论在激进派中扮演的角色与温和的否认主义在保守派中扮演的角色相同。也就是说，对于礼貌的同道中人而言，这种末日论的观点是完全可以容忍的。不出所料，一些著名的进步气候和环境专家也发表了此类言论。我们再说说在沃克斯新闻网屡屡发表深度见解的大卫·罗伯茨。2019年12月底，罗伯茨在Twitter上说："我们没办法将气候变暖的温度限制在1.5℃内。继续假装我们可以或者可能做到，由此产生的奇怪的社会压力对我来说很诡异。现实情况是悲惨的。那些相关责任人和机构应该承受全世界的愤怒。但事实就是这样。"[84]

气候和能源政策专家乔恩·库米批评罗伯茨："大卫，请停止这种失败主义的悲观情绪。这样做不仅毫无裨益，甚至根本不对。我们一定可以做到的，如果政治环境有足够的转变，我们就能做到。但我们等待的时间越长，投入的资金就越多，成本就越高。"[85]当然，这一评论本身就引发了末日论者的狂热讨论。其中一个人写道："我知道这在技术上是可行的，但在社会和心理层面都是行不通的。"[86]

这句评语虽有误导之嫌，但却有效地暴露了人们日常生活中的潜在困惑，实际上这种谬论在此类讨论中屡见不鲜，它把物理和政治混为一谈，虽然物理定律是不可改变的，但人类的行为却不是。基于明显的政治动机或者心理障碍而去否认现实会阻碍人们采取行动，而且这种否认现实的态度可以自我加强或自我消除。想想看，第二次世界大战的战时动员或者"阿波罗计划"。如果我们预设赢得战争或登陆月球永不可能实现，那么这些看似永远无法完成的挑战就真的永远不会实现。目前，我们拥有令人信服的证据，足以证明依靠现有技术就可以实现清洁能源革命和气候稳定。现在万事俱备，只差能够激励这种必要转变的政策了。这并不违反牛顿运动定律或热力学定律。这个挑战只会让我们大胆地思考。深究表层之下的世界，我们会发现大多数温和的末日论调的前提不是人类阻止限制变暖，而是传播一种愤世嫉俗的悲观信念，即我们缺乏行动起来的意志力。这无疑在说我们还没开始尝试就已经放弃了。然后这些气候怀疑论者又一次带着胜利的微笑，去银行提取因贩卖这种谬论而获取的金钱。

顺着这个脉络，让我们谈谈第五章提到的所谓的《温室地球》的文章。该文章发表于2018年8月，主笔是澳大利亚环境科学家威尔·斯特芬。[87] 在某种意义上，这篇文章为其他末日论者和温和的末日论者奠定了理论基础，比如说斯克兰顿、弗兰岑和本德尔。以本德尔的文章为例，它也在网上疯传。而本德尔的论文是未经同行评议的研究报告，它只表达了一个"观点"，看起来更像一篇评论文章，而非一篇科学文章。《温室地球》与本德尔的文章进行比较，一个重要的区别在于《温室地球》发表在了备受瞩目的《美国国家科学院院刊》上，获得了美国最高科学权威美国国家科学院对这项研究结果的认可。

文章的主要作者斯特芬是澳大利亚国立大学气候变化研究所的执行主任。读者可能还记得第五章中斯特芬对气候行动异常激进和固执的观点："我们必须摆脱所谓的新自由主义经济学……以非常快的速度转向更像战时的社会关系，使社会脱碳。"[88]

《温室地球》这篇文章提出的主张，与我们之前在末日论者和温和的末日论者那里见到的并无二致，事实上，这可能就是他们思想灵感的来源。但与其他说法相比，它更微妙，使用了更多的警告。斯特芬认为，即使能够把温度变化控制在我们所说的2℃"危险极限"之下，假定稍微放大连锁反应，如"永久冻土融化"和"海洋甲烷水合物的分解"，也可能导致气候剧烈变化，直至失控。文章断言，“就算我们完成了《巴黎协定》商定的将升温控制在1.5~2.0℃的目标，我们也无法左右一连串连锁反应发生的概率，它们很可能以不可逆转之势将地球的整个生态系统推到‘温室地球’（4~5℃变暖水平）的风险之中”，随之而来的就是大量冰原消失、海平面上升、大旱和其他可怕的影响。

如前所述，主流气候研究并不支持这些主张，至少在近期内是这样。因此，英国气候科学家理查德·贝茨说，《温室地球》这篇文章不是对我们目前认知的总结，而是“推测性的”，更像是一篇“有趣的思考性文章”。[89] 贝茨强调，《温室地球》的作者将估计的2℃作为连锁反应的临界点存在“巨大的不确定性”，并指出这是“风险厌恶型”假设，“即使在近几十年内，持续的自主变化已经开始发生，但这个过程需要很长时间，至少几百年或几千年才能完全启动”。

尽管如此，凭借著名杂志和知名作者的权威性，以及他们戏剧性的主张，《温室地球》最终还是得到了大量媒体的关注，自然而然，那些细微之处在随后媒体报道的狂潮中都被忽略了。一年后，这篇文章的几位主要负责人又合著了一篇内容非常相似的后续评论，并将其发表在著名的《自然》杂志上，这又引发了新一轮的争相报道。[90] 这两篇文章被数百家媒体全方位报道，包括美国有线电视新闻网、《新闻周刊》、《卫报》、《国家地理》、英国广播公司、《每日邮报》、《悉尼先驱晨报》、《纽约邮报》等。它们都采用了极其夸张的标题，如《气候变化将整个星球推向危险的“临界点”》（《国家地理》），以及《科学家警告称地球有成为地狱式“温室”的危险》（《纽约邮报》）。这一系列的报道都在告诉我们，人类正面临迫在眉睫且不可避免的灾难性气候变化。然而这一切都转变成了末日论者束手无策的叙事方式，正如我们稍后将看到的，它助长了保守派的不正之风，他们更加努力地去讽刺和诋毁气象预测行为。[91]

地球不适宜居住了吗?

有一种关于气候末日论的表述比所有其他观点都要吸睛。它的影响力太大了，理应用一个小节专门讨论。2017 年 7 月，大卫·华莱士－威尔斯发表了《不宜居住的地球》，他后来将这篇文章完善成册，改编成了一本畅销书，尽管这本书与多数末日论调的作品有所不同，但它还是引起了关于气候变化的广泛讨论，并且产生了深远的影响。[92] 这篇文章最早被发表在《纽约杂志》上，早于《温室地球》以及罗伊·斯克兰顿、乔纳森·弗兰岑、杰姆·本德尔和其他人的作品。这本书之于气候末日学说就像莎士比亚之于现代文学。它定义了一种新的文学类型，它的成功刺激了人们对于相同类型作品更多的需求。毫无疑问：关于气候末日的夸张剧情片确实很卖座。《不宜居住的地球》是《纽约杂志》历史上阅读量最大的文章。[93] 也许这与人们喜欢乘坐过山车、蹦极、跳伞的原因如出一辙，他们有时只是想享受被惊吓的体验。从表面来看，气候末日的存在也让他们感受到了肾上腺素飙升带来的刺激。我该称它为“毒品”吗？我想是的。我是否会把这种言论的炮制者称为推手呢？从某种意义上说，我觉得我会。

要说这篇《不宜居住的地球》给我们展望气候的未来提供了一个极为暗淡的视角，或许是多此一举的。因为它的副标题放大了末日的景象：“饥荒、经济崩溃、一个能把我们煮熟的太阳，气候变化会有什么后果，其实它的出现远比你想象的要快。”但正如卡尔·萨根的著名言论：不同寻常的主张需要不同寻常的证据。这篇文章中有这样的证据吗？

我最初在 Facebook 上表达了对这篇文章的担忧。“气候变化是一个我们现在必须面对的严重问题，”我写道，“这本身就是无可辩驳的事实，没有必要夸大论据，特别是当这些论据助长了末日言论和人们的绝望时，更没必要这样做。恐怕这篇文章就有夸大论据之嫌，这真是太糟糕了。这位记者显然很有才华，他原本有很多机会可以客观地报道人为引起的气候变化事件。”[94] 我在《华盛顿邮报》发表的一篇与人合著的专栏文章中，以《不宜居住的地球》为主要例子，对末日论思维的威胁发出了警告。[95]

到目前为止，我相信读者也都熟悉了我的基本论点，因为它反映了一个反复出现的问题：夸大气候变化影响的言论，会使我们以过度悲观、消极的态度应对灾难性气候变化。举个例子，《不宜居住的地球》夸大了气候的连锁威胁，包括目前仍处于封存状态的甲烷的释放。我们已经看到，科学证据并不支持文章设想的那种改变游戏规则、融化地球的甲烷炸弹的概念。

这篇文章错误地断言，地球变暖的“速度比科学家预测的快两倍多”。这种说法是错误的。这篇文章提到的研究数据只是展示了一组地球的特殊温度数据，这组数据比其他数据集包含的内容更少，而且是在纠正了一些问题后，才公之于世的。[96] 事实上，研究（包括我参与的工作）表明，过去的气候模型模拟实际上略微高估了 21 世纪头 10 年的变暖情况。[97] 只要做出适当的修正，就会发现模型模拟的结果与观测到的结果几乎是一致的。虽然一些受气候变化影响的方面，例如冰原融化和海平面上升，确实比模型预测的速度要快，但地球表面的变暖情况与预测的数值差不多，但这样就已经够糟糕的了。

人们可以认为那些孤立的、对科学证据的错误描述是无辜且无害的，因此选择不屑一顾。但是，当这样的描述随处可见，且都指向同一个方向，也就是夸大气候变化的量级和速率时，这就意味着有人在引导人们精心挑选证据，以便支持一个特定的叙事角度：在这种情况下，这是一种末日叙事。

甚至文章的开头关于斯瓦尔巴群岛种子库的故事，都是在极尽所能地误导大众。华莱士－威尔斯开篇是这样写的："刚刚过去的这个冬天，北极的气温比正常气温高了 60~70 华氏度，融化了挪威斯瓦尔巴群岛种子库的永久冻土，这个种子库是一家绰号'世界末日'的全球食品银行，旨在确保我们的农业可以渡过任何灾难，然而似乎在建成不到 10 年，它就因气候变化引起的洪水而被淹没。"

这个故事写得不错，但这并非实情。2018 年 10 月，我亲眼见到了华莱士－威尔斯在文章中写到的种子库，那时，我在斯瓦尔巴群岛参加名为"驾驭气候风险"的研讨会。[98] 种子库完好无损。它的一位创始人向我们解释，这里从未发生过洪水灾害。只是当每年山上的积雪融化时，在通往种子库的隧道顶部都会有一些水。自从种子库建成以来，这种情况每年都会发生，他们正在努力解决这个问题。[99]

我只是一个科学家，也许你可能会认为我对这篇文章的担忧失之偏颇。毕竟，我接受过华莱士－威尔斯的采访，但我的观点从没有被他提及或引用过，所以，也许是我吃不着葡萄说葡萄酸。[100] 幸运的是，你不必完全相信我的话。“气候反馈”是一个由气候科学家运营的网站，它对媒体上出现的有关气候主题的文章的事实基础、可靠性和可信度进行评估，评估团队由顶尖专家小组组成。气候反馈网站也评估了《不宜居住的地球》这篇文章。[101]

具体来讲，气候反馈网站根据该文章所涉及的不同领域，从不同专业角度，选派了 14 位专家进行评估（在首次截止日之前又增加了 3 位专家，总数达到 17 位）。在从 −2（非常低）到 +2（非常高）的评分范围内，该篇文章获得了平均 −0.7 分的科学可信度。−0.7 分略高于 −1 分（低）。气候反馈网站得出了以下总结：“经过 17 位科学家对这篇文章的分析，我们认为其在科学层面上的整体可信度偏低。”大多数评论者将这篇文章标记为“危言耸听、不精确 / 不明确、有误导性”。[102] 惊慌失措是一回事，这意味着我们应该掌握证据；而危言耸听则是另一回事，这个词语意味着文章作者毫无根据地夸大了风险或危险，这么做具有潜在的危害性。

有些人认为这些批评有失公允。我们看到，大卫·罗伯茨偶尔也会发表悲观主义和末日论的观点，他驳斥像我这样的科学家，说我们的批评是“没有根据的科学纠缠”。[103] 他说的有道理吗？毕竟，科学家是偏向于科学的。例如，他们可能不懂得，为了欣赏有效的新闻报道，有时需要破格用词。2017 年 11 月，我参加了纽约大学亚瑟·L. 卡特新闻研究所卡夫里科学交流对话的部分活动。主持人是新闻系教授，纽约大学科学、健康和环境报告项目主任丹·费根。这一活动被称为“关于‘地球末日’的辩论”，并被宣传为“《纽约杂志》封面故事的作者与一位著名评论家关于最糟糕气候变化的谈话”[104]。是的，嘉宾分别是华莱士－威尔斯和我，由罗伯特·李·霍茨担任中立方，他是《华尔街日报》的科学作家，也是纽约大学新闻学院的杰出驻校作家。

在听取了我们三个人大约45分钟的讨论后（实际上我们的共识多于分歧），主持人丹·费根得出了自己的结论。他首先对这场“伟大的讨论”表示赞赏，接着指出，记者的“首要职责是反映现实”。而他“向大卫·华莱士－威尔斯的观点致敬，因为所有正态分布的观点……都应当被记录”。但他也对华莱士－威尔斯的观点提出了批评，他的主要担心是，虽然它“有……可模仿的样板（语言）……有关于事件发生的可能性，它感觉……这部分被随意加进来，这当然不是文章整体框架的一部分”。华莱士－威尔斯的文章并未详细说明“这件事是否会在五年内发生，还是这种情况会在一个世纪内发生”。因此，它“违背了我一直在教授的一些规则”。也就是说，尽管费根欣赏华莱士－威尔斯“从许多人的挫折感中获得了创作的灵感”，但是这篇文章的确没有“充分的背景资料”。

华莱士－威尔斯似乎将这些批评铭记于心。2018年8月，他请我对这篇文章的图书版发表评论，书与文章同名，也叫作《不宜居住的地球》。他描述这本书的方式让我感到乐观，他说：“这本书……在一定程度上是对文章的修订和扩展。”他还说，该书“不太关注最坏的情况，部分内容是一种随笔式的沉思，是关于他对未来几十年生活在一个被气候变化改变的世界中，将对政治和文化等意味着什么的思考”。他让我特别审核一下序言部分，正如他所说，序言是整本书的框架。他告诉我，在评估时要做到

“无情”。我很感激自己能有这个机会，也很高兴能助他一臂之力。我仔细读了一遍，几天后向他反馈。我告诉他，文中的“科学证据都是可靠的”，但我有“一些小小的建议”（具体是 9 条），并向他一一指出，我认为这些问题应该被解决。

我提出了很多中肯的建议并指出“‘很少有专家认为我们真的能达到 2℃的目标’这一说法似乎具有误导性……实际上许多专家都指出了达到 2℃的可行路径……想达到这个稳定的目标并不存在实质性的障碍，而仅存在政治障碍”。我还指出：“书稿中提到‘没有任何一个工业国家在努力实现自己在《巴黎协定》上做出的承诺’，这一说法值得商榷。”一些分析表明，美国的做法很有可能如您所说……但是中国，目前作为世界上最大的二氧化碳排放国，则极有可能超越这个减排目标。而这两个国家是世界上最大的两个排放国。最后，我指出：“你说，据观察，全球变暖 2℃以上的情况被巧妙地掩盖了。那么是谁掩盖了真相？当然不是科学界。在政府间气候变化专门委员会的报告和其他科学评估结果中，以及在许多关于气候变化的热门文章中，气候变暖 4~5℃的表述依然非常显眼。如果你的意思是记者（和媒体）正在掩盖这些表述，那么你应该如实说明。”

这本书于 2019 年 2 月出版。我失望地发现，作者并没有对我提出的序言中的问题做出实质性的修改。就书的其余部分而言，虽然原始文章里显而易见的错误在很大程度上已被删除，但悲观的是，彻头彻尾的末日论的框架仍然贯穿全书，书中仍充斥着带有末日论色彩的夸张表述。以这段为例：

一些气候反馈正朝着缓和气候变化的方向发展。但更多的气候反馈表明，如果我们触发它们，全球变暖将会加剧。这些复杂且相互作用的系统将如何彼此影响，即哪些影响会被夸大，哪些会被气候反馈破坏，都是未知的，这给所有提前规划气候变化的努力蒙上了一层不确定的阴影。不论多么不现实，我们知道气候变化的最好结果是什么，因为它与我们今天生活的世界非常相似，但我们还没有考虑到那些可能把我们带到气候变化钟形曲线（正态分布）最高点的一系列气候反馈。[105]

这段话会给读者一种竟然还有各种各样积极的气候反馈是气候科学家甚至没有"考虑过"的印象。如果"那些可能把我们带到气候变化钟形曲线（正态分布）最高点的一系列气候反馈"这一说法不是末日论者对毫无根据的"失控变暖"恐慌吹响的狗哨①，那我就不知道它是什么了。这篇文章以及书中许多其他的文章会让读者认为我们完全无视气候变化。这也就意味着气候预测是完全不可靠的（这让人联想起否认气候变化者的说法）。事实上，读者永远都不会怀疑，气候模型在过去半个世纪为预测全球气温上升做出了卓越贡献，且没有证据能够证明华莱士－威尔斯要求我们担心的"那些可能把我们带到气候变化钟形曲线（正态分布）最高点的一系列气候反馈"这一问题是否存在。[106]

出版商（企鹅兰登书屋）在其网页上刊登了许多评论家关于这本书的语录，这些语录令人印象深刻。评论家对书中的描述表

---

① 狗哨，指的是政客以某种方式说一些取悦特定群体的话，使之仅仅传入目标群体的耳目中，尤其是为了掩盖一个容易引起争议的信息。——译者注

示震惊，这并不令人惊讶。有人说：“《不宜居住的地球》仿佛一颗彗星击中了你，这本书中充斥着大量抒情散文，讲述即将到来的世界末日。”也有人说：“《不宜居住的地球》是我读过的最可怕的书。”还有人说“这本书以《圣经·旧约》为模板”，是“一段穿越即将吞噬我们这个温暖星球的连环灾难的旅途，其过程令人惊心动魄”[107]。这是一部气候末日论作品。而且如前所说，气候末日类作品很叫座。在 2 月 20 日出版后，这本书连续 6 周登上了《纽约时报》精装非小说类畅销书排行榜。

如果你觉得这还不过瘾，也不必多虑，因为末日场景还会在电视上播出。家庭影院频道（HBO）正在将《不宜居住的地球》拍成电视剧。嗯，就算是吧。据小发明网站的耶塞尼亚·富内斯说，它将“影响一部虚构的系列作品选集，探寻随着气候变化的发展，我们的未来可能是什么样子”。导演亚当·麦凯说：“这部剧从第一集开始，就会带领人们看到末日的黯淡场景。”然而富内斯并没有隐藏自己对这部电视剧的热情，她说：“我就是要这样的效果，让我们把每个人都吓得魂不守舍吧。”[108] 如果你觉得刚刚听到了痛苦的呻吟声，那就是我的呻吟声。

该书出版后不久，我被邀请与华莱士 - 威尔斯一起参加微软全国广播公司的节目《早安，乔》[109]，节目主持人之一米卡·布热津斯基在节目的开头说：“我们这个世界可能会发生大规模灭绝事件和经济灾难。我们的下一位嘉宾认为，恐惧是唯一有希望拯救我们于水火的方法。”当被问及情况会有多糟糕时，华莱士 - 威尔斯说出的第一句话是：“看起来前景黯淡。”随后就转向了对“不采取行动的代价”和“采取行动的必要性”的微妙讨论。我猜我在节目中的作用，就是帮助引导对话朝着这个预设的方向展开而已。

在广告时段，另一个主持人威利·盖斯特转向华莱士-威尔斯问道："难道就没有一点好消息吗？"我开玩笑地回答："我想这就是我来这里的目的（传达好消息）。"然后，等恢复录制后，盖斯特转向我问道："关于气候变化，您是否有好消息能够传达给大家？"我说："正如大卫·华莱士-威尔斯所说，事关紧迫性，但气候变化也事关主动性。"（我第一次使用这个说法。）紧接着我讲述了目前这个话题正在发生变化的情况，甚至到后来一些共和党人士也加入了讨论。（我们将在下一章讨论相关细节。）

尽管如此，华莱士-威尔斯在与公众的接触中仍然使用了相当多的末日论说辞。在全国广播公司的节目播出几天后，他接受了来自沃克斯网站的记者肖恩·伊林的采访。伊林将他的文章命名为《对于气候变化感到恐慌恰逢其时：作家大卫·华莱士-威尔斯带我们体验反乌托邦的末日景象》。华莱士-威尔斯告诉伊林："作为一个摆脱自满，通过不断发出警告来倡导环境保护的人，我了解恐惧的真正价值。"[110]

华莱士-威尔斯时常会在 Twitter 上发表一些危言耸听的评论，这些言论亟待气候科学家进行纠正。例如，2019 年 9 月，他在 Twitter 上说："我们最早可能在 2021 年达到升温 1.5℃这个全球气候行动的目标值。到 2025 年，全球可能会达到 2℃这一灾难性的升温水平。"[111] 他的说法是错的，这是对有人在 Twitter 上发表"2011—2015 年气温会上升……0.2℃"的错误推算得出的结果。[112] 没有一个气候科学家会试图以 5 年的数据为依据来测量变暖趋势，因为在测量不同年份的温差时存在大量的"干扰"因素，比如厄尔尼诺现象以及火山喷发等情况就可能会影响短期内的温度读数。

真正的变暖率约为每 10 年升高 0.2℃。由于目前的变暖温度约为 1.2℃，因此需要 15 年才能达到 1.5℃的升温值，再过 25 年才能达到2℃的升温值。即使我们使用了每5年0.2℃的错误速率，华莱士－威尔斯的计算结果仍然是错误的。未来 10 年的大部分时间内，升温值都不会达到 1.5℃，未来 20 年也不会达到 2℃。所以令人费解的是，华莱士－威尔斯最初是如何算出这个数字的。但有一点很明显，他的说法符合一个末日来临的叙事框架。

气候科学家立即纠正了华莱士－威尔斯的错误。理查德·贝茨指出："即便这种推演无误（事实上不是），单一的一年升温值超过 2℃也不会是'灾难性'的。在工业发展早期的几十年里，2℃的升温可能会带来深刻变化，甚至出现人工增强变化的情况，但是首次达到 2℃并不会一下子触发所有变化。"[113] 埃里克·斯泰格说得更直白："我想说的是……科学方面的事就让科学家去做吧……华莱士－威尔斯的做法是完全不负责任的，他的说法错得离谱。"[114]

华莱士－威尔斯还不断歪曲我们在政策方面取得的进展。2019 年 12 月，《纽约杂志》上的一篇文章提到了在马德里举行的缔约方会议，文章评述称："当然，这是第 25 次缔约方会议，从唯一重要的衡量标准来判断（碳排放量这个指标还在不断上升），这次大会是在连续 24 次失败之后召开的。碳排放量在 2018 年创了新纪录，并准备在 2019 年再创新纪录。在《巴黎协定》签署仅仅三年后，地球上主要的工业国家都已经放弃履行它在《巴黎协定》做出的承诺。"[115] 这段话里充满了各式各样的错误。

首先，他的话就是错的。2019 年的碳排放量保持平稳，电力部门的排放量实际上是在下降的，2020 年的总排放量还会下降（尽管部分原因是新冠疫情）。援引国际能源署的表述："2019 年的碳排放趋势已经表明，以电力部门牵头的清洁能源转型正在不断推进。全球电力部门的排放量下降了约 1.7 亿吨，降幅达 1.2%，在发达经济体中，二氧化碳排放量下降到 20 世纪 80 年代末以来的水平（当时电力需求下降了 1/3），这种下降水平难得一见。"[116] 我们希望这个趋势不仅是平稳的，而且是下降的。然而，声称碳排放量正在上升，甚至忽视世界正在转向以可再生能源为驱动的经济的明显迹象，这本身就是错的。

华莱士－威尔斯竟然断言世界上主要的工业国家已放弃履行它们在 2015 年《巴黎协定》中的承诺，这又是怎么回事呢？在审查他写的这本书的序言草稿时，我就质疑过这个问题。他不仅没有做出任何修改，反而重复了这个误导性的说法。中国这个目前世界上最大的碳排放国，正在不断努力以期尽早实现其在《巴黎协定》承诺的目标。[117] 不管特朗普政府的政策如何，美国还是可能会履行自身义务的。[118] 虽然有些评论称《巴黎协定》有其局限性，当然有些国家没有在履行自己的承诺，但这并不是所谓的"地球上已经没有任何一个工业国家在努力实现自己在《巴黎协定》中做出的承诺了"。

这些错误和歪曲的描述并非无害，它们正在服务于华莱士－威尔斯不断推广的末日论叙事框架。他认为，现有的全球气候谈判框架（《联合国气候变化框架公约》和缔约方年度会议）已经辜负了我们的期望，应该放弃。相反，他坚持认为，应该由类似国际版本的绿色新政进行取代。他指出，马德里气候大会的失败就是他此次提议的理由。

这番言论在好几个层面上都是错误的。[119] 他不仅散布毫无帮助的绝望，还完全错误地解读了 2019 年 12 月马德里第 25 届联合国气候变化大会的信息。包括澳大利亚在内，以化石能源作为主要工业原料的少数国家，本质上就是在密谋破坏这次协商结果。抨击“缔约方大会模式”并大肆指责，为少数企图破坏缔约结果的不良国家的行为提供了掩护，并让它们达成了目的。

目前的障碍是由近几年不利的地缘政治竞争环境导致的，这使得寡头和蛊惑民心的政客掌权。没有一个国际气候合作模式能够绕过这一障碍。这当然不是基于华莱士－威尔斯建议的全球版本的绿色新政，做这个提议已经带有意识形态色彩，并遭到了强烈的反对。

此外，华莱士－威尔斯仅通过表达对第 25 次缔约方会议的失望，就否定《联合国气候变化框架公约》和之前缔约方会议的所有努力，真正是不分好坏地全盘否定。例如，他忽视了于 2015 年成功举办的第 21 次缔约方会议“巴黎会议”。在这次会议上，世界各国均承诺大幅减少碳排放，并取得了巨大的成功。尽管这些减排措施本身不能解决问题（对于将气候变暖限制在 2℃以下这个目标而言，减排让我们几乎实现了一半的目标），而且不是每个国家都能实现自己的目标，但《巴黎协定》是一个里程碑式的成就。因为它建立了一个框架，在随后的国际谈判中，缔约方在会议上加大了承诺力度。[120]

不出所料，华莱士－威尔斯并没有接受这些批评。他在 Twitter 上写道：“我并没有放弃缔约方会议 / 联合国模式，但我不认为考虑其他方法是否更有效就是‘末日论’。我们需要尽可能取得进展，而欧洲的绿色新政则表明我们至少还有一个备选方案（正如我提到的）。”[121] 卡丽·克赖德尔是国家地理学会的传播总监、美国前副总统阿尔·戈尔的前通信主管，也是联合国基金会的高级顾问。克赖德尔对华莱士－威尔斯轻视联合国几十年来气候政策的努力，以及轻视她和其他许多人做出的贡献感到不满。她讽刺地回应道：“《巴黎协定》是一个美中协议，世界其他国家都在效仿。事实就是如此。”在随后发表的 Twitter 中，她附上了一个 2014 年 11 月中美双边协定的链接。在这份协定中，世界上最大的两个排放国为后来巴黎国际气候协定的空前成功奠定了基础。[122]

重要的是，我们要让决策者担起责任，为解决气候问题采取协调行动。但轻视已取得的进展是毫无帮助的，因为这会与那些企图破坏气候进程的怀疑论者的议程不谋而合，他们曾试图破坏 2019 年第 25 次缔约方会议。他们最想看到的是我们在失败中高举双手，宣布国际气候谈判以失败告终。

我担心像华莱士－威尔斯发出的这样的悲观主义言论，不仅会让有些人为了自身利益背叛那些毕生致力于推动气候进步的气候先进人士，还会鼓励那些气候怀疑论者的恶意行为。此外，我怀疑这种态度具有传染性。虽然说我们做得还不够，但说“什么都没做”完全是颠倒黑白。每个国家、每个州、每座城市、每家公司和每个人每天都在努力帮助我们摆脱化石燃料，这种说法完全是对上述行动的全盘否认，这也让那些努力试图改善情况的人感到沮丧。除此以外，这还完全忽略了国际能源署真实的数据，而这些数据都在表明我们确实在全球经济脱碳方面取得了进展。

2019 年 12 月 16 日，就在《纽约杂志》发表这篇具有悲观论调的文章后的几天，华莱士－威尔斯在同一杂志上发表了另一篇文章，表达了相当乐观的预期。这篇发表于 12 月 20 日的文章的标题为《关于未来的气候，我们拥有更清晰的蓝图——一切并不像以前看到的那么糟糕》，宣传语是“气候变化方面的好消息：最糟糕的情况不会出现”[123]。这篇文章的基础是当时发表在《自然》杂志上的一篇评论文章，其标题听起来几乎是专门为华莱士 - 威尔斯量身定制的——《请不要再认为全球气候变暖只会产生最坏的结果》。[124] 这篇文章实际上并没有质疑全球变暖最糟糕的结果。它没有以任何方式提供排除异常气候变化或加剧反馈机制的新证据，文章只是提出，只要能够“按部就班”，我们就可以降低碳排放。为什么？因为我们在经济脱碳方面的政策取得了进展。简言之，这篇评论对华莱士 - 威尔斯的基本观点提出了质疑。

当末日论遇到杞人忧天论

气候怀疑论者之所以鼓吹末日论，至少出于两个方面的考虑。首先，它会导致人们不参与气候行动。这是抑制那些倡导保护气候和积极作为的环保人士热情的一种方式，只需要说服他们，现在做任何事都为时已晚。但实际上，气候怀疑论者鼓吹末日论还有另一个原因。在某种程度上，它可以被描绘为“杞人忧天论”，它助长了一种反环境保护的说辞，而这套说辞就是几十年来气候怀疑论者一直坚持的理论。环境作家阿利斯泰尔·麦金托什曾简短评述：“他们一会儿摒弃专家的科学认识，一会儿又声称自己的观点源自科学，他们通过这种诋毁真科学的行为，培养了一批否定论者……这会让追随者幻想破灭。”[125]

回想一下 20 世纪 60 年代工业团体对蕾切尔·卡森的诋毁。

他们称她为“激进分子”“癔症患者”“自然平衡狂热捍卫者”，甚至指控她是个大屠杀者。[126]这些诽谤一直存在：由化石燃料利益集团资助的竞争企业研究所到现在还声称“因为一个人发出了假警报，就导致世界上数百万人遭受疟疾的痛苦和致命的影响……那个人就是蕾切尔·卡森”[127]。

他们也对保罗·埃利希提出了类似的指控，原因是他于1968年提出了“人口爆炸”理论，他很早就对无限制的资源枯竭产生的影响发出了警告，事实证明他有先见之明。他们反对身为科学家和科学传播者的卡尔·萨根，反对早期的气候信息传递者斯蒂芬·施耐德和詹姆斯·汉森。[128]我也经常被右翼团体视为“危言耸听者”。事实上，在我写这段文章的同一天，我被“城市新闻服务”的一篇评论称为“最坚定的气象学杞人忧天论科学家”，“城市新闻服务”隶属于媒体研究中心，而媒体研究中心是化石燃料利益集团和右翼的斯凯夫家族的游说团体。[129]

几十年来，“虚惊一场”和“危言耸听”一直是保守派利益集团坚定的口号，它们希望将环境问题（包括气候变化）诋毁为注重鸡毛蒜皮的唯利是图主义。这是一位已故的气候科学家、科学传播者斯蒂芬·施耐德最喜欢的说法。在20世纪70年代初，人们对于温室气体导致气候变暖以及二氧化硫气溶胶污染引起的降温影响仍有些不确定，施耐德以及联合撰稿人伊克提亚克·拉苏尔推测，如果继续加速排放硫，那么硫气溶胶污染可能会日趋严重。然而这种情况并没有发生，因为美国和其他工业国家通过《清洁空气法案》来应对日益严重的酸雨问题，要求烟囱排放的二氧化硫在进入大气之前必须做“净化处理”。[130]

然而，一些科学家（如施耐德）仍在努力应对20世纪70年代初气溶胶冷却和温室气体变暖带来的相互矛盾的影响，这一事实引发了一个广为流传的谣言："气候科学家预测在20世纪70年代将迎来冰河时代。"言下之意是，如果当时科学家的预测完全失败，那么我们现在为什么还要相信他们呢？但事实是，首先他们没有失败（他们只是没有预测到《清洁空气法案》的通过）；其次在20世纪70年代，关于气候变冷的说法还没有达成科学共识，当时只有施耐德等部分科学家推测这种可能性是存在的。[131]但事实证明，"20世纪70年代的全球降温恐慌"是一个不朽的神话，否认论者继续抓住这个神话不放。举个例子，2006年7月我在国会做证期间，否认气候变化的国会女议员玛莎·布莱克本就试图"教训"我，她说她仍记得在她成长的20世纪60年代，气候科学家都在担心另一个冰河时代的出现。显然，她没有深度研究自己所持的否认主义观点，因为这一说法应该是在20世纪70年代提出的。[132]

由此看来，如今不作为团体仍在利用末日论者的主张也就不足为奇了。他们很容易被讽刺为"杞人忧天论者"。2020年，在世界经济论坛上，唐纳德·特朗普就将那些主张对气候变暖采取行动的人称为"末日先知"。在理想情况下，指控人们为"杞人忧天论者"通常与"气候科学家为了中饱私囊又在鼓吹气候末日"这种过时的说法成对出现。[133]除去右翼专家喊出"杞人忧天论的科学家通过鼓吹末日论的预言获得了……890亿美元的研究资金"，应该没有其他任何事情更能让保守派阵营勃然大怒的了。[134]如今，末日论者让这一切变得太容易了。

请想想杰姆·本德尔那篇夸张的《深度适应》，这篇文章是阿利斯泰尔·麦金托什的灵感来源，在关于如何让末日论通过进入反科学组织来培养否认主义方面启发了他。[135]麦金托什提到了1956年的一本书《当预言失败时》。这本书以一个特定的末日崇拜的例子解释了这一现象。但我现在也要举一个非常具体的例子。

罗纳德·贝利是《全球变暖和其他生态神话：环境运动如何利用伪科学把我们吓死》的作者，他在自由主义杂志《理性》上评论了本德尔的文章，文章标题为《好消息！我们没有必要因为“气候崩溃”而“精神崩溃”》。[136]在评论中，贝利援引了气候怀疑论者钟爱的“出气筒”保罗·埃利希的话，他嘲笑本德尔：“埃利希仍在预测生态灾难即将来临，而我怀疑本德尔在2065年也会做同样的事情。”贝利利用本德尔编造出的“崩溃宿命论”很好地嘲弄了对气候变化担忧的论调。

《温室地球》一文也被用来将气候问题描绘成一个杞人忧天论者的骗局。每日呼叫者新闻网，我称其为“伪装成媒体的科赫式游说团体”，经常对气候科学和气候科学家发起攻击。[137]例如，“科学家发布了‘荒谬的’世界末日预测，标题是《温室地球》”[138]。每日呼叫者新闻网持相反立场的能源编辑迈克尔·巴斯塔什，继续以这篇文章过分危言耸听作为借口，不断攻击气候科学（例如，看到文章写“气候模型经常高估温度上升”，他会评论：“不，我们已经看到，它们并没有。”）和气候行动（例如，引用气候怀疑论者罗杰·皮尔克说的话，他表示对于气候变化影响过分夸大是“荒谬的”，这会影响或破坏真实的有关“减少极端天气和其他威胁风险的政策”。[139]）。巴斯塔什在最后警告人们要做出个人牺牲，试图以此来吓唬他的保守派读者，让他们认为真正的威胁是积极应对气候行动，告诉他们要采取行动就需要对生活方式做出巨大改变，而这意味着“没有化石燃料、减少消费，以及其他一系列行动”。（当然，现实是，对气候变化的不作为才是对经济和我们生活方式更大的威胁。）

当然，默多克的媒体也充满了“虚惊一场式”的气候报道。以否认气候变化者米兰达·迪瓦恩为例，他曾是默多克新闻集团旗下澳大利亚《每日电讯报》《星期日电讯报》和《先驱太阳报》的成员，他现在为默多克新闻集团旗下的《纽约邮报》撰写专栏文章。在2019—2020年夏天澳大利亚爆发山火之后，迪瓦恩为《纽约邮报》撰写了一篇题为《名人、气候活动家利用澳大利亚山火危机神话气候变化的传言》的专栏文章。[140] 在这篇文章中，基于标准的否认主义言论，她继续否认气候变化和史无前例的山火之间存在联系。她的一系列手段包括将火灾归因于“纵火”、“绿色团体”、被误导的“危险保护”和“生物多样性”保护政策。但她的核心信息可以用一句话来总结：“是否相信气候危言耸听者最可怕的预测无关紧要，因为这两者没有区别。我们无法使地球降温，就如同我们不能把每一位青少年纵火犯关押起来。”真是一套精心炮制的说辞啊，先是否认，然后是末日论，最后是转移视线，并以杞人忧天论的指控作为结尾。犯错是人性。而原谅……好吧，在这种情况下，的确很难。

我看到过自己的话被否认主义的媒体人歪曲，并以此作为武器，试图把气候科学界描绘成持末日论的杞人忧天者。我想举一个很恰当的例子，那就是《波士顿环球报》的否认气候变化者杰夫·雅各比。他对气候科学的错误描述使一些科学家大为不满。他的言论非常恶劣，以至于麻省理工学院气候科学家凯瑞·伊曼纽尔——一位共和党人和政治保守派，给《波士顿环球报》写了一封信，在信中他批评雅各比“在感到恐慌和否认风险之间做出了错误的选择”。后来，他还责怪《波士顿环球报》发表了雅各比写的一篇评论文章，该文章题目为《在科学高度不确定和选择成本高昂的环境中，评估和处理气候风险极具挑战性》。[141]

在2020年3月15日的《波士顿环球报》专栏文章中，雅各比引用了我的话——“我对关于气候的杞人忧天论充满怀疑，但我对新型冠状病毒带来的恐慌严阵以待”，他暗示我，我也曾指责过气候科学界的杞人忧天论。[142]他写道：“对大流行病恐怖景象的记录和描述并不鲜见。然而，自20世纪60年代以来，气候活动人士一直在预测世界末日的场景，但末日似乎从未来临。”为了支持自己的说法，雅各比随后拿出了由否认气候变化的竞争企业研究所提供的“事实证据”（而不是合法的存档证据），这个研究所也是由化石燃料企业赞助的机构。“尽管气候总是在变化之中，”他写道，“纯粹由人为因素引发的气候变暖无疑会导致大灾难，但人类社会存在能够减轻影响、适应变化，从而摆脱威胁的本领。正如气候科学家迈克尔·E.曼所写的那样：如果把现在的问题描述为不可解决的难题，这种过分夸大全球气候变暖问题的科学，会助长一种‘末日不可避免，末日绝望且危险’的思潮，那么这种夸大是很危险的。”这句话来源于我的Facebook评论，原评论是用来批评大卫·华莱士-威尔斯在2017年《纽约杂志》专栏中发表的《不宜居住的地球》的。[143]

当然，我的实际立场与雅各比所暗示的截然相反。在写给《波士顿环球报》的信中，我回答说：

当谈到气候变化对我们造成的毁灭性影响时，事实已经够糟糕了，其中包括前所未有的洪水、热浪、干旱和山火……

证据表明，气候变化是我们现在必须解决的一个严峻挑战。没有必要夸大它，特别是当它助长了一种使世界陷入瘫痪的末日论和绝望的叙事时。

如果我们现在采取大胆的行动，不是出于恐惧，而是由于相信“未来在很大程度上仍旧掌握在我们手中”，那么我们还有时间避免最坏的结果出现。这种观点很难支持雅各比的说法，即气候变化是一个夸大了的问题，或者是一个缺乏紧迫感的问题。

虽然我们只有几天的时间，使新型冠状病毒带来的影响放缓，但我们有几年的时间来降低二氧化碳带来的影响。不幸的是，因为存在雅各比这样的人，我们目前仍在“气候流行病”的道路上苦苦挣扎。[144]

前进的道路

在气候挑战中，既要传达威胁，又要传达机遇，这一点很重要。我花了很大的力气才学会这一点。多年来，我关于气候变化的公开演讲只关注科学和影响，因为我是一名科学家。然后，我会口惠而实不至地支持“气候解决方案”，并会放映完最后一张剪辑过的幻灯片，告诉大家要回收利用、开发风力涡轮机、研究太阳能电池板等。很幸运，我的观众都是善于思考并且乐于分享的人。当他们最后留下来和我交流时，我一遍又一遍地听到同样的话：“您的演讲真棒。但讲座的内容让我感到很沮丧！”

我的虚荣心使我只听到了恭维，而没有注意到随后的告诫。但事实上，根据演讲的定义来看，我的演讲并不好，它有缺陷。我没有深入思考过我们的困境，因此我不能负责任地向公众传达这些困境。但我受到了启发，做了应尽的努力，了解了我们到底处于什么位置，以及避免灾难真正需要什么，诸如研究文献、分析数据、弄清楚我们在气候变化的“高速公路”上已经走了多远，以及我们还有哪些出口和坡道。

我可以告诉你，那些关注这件事的人都很担心，他们理应如此，但也有让人充满希望的理由。许多州、城市和公司积极参与，几乎每个国家都做出了的承诺（本书付梓时，美国的态度依旧模棱两可），这些都代表着希望。全球能源市场转向更清洁能源的趋势之快，也是代表着希望的另一个迹象。专家正在规划避免灾难性气候变化的途径，并明确表达了行动的紧迫性。[145] 重复一下我的观点：如果我们现在采取大胆的行动，不是出于恐惧，而是由于相信“未来在很大程度上仍旧掌握在我们手中”，那么我们还有时间避免最坏的结果发生。

对那些非理性、不健全、悲观的“无用信息”的传播，到底有什么真正有效的对策？对策就是抱有合理期待，谨慎又不失乐观，坚信仍然可以避免最坏的情况发生；要认识到已经产生了不少伤害，而且还有其他一些不可避免的伤害，这种认识是我们需要的。毕竟，这个问题无关于我们是否已经“完蛋”，而在于我们有多么“糟糕”。

说到这里，让我们重温本章开头的两个题记，因为它们解决了我们面临的挑战。首先是著名的富兰克林·罗斯福的名言：“我们唯一恐惧的就是……恐惧本身，这是一种莫名其妙、丧失理智却又毫无根据的恐惧，它把人转退为进所需的种种努力化为泡影。”罗斯福的这一警句把我们的气候困境描述得淋漓尽致。通向灾难性气候变化的最可靠途径是错误地认为现在采取行动已经太晚了。第二句引用的是德国文学评论家、小说家和散文家克里斯塔·沃尔夫的一句话："一旦'灾难'有转变为世界末日的可能，就不要再用'灾难'一词来表述这件事。"而现在，在气候讨论中，使用"灾难"、"紧急情况"，甚至"灭绝"等术语已经变得很流行。我们绝不允许这种对语言的管制成为分裂我们的鸿沟。不能让词语的使用方式剥夺我们采取行动的能力。同样重要的是，在谈论我们面临的挑战时，传达紧迫性和主动性很重要。就我个人而言，我喜欢谈论"气候危机"，因为它包含了这两个因素（毕竟，"危机"被定义为必须做出困难的抉择或重要决定的时刻）。

短期内，我们不会面临社会崩溃或人类灭绝的情景——除非我们完全不采取行动。如果在这场气候战争中我们没有机会获胜，我就不会把自己的生命投入向公众和决策者传达科学信息及其影响的工作中。我知道我们仍然可以避免大灾难。我在这件事上有一定的权威性，作为一名仍在从事气候研究的科学家，我的观点是以实实在在的数字和事实为依据的。在本书的最后一章，我们还要面对新气候战争最后的对手——我们自己和自我怀疑（即怀疑自己作为一个物种是否有能力应对眼前的挑战）。

第九章　迎接挑战

黎明之前是最黑暗的。

——托马斯·富勒

希望是美好的，也许是最美好的，美好的东西是不会消失的。

——安迪·杜佛兰（电影《肖申克的救赎》主人公）

尽管我在本书中详细描述了各种挑战，但我对未来几年应对气候危机的前景仍持谨慎的乐观态度，也就是既不乐观，也不沮丧，而是客观上充满希望。这种乐观是一系列事件发展的结果，如果你愿意的话，可以称之为一场“完美风暴”，这些令人大开眼界的事件正在帮助我们为今后的任务做好准备。首先，全球发生了一系列前所未有的极端天气灾害，使气候变化的威胁变得更加具象。其次，一场全球大流行病让我们学到了关于脆弱性和风险的关键教训。最后，我们看到了环境行动主义的觉醒，特别是世界各地青少年的觉醒，他们将气候变化看作我们这个时代的决定性挑战。

这本书的论点是，这些进展（连同可信的气候变化否认论的崩溃）为我们提供了前所未有的进步机会。这些气候怀疑论者被迫从“强硬的”的否认论者转变为“更温和的”否认论者，后者的手段是弱化、转移、分裂、拖延和散布绝望，由此形成了新气候战争的多条战线。任何想要取得胜利的方案都需要识别并击败气候怀疑论者在继续发动气候战争时所使用的战术。

在强大的既得利益集团联合起来捍卫化石燃料现状的情况下，只有和它们斗争才能取得胜利。我们需要各地公民的积极参与，共同推进斗争。我们需要相信这是可能的，而且事实的确如此。我们可以为我们的星球赢得这场战斗。

否认主义命数已尽

2016 年初秋，我和《华盛顿邮报》的社论漫画家汤姆·托尔斯出版了我们的书《疯人院效应》，我们的同事批评我们写了一本关于否认气候变化的书。[1] 他们说，否认气候变化的时代已经结束。从现在开始，所有的讨论将是关于解决方案的。

但后来的历史发展进程并没有如我们所愿。否认气候变化者唐纳德·特朗普随后当选为这个世界上极有权力的国家领导人之一。在他执政期间，我们看到美国从全球抗击气候变化的领导者变成了唯一威胁要退出 2015 年《巴黎协定》的国家。我们看到美国 50 年的环境政策进展付诸东流。美国的不妥协给了其他污染者一个放松努力的借口。因此，碳排放曲线在稳定了几年下降的趋势后，这几年反而上升了。

大约在同一时间还发生了一些事情。我们在美国和世界各地目睹了前所未有的气候变化引发的气候灾难。它们以破纪录的洪水、山火、热浪、干旱和超级风暴的形式出现。极具破坏性的、致命的极端天气使气候变化不再只是理论上的存在，它近在咫尺。气候变化就发生在这里，就发生在当下。气候变化的破坏性影响已经产生。我们目前已知的有波多黎各的飓风“玛丽亚”；休斯敦和卡罗来纳州的洪水；加州的野火；非洲的蝗灾，世所罕见的干旱、洪水；澳大利亚的洪水、炎热、干旱和山火……这样的例子不胜枚举。

引用格劳乔·马克斯的话：“你会相信谁？我，还是你会说谎的眼睛？”[2] 当人们可以实时从电视场景、报纸新闻、社交媒体甚至后院看到气候变化所带来的史无前例的影响时，否认是行不通的。因此，我们现在看到的是强硬的否认气候变化者的垂死挣扎。在过去的气候新闻报道里，否认气候变化者与主流气候研究人员被同等对待，而现在我们看到“虚假平衡”报道从过去传播范围广泛的主流媒体中逐渐消失。[3]

今天，强硬的否认大多局限于右翼边缘的媒体前哨，它们被鲜明的事实推到了我们讨论的边缘，而推动这一结果的是一扇滑动的“奥弗顿之窗”①。由于化石燃料利益集团和财阀拒绝接受它们的服务，转而支持“更友好、更温和 ”的不作为主义者，这又引发了新的气候战争，因此否认气候变化的行动正在减少。例如，2019 年，保守派卡托研究所就关闭了其否认气候变化的研究机构。[4]

主张否认气候变化的哈特兰研究所日渐被人忽视，它们也无

---

① 一个看不到敌人的恐怖攻击、一个彻底摧毁美国的计划。——译者注

法获得主流媒体报道。[5] 2019 年，该研究所在华盛顿特区的特朗普国际酒店举行的“会议”，时间从之前计划的三天缩减为一天。虽然它在过去的几年里吸引了 50 多个赞助商，但在 2019 年只吸引到了 16 个，如果你已经了解到其中有一个是假的，那就是 15 个。出席人数仅有几百名，这丝毫不出所料，毕竟不断减少的否认论者大多数是年长的白人男性。尽管此次“会议”在华盛顿特区特朗普名下的房产内举行，但特朗普政府无人出席，哈特兰研究所的“科学指导”（被定罪的罪犯）杰伊·莱尔对此表示悲哀。[6] 莱尔坚持认为，这对政府来说是“一个巨大的损失”，因为这次会议将“揭示无论是科学还是经济都不支持气候恐慌”。2019 年，哈特兰研究所被迫裁员。[7]

即使是温和的否认论似乎也不再具有以前的吸引力。2020 年 6 月，突破研究所的联合创始人迈克尔·谢伦伯格发表了一篇题为《代表环保主义者，我为气候恐慌道歉》的评论，他采用了自称为“怀疑论环保主义者”比约恩·隆伯格的伎俩，也就是气候怀疑论者的惯用伎俩，来弱化气候变化的影响，否定可再生能源，所有这些都出于表面上改过自新的前“危言耸听者”所谓的“关切”。这篇评论遭到了气候反馈网站专家评委的批评，他们给它的平均可信度评分为 –1.2（在“低”和“非常低”之间）。[8] 谢伦伯格最初在《福布斯》杂志网站上发表了这篇文章，但《福布斯》杂志在几个小时内就删除了该文章，因为它违反了该杂志的自我推广政策（他实际上是在宣传自己的新书《永不毁灭：为何环境恐怖主义伤害了我们所有人》）。这篇评论随后被默多克新闻集团旗下的《澳大利亚人报》再次登载。谢伦伯格的这篇文章被气候怀疑论者的推广组织和分支机构（哈特兰研究所、格林·贝克、布赖特巴特新闻网、《今日俄罗斯》、《每日电讯报》和《华尔街日报》）报道。但除了《卫报》的批评，他几乎没有得到任何主流媒体的报道。[9]

此后不久的7月中旬，比约恩·隆伯格出版了自己的书《假警报》，再次使用了同样令人厌倦的伎俩。诺贝尔经济学奖得主约瑟夫·斯蒂格利茨在《纽约时报》上写了一篇针对此书的精彩评论："我的原则通常是拒绝评论那些应该被抨击的书籍……然而，在阅读这本书的过程中，我认为有必要放弃这一原则。隆伯格写这本书的目的是改变那些担忧气候变化危险的人的看法，如果此书成功地说服任何人，使其认为书中的论点有价值，隆伯格的工作将是多么可怕和危险。这本书证明了一句格言：'一知半解，害己误人。'这本书名义上是关于空气污染，实际上是精神污染。"现在，似乎没有什么人对气候怀疑论者的谩骂感兴趣了。

当共和党的信息传播专家看到一艘即将沉没的船时，就会弃船而去另寻他路。弗兰克·伦茨，我们之前说到过的共和党信息传播大师，曾指导否认气候变化的共和党人和化石燃料利益集团，教他们如何不让公众相信气候变化是人类活动造成的结果，而现在他的立场已经转变了。2019年夏天，他向美国参议院气候危机特别委员会做证时说："海平面上升、冰盖融化、龙卷风和飓风比以往任何时候都更加凶猛。这一切正在发生。"他告诉委员会："我要当面告诉你们，我在2001年时的观点错了。"现在，他希望把"政策置于政治之上"。在他的民调和焦点小组的出谋划策下，他向参议员建议如何最有效地应对气候危机，以获得选民的支持。[10]

伦茨并不是孤军奋战。共和党全国委员会的前通信主任道格·海耶警告说，继续否认气候危机的共和党人正在面临威胁："我们无疑是在向年轻选民传达一个信息，我们不关心对他们来说非常重要的事情……如果没有一个承认现实的计划，并为其颁布法律规定，长此以往，会带来恶劣的后果。"[11]

共和党的决策者似乎也明白了这个道理。"气候内幕新闻"指出："越来越多的共和党政客试图与否认气候问题的行为保持距离。"它举了加州众议院少数党领袖凯文·麦卡锡的例子，他"提出了一系列促进碳捕集和封存的技术法案"。阿拉斯加州参议员莉萨·穆尔科斯基则"一直试图领导两党共同努力通过能源效率和技术投资提案"[12]。

就连化石燃料工业集团也改变了立场，它们不再否认化石燃料产品正在使地球变暖和改变气候。2018 年，旧金山市和奥克兰市起诉了英国石油公司、雪佛龙、康菲石油、埃克森美孚和壳牌公司，要求它们赔偿因开采和销售使地球变暖的化石燃料而间接导致海平面上升所造成的损失。雪佛龙公司的律师小西奥多·布特拉斯引用了政府间气候变化专门委员会的报告，明确表明对科学研究结果的支持，他说："从雪佛龙公司的角度来看，对气候变化的科学研究结果没有异议。"石油公司也在法庭上承认，正如格里斯特网站（Grist.org）所说，"化石燃料是问题所在"[13]。

你可能已经猜到接下来又发生了什么。正如格里斯特网站所说，布特拉斯"有两次读到过援引自'政府间气候变化专门委员会'的一句话，即气候变化'很大程度上是由经济和人口增长引起的'。然后，他还补充了一些内容加以解释。他说，'这并不是说是生产和开采推动了经济增长。这是人们的生活方式'"。如果此刻你以为自己听到了“嘭”的声音，那是因为我们刚刚目睹了庞大的“转移视线活动”。

如果说这些诉讼程序是一个风向标，那么我坚信事实确实如此，否认者基本上已经缴械投降了。在谈到关于科学的战争，也就是旧的气候战争时，否认的力量几乎承认自己失败了。但新的气候战争，即行动之战仍在积极地进行中。

发展势头向好的临界点

政治方面，我们也有理由保持乐观。2018 年美国中期选举导致了历史罕见的偏向民主党的转变，迎来了著名的政治“摇滚明星”新人，比如亚历山德里娅·奥卡西奥－科尔特斯，她以“绿色新政”为竞选纲领。值得注意的是，在新的民主党领导下举行的第一次气候变化听证会上，共和党人似乎意识到公众看法的巨大转变，他们不再试图挑战人类造成气候变化背后的基础科学证据。相反，他们主张采取符合其政治意识形态的政策解决方案。我们可以就它们是不是最佳的解决方案展开讨论，但它们超越了我们过去从共和党人那里看到的转移注意力的做法和偏颇的建议，包括碳定价等机制。目前看来，似乎确实有真正的政治动向，对气候变化采取有意义的行动。

2020 年 6 月，众议院民主党人提出了一项大胆的气候计划，其中包括鼓励可再生能源和支持碳定价。[14] 鉴于政治风向的温和转变，可以预见，在未来一两年内，这个法案将在众议院获得通过并进入参议院，有 6 个甚至更多的温和保守派人士跨越了两党的分界线，与参议院民主党人一起通过该法案。事实上，在华盛顿特区，许多共和党人也在悄悄地支持气候行动，但一直不敢“抛头露面”，因为他们害怕遭到科赫家族和美世咨询公司等强大的意识形态纯粹主义者的报复，这是一个被保守得很好的秘密。《纽约时报》专栏作家贾斯汀·吉利斯会见了一位资深的共和党成员，他要求匿名接受采访，他承认“看来我们不得不与民主党达成协议，我们正在等待舆论降温”[15]。我还与重要的保守派人士举行了友好而富有成效的匿名会议，其中包括默多克新闻集团旗下《澳大利亚人报》的一名著名专栏作家。许多共和党政客和保守派舆论领袖认为，如果他们得到了政党权力经纪人的许可，他们将支持气候行动，这进一步巩固了气候行动临界点在不久的将来会到来的观点。

然而，这并不是说通过气候相关的立法很容易。化石燃料利益集团、意识形态驱动的富豪，如查尔斯·科赫、美世咨询公司和斯凯夫家族的成员，以及默多克的全球媒体帝国，仍在不遗余力地搅浑水，阻碍立法进程。但是，我们看到，人口结构正在发生巨大变化，这有利于对气候采取行动。弗兰克·伦茨的民意调查显示，美国人支持碳定价的比例是 4 ∶ 1，40 岁以下的共和党人支持碳定价的比例达到了惊人的 6 ∶ 1。[16] 简言之，否认气候变化越来越成为一种障碍，而承诺开展气候行动是一个赢得年轻选民的机会。

历史告诉我们，社会转变往往不是渐进的，而是突然的、戏剧性的，甚至不需要大多数人来支持变革，坚定的少数人就有可能将集体意见推过“临界点”。2018 年的一项研究表明，一旦少数意见者人数占到公众比重的 25%，“多数人的观点就可能向少数人的观点倾斜”[17]。在奥巴马执政时期，出现了相当突然且急剧增加的美国人支持婚姻平等，那时我们似乎就看到了这一现象。根据皮尤研究中心的数据，公众对同性婚姻的支持率从奥巴马当选时的不到 40%，跃升到他离任时的超过 60%。[18]

随着明尼阿波利斯警方对 46 岁黑人乔治·弗洛伊德的残忍杀害，2020 年夏初，似乎出现了对种族正义态度变化的转折点。一项民意调查显示，认为警察更有可能对非裔美国人过度使用暴力的美国人的比例从 33% 跃升至 57%。公众的意识觉醒和愤怒引发了大规模的关于不合理杀戮的示威活动。民调员弗兰克·伦茨说："在我 35 年的民调生涯中，从未见过民意转变如此之快、如此之深。与 30 天前相比，我们今天看到的是一个不同的国家。"[19]

可以合理地推测，我们可能已经接近气候变化的临界点了。根据皮尤研究中心 2019 年的一项民意调查，67% 的公众认为我们在减少气候变化的影响方面做得太少了。[20] 这当然并不意味着他们就视其为首要事项，也不意味着他们正在积极推动气候行动。但美国有线电视新闻 2019 年进行的另一项民意调查发现，"82% 的注册选民自称是民主党或倾向民主党的独立选民，认为气候变化是他们希望总统候选人关注的头等大事"[21]。让我们思考一下这样一个事实，约 80% 的合法公民是注册选民，其中约 40% 的选民是民主党人，约 30% 是独立选民（当涉及他们的政治倾向时，保守地说，我们可以将其平均分为 15% 和 15%）。[22] 因此，至少 36% 的美国公民构成了气候行动的"问题公众"，也就是那些优先考虑该问题的人。这个百分比超过了产生一个社会临界点所需的 25% 的理论阈值。这与奥巴马执政之初，在这一临界点到来之前，支持婚姻平等的美国公众的比例不相上下。

换句话说，我们有理由相信，我们已经准备好迎接一个类似支持婚姻平等转折点的气候行动的临界点。当然仍存在反对意见，气候行动中的反对力量（包括世界上最强大的工业部门和化石燃料集团）比那些反对婚姻平等的人（宗教右翼）的力量更加强大、资金更充裕。这意味着，要让我们向前推进越过临界点必定更加困难。幸运的是，进步力量似乎正在以一种有利的方式推进：关于气候危机的证据就摆在我们面前；我们正在见证否认论的消亡和气候行动的兴起，特别是青少年气候运动；甚至现在，我们也在从另一场全球危机，也就是新冠疫情大流行中吸取关键教训。

事实上，一个气候专家团队已经发表了一套“具体的干预措施，以诱导积极的社会倾覆动态”。他们建议，关键举措包括“取消化石燃料补贴、鼓励去中心化的能源生产、建设碳中和城市、剥离与化石燃料相关的资产、揭示化石燃料的道德影响、加强气候教育和参与程度，以及披露温室气体排放信息”[23]。这些基本措施似乎已经到位，或者即将到位。

我们已经看到，化石燃料行业开始“感到焦虑”。石油资源丰富的沙特阿拉伯“改变了其在脱碳时代的战略”，降低了石油出口价格，试图拼命维持需求。[24]煤，这种碳排放最集中的化石燃料，其需求呈现螺旋式下降的趋势。例如，纽约州最后的一座燃煤发电厂已被关闭。[25]加拿大矿业巨头泰克资源公司已经撤回其200亿美元焦油砂项目计划。[26]随着时间的流逝，天然气不再被视为“通往未来的桥梁”，而是成为当地社区的负担。[27]

而现在，银行和金融业正在重新思考其在资助新的化石燃料基础设施方面的角色和作用。这是基于对所谓的转型风险的考虑。当我们选择经济脱碳时，对化石燃料的需求势必会减弱。这使得化石燃料的开采、生产、精炼和运输成为糟糕的投资。金融界和投资界越来越担心所谓的碳泡沫破灭。

《卫报》记者菲奥娜·哈维解释说："当世界向低碳经济迈出决定性一步时，人们对化石燃料，即煤矿、油井、发电站、传统汽车的数万亿美元投资将失去价值。"化石燃料储备和生产设施将成为搁浅资产，它们吸收资本但无法用来盈利。哈维还指出："碳泡沫估计在1万亿~4万亿美元，是全球经济资产负债表中的很大一部分……随着这些公司和资产不再盈利，投资组合中对化石燃料投资较多的投资者将受到伤害。"尤其令人担忧的是，"如果泡沫像专家所说的那样突然破灭，而不是在几十年内逐渐破灭，那么可能会引发金融危机"[28]。

然而，投资者重新考虑在化石燃料方面投资还有另一个原因。这是信托责任的一个广义概念，可以定义为"（财务顾问）将你的最佳利益置于他们自己的利益之上的法律和道德要求"[29]。对这种责任的广泛看法是，投资组合经理不能做出将地球抵押给他们客户的子孙的决定。

根据澳大利亚法律，对于养老金（或所谓的超级退休金）基金经理来说，已经适用这种广泛的信托责任观点。[30]事实证明，这一行为具有广泛的国际影响，因为澳大利亚是世界第三大养老金净值所在地，价值略低于2万亿美元（澳大利亚法律规定，雇主至少应将工人工资的9%存入退休基金[31]）。这意味着，澳大利亚"超级基金"经理的决定在很大程度上影响了全球投资。如果澳大利亚超级基金经理选择不投资化石燃料公司，那么这将对化石燃料行业产生巨大的影响。

2020年初，我在澳大利亚休假期间，参加了在悉尼和墨尔本举行的几场澳大利亚超级基金管理人员的会议。他们一再告诉我，他们现在通过对客户的更大责任的视角来看待他们的投资决策，特别是，他们有责任不进行有风险的长期化石燃料投资，而且他们有责任不投资威胁未来生活和宜居环境的行业。这些人和我所遇到的其他人一样渴望详细的事实、数字和风险评估。我离开这些会议时突然有一种感觉，可能是银行和金融，而不是国家政府，将促成气候行动的临界点。[32]

有相当多的证据来支持这一猜想。投资者已经先发制人。瑞士的跨国投资银行瑞银投资银行前主席阿克塞尔·韦伯表示，金融部门即将进行“市场结构大变革”，因为越来越多的投资者要求金融业应对气候风险，并在其投资组合决策中加入碳价格。[33]英格兰银行行长马克·卡尼在 2020 年初表示，由于气候变化可能会使化石燃料金融资产在未来毫无价值，他正在考虑对其征收“罚款性质”的资本费用。[34]

保险巨头哈特福德、瑞典央行和全球规模最大的资产管理集团贝莱德表示，它们将停止对阿尔伯塔省碳密集型焦油砂石油生产开展保险业务或进行投资。[35]贝莱德做得更彻底，它宣布将不再进行具有高环境风险的投资，包括发电厂的煤炭。[36]在众多退出化石燃料投资的银行和投资公司中，高盛、利宝互助保险和欧洲投资银行（世界上最大的国际公共银行）赫然在列。[37]2020 年 7 月初，美国三个数十亿美元的石油和天然气管道项目，包括美国东海岸输油管道、达科他州输油管道和拱心石 XL 管道项目暂时停止推进，这在很大程度上取决于《华盛顿邮报》所说的“法律壮举和商业决策”。[38]碳泡沫似乎要破灭了。

年轻的投资者更有可能优先考虑气候方面的行动，他们在行动中发挥着特别重要的作用。以 24 岁的马克·麦克维为例，他是一位环境科学家，在布里斯班市议会工作。麦克维起诉他的养老基金在其投资决定中没有考虑与气候变化有关的损失。目前，该案正在法院进行审理。[39]

在我们谈论年轻人在气候战争中扮演的角色时，不妨考虑一下化石燃料撤资的影响，这是一个由大学生主导的运动。我回想起 1984 年秋天在加州大学伯克利分校的第一个学期。高中时的我在政治上并不是很活跃。我选择进入这所学校与它是政治行动主义的源泉无关，与它在 20 世纪四五十年代的麦卡锡主义抗议、60 年代的民权和言论自由运动，以及 60 年代末 70 年代初在越南战争抗议中所扮演的角色也没有关系。作为一名有抱负的年轻科学家，我之所以被加州大学伯克利分校吸引，是因为它是科学教育和研究的领先机构之一。

20 世纪 80 年代中期是"里根革命"的时代。在我到加州大学伯克利分校后不久，罗纳德·里根当选连任总统的那天晚上，我看着学院里的共和党人耀武扬威地穿过校园。（我发现）即使是在伯克利，沾沾自喜也已经取代了行动主义。但行动主义并没有消亡，它只是处于休眠状态。然而，反种族隔离运动——为了反对南非政府对非白人实行的手段残忍、极度暴力的歧视政策——正在酝酿之中。

这场运动于 1985 年真正达到高潮。这一年，加州大学董事会向南非政府投资了近 50 亿美元，这一投资额比美国任何大学都多，这帮助并维持了这种歧视制度。加州大学伯克利分校的学生要求加州大学撤销这一投资，剥离其持有的股份。当董事会拒绝学生的要求时，学生就在著名的斯普劳尔广场（这是伯克利学子几十年前举行抗议活动的地方）举行了规模越来越大、波及范围越来越广的静坐和抗议活动。学生们不依不饶。1986 年 7 月，在学生团体的巨大压力下，董事会最终同意撤销其对实施种族隔离政策的南非政府的投资，并终止了与他们的生意往来。这引发了一场全国性的撤资运动，到 1988 年，155 所高等学校选择了撤销投资。[40] 1990 年，就在加州大学伯克利分校抗议活动的 5 年后，南非开始解除种族隔离制度。加州大学伯克利分校和全国各地的学生都为“改变世界”贡献了力量。[41] 而我，就是其中的一员。

20 多年后的 2014 年，加州大学伯克利分校的学生再次在斯普劳尔广场举行抗议活动。这一次是要求加州大学董事会撤销持有的化石燃料股份。争论主要有两个方面。一个是，化石燃料公司通过开采和销售其产品，造成了危险的地球气候变暖。因此，就像种族隔离制度一样，这里有一个明显的道德争论，即大学不应该用它们的资金来鼓励有害的活动。但学生抗议还有另一个更务实的原因，简单地说，化石燃料公司现在是糟糕的风险投资。它们的主要资产（即已知但尚未开发的化石燃料储备）最终注定会被搁浅。

对化石燃料的撤资现在已经蔓延到全美各地。美国 1 000 多所大学和其他机构（持股超过 11 万亿美元）已经撤销了对化石燃料的投资。[42] 加州大学的董事会也在其中。2019 年 9 月，就在它们决心撤资南非种族隔离政府大约 33 年后，它们宣布将撤销持有的化石燃料股份。[43] 如果过去确实是前奏——当然也可能只是推测——那么我们可能距离碳泡沫破灭只剩几年时间了。

有人说过：“石器时代的终结并非因为缺少石头。”[44] 化石燃料时代也不会因为缺乏化石燃料而结束。它的终结是因为我们认识到燃烧化石燃料对可持续的未来构成了威胁。化石燃料的时代也即将终结，因为出现了更好的能源，即可再生能源。正如我们所看到的，即使没有碳定价或适当的补贴，可再生能源也因人们对于清洁能源的青睐而飞速发展，这些能源与肮脏的化石燃料能源相比更具竞争力。

现在，越来越多的人感觉到清洁能源革命是势不可当的。此前，国际能源署报告称："清洁能源转型正在进行中。"国际能源署将电力部门碳排放的下降以及 2019 年整体碳排放的持平归因于风能、太阳能和其他可再生能源的综合效应。同年，清洁能源共减少了 1.3 亿吨二氧化碳的排放。[45] 这一全球形势令人鼓舞。

从国家层面来看，也同样令人鼓舞。在美国，我们已经跨越了一个里程碑，可再生能源容量现在已经达到 250 千兆瓦①，占总发电量的 20%，这是风力发电、太阳能发电容量增长，能源存储增强和电动汽车销量增加的结果。[46] 2020 年第一季度，可再生能源在发电方面首次超过了煤炭。[47] 在澳大利亚，类似的情况也正在发生。特斯拉的大型电池在性能和成本上都优于化石燃料发电机。[48] 澳大利亚南部现在正在走向 100% 的可再生能源配置。[49] 类似的成功实践在世界各地都能看到。我们已经准备好转向了。我们正在接近一个发展向好的临界点。

真正的全球大流行病

悲剧也可能蕴含机遇。2020 年初，新冠疫情的暴发似乎就

---

① 1 千兆瓦约为 10 亿瓦。——编者注

是如此。大自然给我们提供了一个独特的教学时刻。观察疫情的发展，无论是其影响还是应对措施，就像在观看气候危机的时间推移。[50] 这是一次气候行动的预演吗？

虽然气候危机的爆发速度比大流行病要慢得多，但从后者中可以学到很多东西。这些重要的教训在决策中的作用与科学以及以事实为基础的对话有关，与意识形态驱动的否认、转移视线和毁灭主义的危险有关，与个人行动和政府政策所起的作用有关，与特殊利益集团劫持我们的政策机制所构成的威胁有关，与我们社会基础设施的脆弱性有关，与满足一个容量有限的星球上近80亿人口（不断增长）的需求所面临的明显挑战有关。我们能够吸取教训吗？

例如，关于科学的作用，我们能学到什么呢？与气候变化一样，科学家在多年前就警告过大流行病的威胁。[51] 他们为这个场景设计了理论模型，对预测新冠病毒的发展至关重要，这一点已被证明。正如模型预测的那样，病毒最初的传播速度是指数级的。[52] 这意味着我们可以预测到在未来的几周和几个月里越来越多的人会被感染，而事实也确实如预测的一样。我们也知道了，大多数感染者会出现轻微症状或无症状，但同时会保持高度传染性，我们还知道，为了应对疫情，我们需要大量的紧急医疗支持，而这些支持是相对匮乏的。

在网上有一个很流行的说法，即“每一部灾难电影都以政府忽视科学家开始”。新冠病毒的流行为这种说法提供了一些惊人的例子。英国首相鲍里斯·约翰逊最初无视科学家对他的忠告，反而主张“群体免疫”，也就是说，让疾病在人群中广泛传播，在剩下的人群中建立集体免疫力，但在这个过程中却牺牲了无辜的生命。[53]后来被证明这是他的智囊团对于形势的错误分析。[54]约翰逊不仅自己感染了新冠病毒，而且可能通过不负责任的个人行为将其传播给他人，成为无视科学预测的幼稚行为的范例。[55]

新冠疫情的暴发也给我们带来了一些关于拖延的重要教训。美国付出了可怕的代价，因为它没有足够迅速和果断地采取行动来避免危险，在这本书出版时（指英文原版出版时间），美国已有 20 多万人死亡。许多人逐渐明白，我们正在为气候危机付出类似的代价。如果在几十年前，在科学家已达成我们正在使全球变暖的科学共识时就采取行动的话，碳排放本可以缓慢地减少，那么我们现在看到的大部分破坏就可以避免。而现在，必须大幅降低碳排放，才能避免更危险的变暖结果。对于新冠疫情，干预行动与疾病传播和死亡增长率的变化之间有两周的延迟。美国和英国在采取有意义的预防措施方面动作迟缓。尽管到 2020 年 4 月初，大多数工业国家的死亡人数已经趋于平稳，但这两个国家的死亡人数仍在继续攀升。[56]无论是对于气候变化还是对于新冠病毒，采取适当行动都将在未来获得回报。相反，如果以经济损失和死亡来衡量，行动越慢，成本越高。

其他观察者也注意到了两者之间的这些相似之处。“当灾难的轮廓变得清晰时，做什么都已经太迟了。”帕特里克·怀曼在《琼斯母亲》杂志的一篇文章中这样写道。《卫报》的乔纳森·沃茨也发表了自己的观点：“这场灾难（一场政治合法性危机、一场大流行、一场气候灾难）与其说是破坏了这个体系，不如说是显示了这个体系已经多么支离破碎。”[57]该文章的标题是《拖延是致命的：新冠疫情告诉我们该如何应对气候危机》。[58]

和气候变化一样，毫无根据的末日论已然抬头。杰姆·本德尔试图明确地将这两种现象联系起来，并将新冠病毒归咎于气温上升。《彭博社新闻》的赛杰尔·基尚报道称："本德尔……想把新冠病毒和气候变化联系起来。据他所说，栖息地变暖可能导致蝙蝠改变它们的行动轨迹，使它们与人类接触。"[59] 但我知道，没有科学证据能证明这一说法。

意识形态驱动的否认论调所带来的危险教训也屡见不鲜。多年来，那些一直在否认气候变化的个人、团体和组织伺机而动，不断发动攻击，破坏了公众对科学应对新冠病毒危机的信心。鉴于共同的意识形态和政治体制，这一策略确实奏效了。否认气候变化是利益集团和特朗普政府的拿手好戏。在对新冠疫情的否认上，他们如法炮制，因为不论是企业利润、近期经济增长还是特朗普的连任前景，都受到大规模封锁的威胁。

所以我们看到标准的否认主义的手段在大流行问题上大行其道。网络水军早早就开始宣扬虚假信息和阴谋论。[60] 右翼组织大肆进行反科学宣传。一个受秘密资金支持的名为"美国伟大中心"的组织发表了一篇评论，嘲笑流行病学家对感染新冠病毒病例的曲棍球棒式发展态势的预测，并将其与我和我的合著者 20 多年前发表的所谓"被广泛驳斥"的气候变化"曲棍球棒曲线"图进行比较。[61] 甚至文章的副标题（"我们仍有时间在公共卫生和经济之间找到平衡"）也明显表露出"伪两难推理"①。

① 这是逻辑谬误的一种。对于所讨论的问题，它看似把所有可能的选择或观点（一般是两个）都提了出来，但其实这些选择并不全面，亦不是所有的可能选择。——译者注

我们熟知的否认主义嫌疑人沆瀣一气。本尼·皮泽和安德鲁·蒙特福特这两位否认气候变化者在鲁珀特·默多克《华尔街日报》的社论版中，用大量篇幅坚称对“可怕的”新冠病毒的预测基于“垃圾数据”，我们不能采取可能损害经济的“严厉措施”。[62] 由于该社论发表于 4 月 1 日，如果你认为这是愚人节的笑话，那也情有可原。就在当时，纽约的新冠病毒感染病例已激增到高峰，随后的几周就可以证明这一点。否认气候变化的哈特兰研究所坚持认为应该解除社交距离管控措施。[63] 与此同时，在线上，包括朱迪丝·库里、尼克·刘易斯、克里斯托弗·蒙克顿、安东尼·瓦茨、马克尔·克罗克和威廉·布里格斯在内的气候变化反对派，都加入了这场狂热的反对活动。[64]

至于特朗普本人，很早就成为虚假信息的主要来源。和气候变化一样，最初，他声称人们所担忧的新冠疫情是一个“骗局”。[65] 对于新冠疫情和气候变化，“特朗普……采用了类似的策略，即偷换数据、散布谎言、用逸事经验代替科学数据”，《能源与环境新闻》如是说。[66] 在这两件事中，特朗普都依靠由受利益驱动的反科学者来为自己的不作为行为辩护。[67] 普利策奖得主凯特琳·魏斯布罗德在为《气候新闻》撰稿时说：“特朗普否认科学的 6 种行为使人们在应对新冠疫情（以及气候变化）时贻误时机。”副标题解释道：“错误的信息、指责、许愿式的思考和编造事实是他最爱的伎俩。”[68]

由于担心经济放缓和连任希望受到威胁，特朗普一再否认这场公众威胁，并劝阻人们不要听取公共卫生专家的建议，比如保持社交距离和佩戴口罩。杰夫·梅森在路透社的一篇文章中写道：“刚开始的时候，他说病毒得到了控制，并多次将其与季节性流感相提并论。”3 月底，“特朗普认为重启美国经济的时候到了，并抱怨治疗程序比疫情更糟糕，并设定在 4 月 12 日复活节前实现经济复苏的目标”。此外，4 月初，领导白宫特遣小组的黛博拉·伯克斯博士告诉美国人，他们需要“在社交距离方面做得更好”。但正如梅森所说，“唐纳德·特朗普总统不喜欢这个说法”[69]。

随着时间的推移，特朗普对实施封锁措施的绝望情绪日益加剧，他对新冠疫情危机的反科学和伪科学反应本身就构成了日益严重的公共健康威胁。他毫无根据地提出了一些不负责任的建议，声称可以用紫外线或消毒剂杀死病毒。为了应对特朗普的施压，美国食品和药物管理局在 2020 年 3 月发布了紧急授权使用两种抗疟药（羟氯喹和氯喹），后来在 2020 年 6 月又推翻了该决定，指出这些药物在治疗新冠病毒方面“不大有效”，其安全风险超过了任何潜在的益处，可能诱发心脏疾病。[70]

特朗普不鼓励民众佩戴口罩，而众所周知，这是一个可以大大减少新冠病毒传播的简单措施。2020 年 6 月，他在俄克拉何马州的塔尔萨和亚利桑那州的凤凰城举行了危险的室内政治集会，无视所有的公共卫生措施（他不鼓励佩戴口罩，甚至命令工作人员拿掉塔尔萨椅子上印有“保持社交距离”的贴纸）。特朗普在拉什莫尔山举行了一场声势浩大的“7 月 4 日”（国庆节）活动，不仅对公众健康构成威胁，还对环境构成威胁。专家警告，气候变化引发的炎热和干旱可能会使烟花表演造成严重的火灾危险。[71]

其他保守派的做法也让特朗普有恃无恐。有时候看来，如果实际情况没有那么危险的话，这就是一场滑稽的表演。事实上，美国资深喜剧节目《每日秀》编排了一部“最佳”短片，名为《疫情“英熊”传》。[72] 短片中出现了各色右翼人士、共和党人领袖以及否认病毒威胁的政客。在《福克斯新闻》上，肖恩·汉尼提抱怨，“媒体暴徒”希望人们接受大流行病是世界“末日”；拉什·林博认为这是“炒作”，坚持认为“感染新冠病毒只是普通的感冒而已”。《福克斯》电视台的卢·多布斯警告：“全国左翼媒体正在夸大人们对新冠病毒的担忧。”《福克斯》电视台的评论员托米·拉伦还在嘲讽那些由于担心而哭泣的人：“我们仅有几十个病例，竟然有人觉得天塌了。”她补充说：“我更关心的是我们是否会踩到一根用过的海洛因针头。”

人们对科学和公共卫生问题的轻视持续发酵。《福克斯新闻》记者珍妮·皮罗、马克·西格尔博士和杰拉尔多·里韦拉都认为新冠病毒感染并不比流感严重，因此可以知道这是《福克斯新闻》内部对于这一问题的统一口径。《福克斯新闻》的其他工作人员坚称，他们并不“害怕”病毒，“不会轻易中招”，而且“新冠病毒比我们想象的要温和”。《福克斯新闻》的一个工作人员告诉公众：“这段时期实际上是乘飞机出行的最佳时间。”

由于美国顶级传染病专家安东尼·福奇拒绝为特朗普对新冠病毒的不当言论及他的防疫策略摇旗呐喊，《福克斯新闻》和其他右翼媒体专门策划了针对他的人身攻击。媒体事务公司对此事有一种说法：安东尼·福奇博士在过去 36 年里都是国家过敏和传染病研究所所长，他是一位广受尊敬的免疫学家，也是特朗普政府在应对新冠疫情时出面的主要官员。尽管作为一名公共卫生官员，他在几十年来建立了很高的声誉，但右翼媒体已经开始向他发动攻击，指责这位医学专家涉嫌妨害经济，贬低唐纳德·特朗普总统。[73]不愧是特朗普政府的做派，他们甚至到处传播一份反对派研究文件，断章取义，恶意拼接福奇的声明，试图败坏他作为科学家和吹哨人的名声。[74]

共和党的政客也纷纷效仿。特朗普在国会中最忠诚、最凶猛的跟班纷纷效仿主人特朗普的做派，并把大流行疾病当成一个笑话。国会议员德文·努内斯（加利福尼亚州共和党）告诉大众“大胆外出去餐馆用餐吧”。马特·盖兹（佛罗里达州共和党）在国会山戴着防毒面具，嘲笑人们对新冠病毒的担忧。当一名记者询问美国参议院否认气候变化者领头人詹姆斯·因霍夫（俄克拉何马州共和党）采取了什么预防措施时，因霍夫伸出手臂，轻蔑地问道：“想握手吗？”8位共和党州长集体忽略了安东尼·福奇博士的言论，而福奇博士本人则对缺乏足够的封锁表示担忧。

保守派对新冠疫情的否认变本加厉，因为共和党政客和媒体评论家之间出现了一种共同的努力，以说服老年人“为了集体就牺牲一下个人利益吧”。得克萨斯州副州长丹·帕特里克在《福克斯新闻》上公开评论，为了拯救子孙后代的经济，祖父母应该自愿赴死。[75]保守派主要人物对这个话题的态度日渐激进，比如《福克斯新闻》的布里·休姆，认为老年人冒着生命危险来帮助重振股市是一个“完全合理的观点”。[76]一位右翼脱口秀主持人将这套说辞的逻辑发挥到了极致，他坚持认为“虽然死亡对于生者而言很悲伤，但是对于逝去的人来说，不过是（灵魂）脱离人体的一个过程而已”[77]。

在这里，我们看到了另一个与气候不作为主义的相似之处：随着时间的推移，从否认问题到给出错误的解决方案，最终过渡到“这对我们有利”。气候怀疑论者花了十多年才完成这一转变，而对于否认新冠疫情的人来说，他们在几周内就达到了同样的效果。[78]气候科学家迈克·麦克费林解释说：“右翼的言论从‘这是一场骗局’瞬间转变到‘让数百万人为经济而死’，这与他们应对气候变化的脚本如出一辙。他们就是希望人们什么都不做。”[79]哥伦比亚广播公司前新闻主播丹·拉瑟说：“这么多年来，我们应该早就知道‘虚假对等’的危险，让我困惑的是，我们看到的宣传是，让我们把公民的健康与重返工作岗位的模糊概念对立起来。”[80]同样地，我注意到，这“与虚假对等没有区别……这是让我们把整个地球的健康与某种模糊的经济繁荣的概念对立起来”[81]。右翼对新冠疫情的反应确实是气候战争的一个缩影（见图 9-1）。

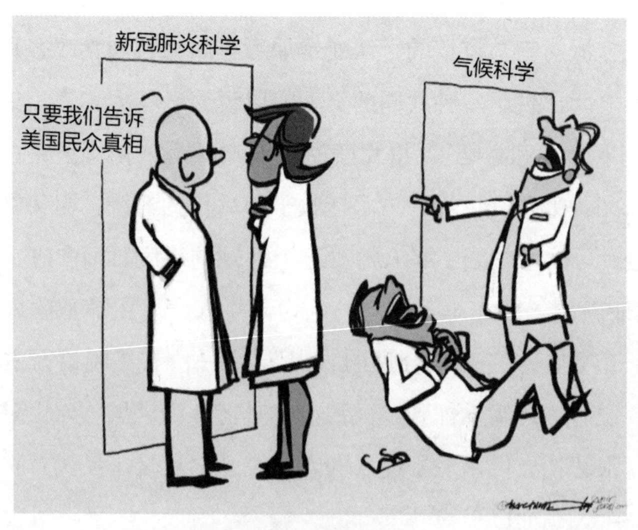

图 9-1　相似之处

气候变化从威胁到变成现实经历了多年，出现了史无前例的风暴、洪水和野火的影响，但新冠病毒的出现让人们在几周内就目睹同事、朋友和亲人感染疾病，甚至不幸离世。在这种情况下，对街头巷尾的普通人（或者更恰当地说，在家中安全地自我隔离的人）来说，否认和不作为的后果显而易见。

因此，新冠疫情大流行为反科学的危害提供了意想不到的教训。正如《能源与环境新闻》谈及的那样，这次大流行“以一种更戏剧性的方式暴露了否认论的危险。我们可能会把这次危机看作一个关键时刻，我们看到了以政治和意识形态驱动的科学否认论的危险和致命后果。我们望向深渊，我希望我们共同为我们不乐于见到的未来做出抉择”[82]。史蒂夫·施密特是已故参议员约翰·麦凯恩的总统竞选前联合顾问，他在 Twitter 上说：“《福克斯新闻》的工作人员从拉什·林博（《拉什·林博秀》的主持人）到英格拉哈姆，对美国和公众利益造成了巨大损害……在今后的许多年里，我们将在这个国家感受到死亡和经济损失，而这一切本不必发生。”[83]

我们还可以从这场大流行病中吸取对气候危机具有广泛影响的其他关键教训。我们得到了更多关于“威胁倍增器”概念的例子，即多种自然威胁同时出现。在一些地方，气候变化造成的损害已经影响到了人们应对新冠病毒威胁的能力。飓风“玛丽亚”过后，波多黎各的医疗基础设施遭到了极大的破坏，以至于当新冠病毒出现时，医院的重要设备极度匮乏。一个名叫杰德利兹·莫雷诺·文图拉的 13 岁女孩就是其中一位受害者，因为她居住的别克斯岛缺乏治疗她的医疗设备，所以她不治而亡。[84]其他许多人也受到了同样的影响，这场毁灭性的悲剧是飓风“玛丽亚”的后遗症，而飓风是气候变化造成的巨大恶果。当然，特朗普总统也没有给予波多黎各足够的支持，他未能为飓风过后的重建提供援助，也没有援建重要的公共卫生基础设施。[85]

这次大流行还明确体现了个人行动和政府政策在应对社会危机方面所扮演的双重角色。控制措施不仅要求个人采取负责任的行动，保持安全的社交距离，佩戴口罩，以及接受其他有助于缓解疫情的行为建议，还要求政府颁布政策（如居家、对公共聚会的限制等），鼓励人们采取负责任的行为。

事实上，这场危机凸显了政府的重要性。毕竟，对危机采取有组织和有效率的应对措施的需求，是我们建立政府的根本原因之一。无论是像新冠疫情还是像气候变化这样的长期危机，都提醒我们，政府有义务提供援助，组织适当的危机应对活动，减少经济发展中的干扰，维持一个正常运行的社会安全网络，来保护公民的福祉。[86]

反过来，当政府未能履行其“社会契约”时，公民就有责任追究政客的责任。在一个民主社会中，政治行动和个人行动密不可分。我们需要处理新冠疫情和气候变化等问题，我们需要有能力的、懂科学的领导人来应对这些问题。对比一下唐纳德·特朗普领导下的美国和鲍里斯·约翰逊领导下的英国，这两位政客都否认实施封锁和保持安全社交距离的必要性。但另一方面，新西兰和德国，在杰辛达·阿德恩和安哥拉·默克尔的领导之下，受到的影响很小，因为他们接受了这些措施。

当我在写这本书的时候，我们还不知道即将到来的总统选举结果，这将决定未来几年美国乃至世界气候政策的命运。但选民似乎已然发现总统的缺点，因为早在 2020 年 1 月，总统就已经收到了“中国出现新冠疫情的首个正式通知”，包括“《总统每日简报》中关于新冠疫情的警告，而且它是众多警告中的第一个”，“……但从收到最初的通知，到不把新冠病毒看作一种遥远的威胁或无害的流感病毒毒株……而是看作一种致命的力量……可能杀死成千上万个公民，整整 70 天已经过去了”。[87] 似乎同样可信的是，利用大流行来摆脱环境保护、在大型污染企业的要求下废除环境保护举措、为有争议的新化石燃料基础设施建设大开绿灯，并在公众分心的情况下将气候抗议定为刑事犯罪，这样的政府必将在选举时得到最后的审判。[88]

不过，最重要的是，像新冠疫情这样的事件能否成为一个转折点和一次契机，让人们关注更大的危机——气候危机？气候危机毕竟是我们长期面临的最大的健康威胁。即使在我们与大流行疾病做斗争时，气候变化仍持续在幕后隐现。“马沙布尔网”的报道称：“2020 年的前 3 个月，地球被烧焦了。”[89] 2020 年初，我住在澳大利亚，新冠疫情刚刚暴发，澳大利亚人仍处于 2019—2020 年夏天那场肆虐的山火恢复的过程中。与此同时，大堡礁开始遭受五年来的第三次重大白化事件，事态的严重程度前所未有，令人担忧。[90]

我们不断扩张的文明，极度依赖资源，在这个资源有限的星球上，我们依赖大规模但脆弱的基础设施来保证粮食和水的供给，但新冠疫情凸显了我们文明的脆弱性。有些人认为，这场危机可能敲响了主张攫取资源的新自由主义的丧钟。[91] 就连我自己都不那么乐观了。[92] 但我确实认为它引发了关于公共利益和环境可持续性的讨论。

一些生态学家认为，我们现代这种极度依赖资源的生活方式，尤其是对雨林和其他自然生态系统的破坏，可能是我们刚刚目睹的大流行的一个潜在因素。[93] 这种说法提出了一些令人不安的可能性，但要想理解这些可能性，我们就要岔开现在的话题，讲一个简短的概念——“盖亚”，这是古希腊人对地球的人格化称谓。

科学家林恩·马古利斯和詹姆斯·洛夫洛克在 20 世纪 70 年代提出了“盖亚假说”，认为生命与地球的自然环境相互作用，形成了一个协同和自我调节的系统。[94] 换句话说，地球系统在某种意义上类似于有机体，具有“自我平衡”的调节机制，用以维持生命可居住的条件。尽管这个概念经常被断章取义并加以歪曲，例如，将地球描述为一个感知实体，但它实际上只是一种启发式的手段，用来描述一组物理、化学和生物过程，这些过程产生稳定的“反馈”机制，将地球维持在适宜居住的范围内。地球本身没有意识或动机。这只是物理、化学和生物学中一种很有意思的偶发定律。

有证据表明，该假设在其假设的范围内是成立的。地球的碳循环控制着大气中二氧化碳温室气体的数量，它受到地球生命的严重影响。光合生物，如蓝菌（也称蓝绿藻）和植物，吸收二氧化碳并产生氧气，它们是像我们这样的动物所需要的。有证据表明，过去 45 亿年来，随着太阳变得更亮，碳循环不断加剧，大气中的二氧化碳水平持续下降，使得地球不再荒凉炎热。有一个具体的例子是著名的“黯淡太阳悖论”，这是一个令人惊讶的发现，尽管太阳比现在黯淡了 30%，但地球在 30 多亿年前还是适合基本生命体生存的，我们在第一章中已经提到了这一点。读者可能还记得，伟大的卡尔·萨根提出了一个解释：也就是说，当时一定有一个更剧烈的温室效应。（顺便说一句，当时萨根和马古利斯已经结婚 7 年左右了。我常常想，在他们每天的餐桌对话中，一定出现了什么其他的科学协同效应。）

在新冠疫情最严峻的时期，空中运输、交通和工业活动大大减少，包括碳排放在内的污染也大大减少。我忍不住提出了一个疑问。[95] 新冠疫情等大流行病，是否就像盖亚的免疫系统一样，是在反击危险的入侵者吗？我们对地球、森林、生态系统、海洋和湖泊造成了破坏，难道我们不像病毒吗？[96] 我不是唯一提出这些问题的人。[97] 我的问题意在引起争论，就连我本人对这个问题也很敏感，因为这种想法很容易因为厌世和出于生态法西斯主义而被误解和滥用。[98]

不过，重要的是，与微生物不同，人类可以选择。我们可以选择像病毒一样，不断蚕食我们的星球，也可以选择不同的道路。这由我们来决定。我们对大流行的反应表明，我们有可能在必须改变的时候做出相应的改变。新冠疫情是尖锐而直接的，对不作为的惩罚也很迅速。气候变化似乎比病毒发展的速度要慢，而且留给我们的时间更长，但有一点很重要，即需要许多相同的行为变化。在这种情况下，我们的承诺必须持续下去，而不是朝令夕改。我们必须拉平碳排放曲线，才能走出气候问题“大流行病”的死胡同。[99]

虽然这场大流行确实是一场悲剧，但随着我们努力恢复正常生活秩序，以及政府实施经济刺激计划提振经济，我们必须考虑疫情后产生的机会。这次大流行给我们提供了一个摆脱气候困境、走上健康未来道路的机会。我们必须更加努力在经济中实现去碳化，最大限度地减少我们环境中的碳足迹。对于一个不太容易受到燃料生产和运输中断影响的经济体来说，这有明显的好处。因为不管发生什么，太阳依然会照耀，风依旧会吹拂。可再生能源比化石燃料更安全、更可靠。在大流行发生之前，我们已经看到了全球经济与化石燃料的脱钩（我们在 2019 年实现了可观的经济增长，但碳排放量没有增加），为什么不借此机会加速从化石燃料向可再生能源的转变进程呢？

好消息是，尽管特朗普政府费尽心机，试图废除气候和环境保护政策来阻碍这一转变，但这一转变已悄然发生。[100] 据“气候内幕新闻”2020 年 7 月报道，全球两家最大的石油公司——壳牌公司和英国石油公司正在调低消费者对其产品的需求预期，并准备将其资产价值削减数十亿美元，它们声称新冠疫情大流行可能会加速能源需求向清洁能源转变。[101] 2020 年 4 月初，一群来自加州能源委员会等机构的州政府官员，代表了美国能源相关方面人员总量的 25% 以上，宣布成立一个致力于发展 100% 清洁能源的新联盟。在做出这样的举动时，他们明确承认了新冠疫情暴发带来的变革性的挑战和机遇。[102] 世界第 11 大经济体——美国的纽约州提出了一项以可再生能源为中心的新冠疫情后的经济复苏计划。[103] 澳大利亚已经制订了一项经济刺激计划，让澳大利亚实现净零碳排放。[104] 看来我们确实要实现转变了。而这只是让我们保持乐观的一个原因而已，当然还有其他的原因。

终局之战

尽管否认气候变化和不作为的力量一败涂地，但他们并没有放弃挣扎。他们也没有像马尔科姆·哈里斯在《纽约杂志》上所写的那样，“在规划一个没有石油和天然气的未来”。哈里斯在参加了化石燃料工业发展规划会议后说："他们希望公众把其视为气候解决方案的一部分。而实际上，他们自己就是不想被解决的问题。"[105]

气候怀疑论者还在努力挣扎，试图维持现状，然而面对一场要求变革的全球抗议，他们的防线在铁证如山的事实面前开始崩溃。但我们也要认识到，他们在发动新气候战争时仍然拥有强大的武器，包括使用虚假信息、欺骗、分裂、转移注意力、延迟、散布绝望和末日论等一系列强大的手段。只要这些强大的既得利益集团仍然抱团固守，维护化石燃料的现状，并拥有这些强大的武器，那么要想到达必要的、向好的社会转变临界点就绝非易事。只有全球公民积极参与，集体推进气候保护行动的进程，我们才能实现这一目标。

这就是我写作此书的目的，让读者了解在气候问题上所发生的一切，并让所有年龄段的人一起为我们的地球战斗。考虑到这个目的，让我们重新回顾最初概述的四点作战计划，反思我们所学到的一切。

忽视灾难预言者。我们已经看到了末日论的危害。它使人丧失斗志，也使人丧失力量。末日论调很容易被气候怀疑论者利用，让那些最具环保意识的人相信，他们没有理由参加选举、游说气候行动，或以任何方式致力于解决气候问题。我们必须对气候变化带来的非常真实的风险、威胁和挑战直言不讳。但是，就像我们必须拒绝扭曲的、为否认主义服务的科学一样，我们也必须拒绝对科学的歪曲（包括失控的变暖和不可避免的人类灭绝场景的说法），这一切都会被用于宣扬人类灭亡的必然性，从而导致不作为。

不幸的是，末日论很卖座！这就是为什么我们看到大量高调的专题文章和畅销书提供我所说的“气候末日言情小说”，这些文章可能利用了人们恐惧时产生的肾上腺素，但实际上它抑制了对气候采取有意义行动的冲动。这就是我们看到的文章标题总是带有末日论味道（或者至少夸大了最糟糕的情况）的原因所在。[106]

气候变化是一个过于庞杂、无法解决的问题，这种想法正是末日论生长的土壤。而将气候变化视为一个“棘手的问题”尤为有害。虽然定义各不相同，但这些定义的本质都是一样的。维基百科中，对于“棘手问题”的定义是：“一个因为不完整、矛盾、经常变化且通常难以识别的需求而很难或不可能解决的问题。”[107]

“气候问题根本无法解决”的想法本身就有严重的问题。范德比尔特大学地球与环境科学教授乔纳森·吉利根也认为这种想法不对，他在 Twitter 上解释说：“‘棘手问题’这个概念存在根本性的错误，它往往会催生一种无助感，因为根据定义，棘手问题是无法解决的。”[108]

其他人则比较关注“棘手问题”是如何滋生出一种温和的否认主义的。都柏林城市大学能源与气候研究网络的政策研究人员保罗·普赖斯解释说：“在社会科学中使用‘棘手’和‘超级棘手’似乎是一种‘暗示性的否认’，是一种逃避物理现实的修辞屏障。”[109] 大气科学家彼得·雅各布斯补充道：“如果人们愿意的话，那几乎任何环境问题都会在其初始阶段被认定为‘邪恶’的，就连我们已经成功缓解了的问题（臭氧损耗、酸雨等）也难逃其列。”[110]

无论如何，“棘手问题”这一说法的确让污染利益集团找到了借口，它们一直都在努力破坏对气候的行动。但这是不对的。事实是，如果我们能够将由化石燃料工业资助的虚假信息运动排除，气候问题早在几十年前就可以得到解决了。这个问题并非复杂到无药可救的地步。[111]

然而，末日论和散布绝望的力量仍然很活跃，每当它们出现时，我们就必须把它们揪出来。2020 年 3 月，当我在写这本书的最后一部分时，社交媒体议论纷纷：伯尼·桑德斯退出了民主党总统初选，留下乔·拜登成为推定候选人。一些桑德斯的支持者特别激进地认为这意味着气候世界末日。一位评论者在 Twitter 上对我说："如果我们不在 2030 年之前将 2018 年的碳排放量减少 50%，气候变化就会完全失控，无法停止。"[112] 我回答说："那是假的……否认气候变化者扭曲了科学事实。我们不能着了他们的道。"[113] 评论者继续说："拜登的计划并没有接近于实现这一目标。反正都要世界末日了，投不投票都无所谓了。"[114]

歪曲科学事实，为末日主义的不可避免性服务，以及错误地给使国际社会应对气候问题做出的努力付诸东流的总统与被政治人士称为"气候变化先驱"的候选人盲目地画等号，这些思维极具误导性，会毒害大众。[115] 其中最具毒性的是公开的、愤世嫉俗的虚无主义，即认为我们无能为力，所以不妨干脆放弃。我们可能很容易就认为这只是一句评论，但事实上，这反映了一种由不良国家所引导的敌对的网络氛围。伯尼·桑德斯在一个月前公开表示："2016 年，俄罗斯利用互联网宣传在美国播下分裂的种子，我认为 2020 年它还会故技重演。互联网上关于竞选活动的一些丑闻，很可能不是来自真正的支持者。"[116]

这种宣传现在可能比否认气候变化本身更有害。我们需要将其视为与气候变化一样具有威胁性。那些散播丑闻的人理应受到最强烈的谴责，因为他们威胁到这个星球的未来。当遇到这样的气候危机末日论和虚无主义论调时，无论是在网上还是在与朋友、同事或教会成员的对话中，你都要厉声指责他们。

再次声明，不要忘记去强调这件事的紧迫性和必要性。气候危机真实存在，但并不是不能解决的。现在采取行动还不算太晚。我们少燃烧 1 盎司①的煤炭都能让情况变得更好。我们还有时间去创造一个更美好的未来，而现在我们面临的最大障碍是末日论和失败主义。记者和媒体在这方面也负有巨大的责任。

年轻人将引领这场运动。早在 2017 年，我与儿童读物作家兼插画家梅根·赫伯特就合著了一本儿童读物《拯救世界的脾气》。[117] 它讲述了这样一个故事：一只北极熊、一群蜜蜂、一个太平洋岛民，以及其他人接连出现在女孩索菲亚的家门口，因为他们已经因气候变化而流离失所、无家可归，索菲亚感到非常沮丧，实际上她对这种破坏性的活动越来越沮丧，越来越生气。但她最终提振信心，调整了自己的愤怒和沮丧。她希望在这个世界上看到积极的变化，而这也在她的身上发生了，于是，她发起了一场要求成年人对气候危机采取行动的运动。不到一年，青少年气候运动席卷世界。是的，生活有时确实在效仿艺术，在气候问题上，生活对艺术的效仿以一种最深刻的方式呈现了出来。

除了最迟钝麻木和最愤世嫉俗的人，无人能否认孩子们说话时清晰的道德条理。孩子的存在改变了游戏规则。正如我们所看到的，这是他们对既得利益集团，即石油国家元首和化石燃料产

① 1 盎司约为 29.57 立方厘米。——编者注

业本身形成的威胁。它们对付这些孩子是因为孩子们对该行业一切照旧的模式构成了严重威胁。而化石燃料产业的利益依赖这种模式继续创造巨额利润。

我的一些同事轻率地拒绝了这样的观点，即我们正处于一场“战争 ”中，对方是强大的试图破坏气候行动的特殊利益集团。具有讽刺意味的是，他们自己也有否认论的行为。在第二次世界大战中，安抚和宽松的“绥靖政策”对我们毫无作用，当下依旧如此，特别是当我们面对的敌人不遵守公认的交战规则时。换句话说，对青少年气候活动人士的攻击肯定是类似违反《日内瓦公约》的行为。所以，是的，我们正处于一场战争中（尽管不是我们自己选择的），而我们的孩子代表着不可接受的附带损害。这就是为什么我们必须以知识、激情和对变革的不竭追求进行反击。

这个问题远远超出了科学、经济、政策和政治的范畴。我们有义务不留下一个千疮百孔的星球给子孙后代。现在，每当我有机会和我的妻子以及 14 岁的女儿分享这颗星球的奇观时，我就提醒自己要警醒这种威胁。2019 年 12 月，在澳大利亚休假之前，我和家人一起去看了大堡礁。在我们游览大堡礁之后的一个月，过去五年中第三次重大的白化事件发生了，这是迄今为止规模最大的一次，一些专家甚至担心珊瑚礁无法完全恢复。[118]

因为在这个特殊时间我和家人都观赏到了珊瑚礁，这让我怀有一种奇怪的“幸存者的内疚”。我们假期的下一站同样发人深省，我们去了新南威尔士州著名的蓝山。不幸的是，雄伟的景观被空前的山火产生的厚厚的烟雾吞噬了，而这些烟雾正在向整个大陆蔓延。

我的女儿长大后，可能无法和她的孩子或孙子孙女一起感受同样的自然奇观，这一点让我感到有些惆怅。有时，为失去的东西感到悲伤情有可原。可是，对于那些被误以为已经失去，但实际仍可被挽救的事物而悲伤则十分有害，也不正确，尤其是这些事物在虚假的借口下被用来服务于绝望和失败主义言论时，则更为不当。我已经在这本书中至少用了一个《指环王》中的比喻，那么我再用另一个比喻，你也不会怪我的。我想起了《指环王》中的刚铎摄政王，他误以为失去了自己的儿子和城邦，于是让百姓去逃命，让他的助手把自己一息尚存的儿子一把火烧掉。幸运的是，甘道夫在刚铎摄政王的命令被执行之前用法杖打了他的头。对于那些主张在避免灾难性气候变化的战斗中投降的末日论者，有时我也觉得应该对他们当头棒喝。

教育，教育，教育。正如我们所讨论的，说服公众和决策者了解气候变化的现实和威胁的斗争基本上已经结束了。剩下的实质性的公开辩论是关于气候变化会有多么糟糕，以及我们能做些什么来缓解气候变化。所以，不要浪费时间在网上与“喷子”和水军周旋，正确的做法是直接举报。而对于那些虚假信息的受害者，如果他们不是虚假信息的传播者（这种情况需要我们特殊考量），那么我们要试着去告知他们信息的真假。当一个错误的主张获得了足够的吸引力，以至于从否认者的回声室里传了出来，并感染了诚实的、善意的人，人们就应该反驳它。

每个人的手里都掌握着强大的工具。我个人最喜欢的资源是怀疑论科学网，它反驳了所有主流的否认气候变化的论点，并提供了回应，你可以在线或通过电子邮件浏览到这些回应，让自己了解最前沿的科学，这样你就能掌握知识和事实，然后足够勇敢地反驳错误信息和虚假信息。在网上，你可以关注一些 Twitter 账号，它们提供有关气候科学、影响和解决方案的最新信息。

否认气候变化者在不断抱怨关于语言和框架的事情。不要上当受骗。不要对他们做出让步。用体育术语来说，他们是在试图“指挥裁判”。最经典的例子就是，当人们用“否认气候变化者”一词来形容他们时，他们却流下了“鳄鱼的眼泪”。事实上，用这个词来描述那些拒绝承认既有事实的人，是再合适不过的。在这种情况下，批评者的目标是强迫我们给予“怀疑论者”不应有的地位，这实际上是变相奖励他们的否认主义。正如我们所知，合法的怀疑主义对于科学是一件好事。科学家就是这样被训练来思考的。但是基于脆弱的、意识形态的论据，对气候变化不分青红皂白地加以否认是不对的。

当我们错误地将气候变化中的否认主义标记为“怀疑主义”时，它会使虚假信息合法化，并搅浑气候交流的环境。这样做无异于对那些毫无兴趣参与善意的环境保护活动、死守自己的观点，并有意贩卖怀疑和混乱的人做出了让步。最大的害处是，它实际上阻碍了我们去说服和激励“困惑的中间派”，当看到两个表面上合法的阵营之间的辩论陷入明显的困境时，这些人很容易沮丧地举手投降。

但是，不要再去教育否认论者了，他们在当今的公共话语中日益成为一个边缘因素，我们的教育最好是针对那些困惑的中间派，这些人接受了气候变化的证据，但并不相信问题的紧迫性，也不确定我们是否应该或可以就此采取任何措施。

我的建议是把时间花在那些可接触到的、可教育的和有行动力的人身上。[119]他们需要帮助。我们看到，太多的人陷入了气候变化的绝望情绪中，被不科学的末日论信息带入歧途，其中一些信息是由气候怀疑论者炮制的，目的是打击和分化气候活动家。还有一些人则是其他类型的气候错误信息的受害者。例如，当你遇到行动成本太高的说法时，你可以指出事实恰恰相反。气候变化的影响已经让我们付出了远远超过解决方案的代价。事实上，100% 的绿色能源很可能会带来收益。[120]

要指出错误的解决方案错在哪里。我们看到，许多已经提出的地球工程方案和技术修复方案充满了危险性。此外，它们还被用于转移我们的注意力，使我们的视线从社会脱碳的必要性上移开。甚至一些最激进的气候鹰派，有时也会在这方面出现偏差。例如，埃隆·马斯克曾建议，我们可以使用核弹来让火星的大气层适宜人类居住。虽然这些草率的建议看起来有一定的趣味性，但很危险，不是因为我们可能让小绿人①暴露在核辐射中，而是因为这些草率的建议貌似为我们提供了一条简单的逃生路线，让那些认为“即便我们搞砸了这个星球，我们也可以找到另一个星球”的人有了底气。

气候变化可以说是我们面临的最大威胁，但我们却很少谈论它，而沉默会滋生不作为。因此，在你的日常生活中寻找机会去谈论气候变化吧，这是我们讨论过的所有解决方案的入口。与新冠疫情不同的是，我们无法期待地球上有真正的对保护气候有效的疫苗。但从隐喻的意义上说，知识就是目前解决我们困扰的疫苗，否认、虚假信息、转移、欺骗主义、现代主义，你现在已经

① 这里指代外星人。——译者注

知道这些冗长的叙述了。我们必须利用权威的知识和确凿的事实，以及清晰、简单的解释为公众接种“疫苗”，以抵御气候怀疑论者阻挠气候行动的企图。这会让我们充满力量，也意味着我们可以为保护气候做出自己的贡献。

改变系统需要系统性的改变。我们看到，气候怀疑论者已经发起了一场运动，试图说服你，气候变化是你的错，任何真正的解决方案只涉及个人行动和个人责任，而不是颁布一些旨在让企业污染者担责和使经济实现脱碳化的政策。他们试图把谈话转向你驾驶的汽车、你吃的食物和你的生活方式。

他们希望你和你的邻居争论的话题是谁的碳排放更少，以此分裂气候行动倡导者，让他们失去统一的声音，一个呼吁改变的声音。对于我们所需要的更全面的、能够刺激发展的系统性改革问题，化石燃料工业和气候怀疑论者讳莫如深，非常畏惧这样理智的对话，这只有一个很简单的原因：这意味着他们统治权力的丧失。

不要犯错。个人行动是解决方案的一部分。我们可以做许多应该做的事情来限制个人碳足迹，降低对环境的影响。这样做有很多原因：它们让我们更健康，为我们省钱，使我们自我感觉更加良好，并为别人树立一个很好的榜样。但个人行动只能让我们止步于此。

我们听到了一个颇具警示意义的说法，即在解决气候危机时，仅靠个人行为改变产生的影响是有限的。为应对新冠疫情，全球各地实施了封锁，这使得旅行和消费大幅减少，但全球碳排放却只是稍微有所下降。[121] 研究过去、现在和未来能源使用情况和温室气体排放趋势的国际气候研究中心主任格伦·彼得斯在提到这个事实时提出了一个问题："如果这样激进的社会变革仅仅让全球碳排放下降 4% 的话，那么我们如何在 2050 年之前让碳排放减少 100%？难道新冠病毒的存在只是要证明技术对于解决气候问题有多么重要吗？"[122] 这句话说得没错。

答案是，如果不实施旨在减少社会去碳化的政策，就没有办法摆脱气候变化的灾难。政策落地需要政府间签署协议，如《联合国气候变化框架公约》将世界各国带到谈判桌前，就关键目标达成一致。2015 年的《巴黎协定》就是活生生的例证，它并没有解决气候问题，但它让我们走上了正确的道路——一条将气候变暖程度限制在危险水平以下的道路。在此引用《黑客帝国》中的一句话："知道路怎么走和走不走这条路是两回事。"所以，如果要避免灾难性的气候变暖，我们必须在未来协议取得初步进展的基础上继续努力。

当然，只有当各个国家通过能源和气候政策来刺激能源需求的转变，不再燃烧化石燃料及其他造成碳污染的燃料，各国对这些全球协议的承诺才能实现。如果没有那些愿意为我们服务而不是为强大的污染者服务的政客，我们就无法出台这些政策。这意味着我们必须对政客和制造污染的利益集团施加压力。我们可以通过声音的力量和投票的力量来向它们施加压力。我们必须通过投票把那些充当化石燃料利益集团帮凶的政客赶走，并选出那些支持气候行动的候选人。这让我们回到了原点，即回到了谈论个人责任的问题上，但现在，个人责任关乎投票和使用其他手段来共同影响政策的制定。

在此，我们遇到了一个新的挑战。对关键政策措施的反对不仅来自传统意义上的右派，也来自左派。虽然绝大多数自由民主党人（88%）支持碳定价，但正如我们所看到的，一些激进的环保人士正在发起一场运动来反对碳定价。他们的反对是基于这样一种看法，即碳定价违反了社会正义的原则（尽管没有理由必须这样做），或者说它迎合了市场经济和新自由主义政治的立场。[123]其他人坚持认为，碳定价政策不能通过，是因为它不受选民的欢迎（事实恰恰相反），或者是它太容易被未来的政府推翻（可以说任何没有被编入宪法修正案的政策都会遭遇同样的情况）。[124]

一些气候意见领袖否认这一发展趋势。2019 年 4 月初，我抱怨说："魔鬼有史以来使用的最大伎俩就是让进步人士反对碳定价政策。"我指的不是大多数自我认同的进步人士，而是少数现在反对这一政策的进步的环保人士。[125]

一贯言辞激烈的气候专家大卫·罗伯茨在 Twitter 上反驳道："只有为数不多的环保人士完全反对碳定价，他们在美国政坛微不足道。"这是潜藏的左翼分子反对理性的人群定义自己身份的又一例证。[126]这一论点忽略了在现代美国政治中最杰出的进步人士伯尼·桑德斯，他在 2019 年 11 月回应《华盛顿邮报》的提问时表示，他不支持碳定价。[127]

不仅是桑德斯，罗伯茨也立刻遭到了 Twitter 用户的反驳，他们站出来发表与我相同的观点。[128]一位自称普救派（一个以其进步的哲学和政治观点闻名的宗教[129]）的人士回应罗伯茨："我提倡通过（公民气候游说团和）其他团体采取气候行动。我遇到的几乎所有进步人士（朋友、Twitter、EJ 论坛）都本能地反对各种碳定价。他们通常会退而求其次，说'限制吸烟自由'就行，因为这样更有可能，而且可以做得更好。由此可见，我们要做的还有很多。"[130]

这种反对碳定价的做法似乎与左派反对“建制派”政治的趋势有关。这种更大的发展趋势至少在一定程度上是由国家资助的网络舆论战（水军和机器人评论软件）推动的，它们希望在民主党政治中播下分歧的种子，以选举像唐纳德·特朗普这样对化石燃料友好的富豪掌权。这一策略在 2016 年的总统选举中取得了成功，并在 2020 年的选举中仍然发挥作用。《华盛顿邮报》在 2020 年 2 月的一篇文章中详细描述了这一点。[131]

2016 年，网络舆论、恶意干涉国家事务、犬儒主义和愤怒情绪，包括一些进步的极左人士，正是这些手段和人帮助唐纳德·特朗普掌权。而随着我的这本书付梓，同样的手段和人似乎对如今的气候行动构成了有力的威胁。

不过，我们要认识到，虽然一些愤怒是由不良行为者制造的，他们散播谣言、放大分歧，将其作为武器，但一些合法的、潜在的不满也发挥了作用。一些环境保护人士声称自己不信任新自由主义经济学。为什么会不信任呢？因为它使他们陷入了麻烦。一些名人（如娜奥米·克莱恩）公开质疑环境可持续性与建立在市场经济基础上的潜在新自由主义政治框架相兼容的观点。完全可以想象，她是对的。

一些进步人士认为，目前的政策在解决基本的社会不公方面做得不够。当我们看到有史以来最大的收入差距，以及本土主义和不容忍现象抬头时，就会认为他们的观点肯定是有道理的。他们认为，任何应对气候变化的计划也必须解决社会不公问题。但我认为，社会正义是气候行动的内在因素。包括气候变化在内的环境危机对那些财富最少、资源最少、韧性最低的人造成的影响尤为严重。因此，为气候危机采取行动就是缓解社会不公。这是避免气候进一步变暖的另一个令人信服的理由。

是的，我们还有其他紧迫的问题亟待解决。气候变化只是环境和社会可持续性多维问题的一个维度而已。在这本书中，我并不打算提出一些办法，以期解决所有困扰我们人类文明的问题。然而，我确实指出了我所认为的关于气候问题的前进道路。自第一个地球日（1970 年 4 月 22 日）以来，我们已经走过了 50 周年的里程碑，我相信我们正处于一个关键的时刻。尽管我们目前面临着明显的政治挑战，但我们正在见证一系列历史和政治事件，以及大自然母亲的行为，我们要认识到气候危机的现实。我们似乎已经接近备受期待的气候行动的临界点。在 2019 年 9 月发表的一篇题为《气候危机与希望的理由》的文章中，我的朋友杰夫 · 古德尔做出了以下假设："大约过了 10 年时间，当气候革命全面开始，迈阿密海滩的房地产价格由于频发的洪水而直线下降，内燃机与音乐碟片一样过时的时候，人们将把 2019 年秋天作为气候危机的转折点。"[132] 我们可以在转折点的确切日期上再争论一下，但我同意杰夫的主要论点。

正是我们讨论过的所有事情，即有效的政府政策、政府间协议和技术创新激励下的行为变革，将引导我们在气候问题上不断前进。不是这些事情中的任何一件，而是在历史上这个独特的时刻，所有的因素共同发挥作用，为希望的存在提供了理由。现在重复一下我在最后一章开头引用的那句话："希望是美好的，也许是最美好的。"仅靠希望不能解决气候问题，但怀有希望并不断努力，我们终将迈向成功。

注 释

导言

1. Neela Banerjee, Lisa Song, and David Hasemyer, "Exxon: The Road Not Taken. Exxon's Own Research Confirmed Fossil Fuels' Role in Global Warming Decades Ago," *Inside Climate News*, September 16, 2015.

2. Naomi Oreskes and Erik M. *Conway, Merchants of Doubt: How a Handful of Scientists Obscured the Truth on Issues from Tobacco Smoke to Global Warming* (New York: Bloomsbury Press, 2010), 6.

3. David Hagmann, Emily Ho, and George Loewenstein, "Nudging Out Support for a Carbon Tax," *Nature Climate Change* 9, no. 6 (2019): 484–489.

4. M. E. Mann, R. S. Bradley, and M. K. Hughes, "Global-Scale Temperature Patterns and Climate Forcing over the Past Six Centuries," *Nature* 392 (1998):779–787.

5. Michael E. Mann (@MichaelEMann), Twitter, April 5, 2020, 2:53 p.m.

第一章　虚假信息和错误导向的制造者

1. Rachel Shteir, "Ibsen Wrote 'An Enemy of the People' in 1882. Trump Has Made It Popular Again," *New York Times*, March 9, 2018.

2. David Michaels, *Doubt Is Their Product*(New York: Oxford University

Press, 2008).

3. See Mark Hertsgaard, "While Washington Slept," *Vanity Fair*, May 2006; "Hot Politics," PBS Frontline, April 3, 2006; "Smoke, Mirrors and Hot Air: How ExxonMobil Uses Big Tobacco's Tactics to Manufacture Uncertainty on Climate Science," Union of Concerned Scientists, January 2007.

4. Rachel Carson, *Silent Spring* (Boston: Houghton Mifflin, 1962).

5. Quoted in Christopher J. Bosso, *Pesticides and Politics: The Life Cycle of a Public Issue* (Pittsburgh: University of Pittsburgh Press, 1987), 116.

6. Naomi Oreskes and Eric M. Conway, *Merchants of Doubt: How a Handful of Scientists Obscured the Truth on Issues from Tobacco Smoke to Global Warming* (New York: Bloomsbury Press, 2010).

7. "Rachel Carson's Dangerous Legacy," Competitive Enterprise Institute, SAFEChemicalPolicy.org, March 1, 2007.

8. Clyde Haberman, "Rachel Carson, DDT and the Fight Against Malaria," *New York Times*, January 22, 2017.

9. Robin McKie, "Rachel Carson and the Legacy of Silent Spring," *The Guardian*, May 26, 2012.

10. "Henry I. Miller," Competitive Enterprise Institute; "Gregory Conko Returns to CEI as Senior Fellow," Competitive Enterprise Institute.

11. Henry I.Miller and Gregory Conko, "Rachel Carson's Deadly Fantasies," *Forbes*, September 5, 2012, reprinted at Heartland Institute.

12. 最近一篇经同行评议的文章证明了一类被称为新烟碱的杀虫剂对鸟类种群的威胁，参见 "Controversial Insecticides Shown to Threaten Survival of Wild Birds," *Science Daily*, September 12, 2019。

13. Joseph Palca, "Get-the-Lead-Out Guru Challenged," *Science* 253 (1991): 842–844.

14. Benedict Carey, "Dr. Herbert Needleman,Who Saw Lead's Wider Harm to Children, Dies at 89," *New York Times*, July 27, 2017.

15. 虽然该组织不再列出其资助者，但大约 20 年前的一张屏幕截图显示了埃克森美孚和萨拉·斯凯夫基金会现在或过去曾为其提供资助。See "George C. Marshall Institute: Recent Funders," George C. Marshall Institute, on Internet Archive Wayback Machine, 14 captures from August 23, 2000, to December 17, 2004。

16. Oreskes and Conway, *Merchants of Doubt*, 6–7, 249. 奥利斯克斯和康韦用"自由市场原教旨主义"一词来形容盲目相信自由市场能够在不需要政府干预的情况下解决任何问题。

17. "Whatever Happened to Acid Rain?," *Distillations* radio program, hosted by Alexis Pedrick and Elisabeth Berry Drago, Science History Institute, May 22, 2018.

18. Osha Gray Davidson, "From Tobacco to Climate Change, 'Merchants of Doubt' Undermined the Science," *Grist*, April 17, 2010; Orestes and Conway, *Merchants of Doubt*, 82.

19. William H. Brune, "The Ozone Story: A Model for Addressing Climate Change?," *Bulletin of the Atomic Scientists* 71, no. 1 (2015): 75–84.

20. See Andrew Kaczynski, Paul LeBlanc, and Nathan McDermott, "Senior Interior Official Denied There Was an Ozone Hole and Compared Undocumented Immigrants to Cancer," CNN, October 8, 2019.

21. Lee R. Kump, James F. Kasting, and Robert G. Crane, *The Earth System*, 2nd ed. (New York: Pearson, 2004).

22. 萨沙·萨根的第一本书《像我们这样渺小的生物：在不可能的世界中寻找意义的仪式》于 2019 年 10 月由 G. P. 普特南之子出版公司出版。出版商将其描述为"对地球奇迹的光辉探索，不需要信仰就能相信"。

23. Keay Davidson, *Carl Sagan: A Life* (Hoboken, NJ: John Wiley and

Sons, 1999).

24. 1983 年 12 月 23 日，萨根在权威科学杂志《科学》上与人合写了一篇经同行评议的文章，根据计算机建模提出了“核冬天”的科学论证。这篇文章被称为“TTAPS”，以各位作者姓氏的第一个字母命名。引自 R.P. Turco, O. B. Toon, T. P. Ackerman, J. B. Pollack, and Carl Sagan, “Nuclear Winter: Global Consequences of Multiple Nuclear Explosions,” *Science* 222, no. 4630 (1983): 1283–1292。

25. 在《贩卖怀疑的商人》一书中，奥利斯克斯和康韦详细介绍了冷战时期的鹰派如何不信任那些质疑发展导弹防御系统（如里根政府的“战略防御计划”）的有效性和适当性的科学家。

26. Oreskes and Conway, *Merchants of Doubt*, chap. 2.

第二章　气候战争

1. See Mark Bowen, *Censoring Science: Inside the Political Attack on Dr. James Hansen and the Truth of Global Warming* (New York: Dutton, 2007), 224–227.

2. Michael Mann, *The Hockey Stick and the Climate Wars: Dispatches from the Front Lines* (New York: Columbia University Press, 2013).

3. Neela Banerjee, Lisa Song, and David Hasemyer, “Exxon: The Road Not Taken. Exxon’s Own Research Confirmed Fossil Fuels’ Role in Global Warming Decades Ago,” *Inside Climate News*, September 16, 2015.

4. See Kyla Mandel, “Exxon Predicted in 1982 Exactly How High Global Carbon Emissions Would Be Today,” *Climate Progress*, May 14, 2019. The internal Exxon report, dated November 12, 1982, with the subject line “CO2 ‘Greenhouse’ Effect,” 82EAP 266, under the Exxon letterhead of M. B.Glaser, manager, Environmental Affairs Program, was obtained by *Inside Climate News*.

5. Élan Young, “Coal Knew, Too: A Newly Unearthed Journal from 1966

Shows the Coal Industry, Like the Oil Industry, Was Long Aware of the Threat of Climate Change," *Huffington Post*, November 22, 2019.

6. Naomi Oreskes and Eric M. Conway, *Merchants of Doubt: How a Handful of Scientists Obscured the Truth on Issues from Tobacco Smoke to Global Warming* (New York: Bloomsbury Press, 2010), 186.

7. Jane Meyer, "'Kochland' Examines the Koch Brothers' Early, Crucial Role in Climate-Change Denial," *New Yorker*, August 13, 2019.

8. 根据罗斯·格尔布斯潘的说法，林德森在一次采访中承认，（截至 1995 年）他仅从化石燃料行业咨询公司处就获得了每年大约 1 万美元的资助。格尔布斯潘指出，林德森"向石油和煤炭利益集团每天收取 2 500 美元的咨询服务费；1991 年他前往参议院一个委员会做证的费用是由西方燃料公司支付的，他写的一篇题为《全球变暖：所谓科学共识的起源和性质》的演讲稿是由欧佩克赞助的"。详见 Ross Gelbspan, "The Heat Is On: The Warming of the World's Climate Sparks a Blaze of Denial," *Harper's*, December 1995. 林德森的官方简历将自己列为安纳波利斯科学公共政策中心科学和经济咨询委员会的成员。"Richard S. Lindzen," Independent Institute. According to the DeSmog blog, the Annapolis organization received funding from ExxonMobil. "Annapolis Center for Science-Based Public Policy," *DeSmog* (blog), n.d。

9. Mann, *The Hockey Stick and the Climate War.*

10. See Gelbspan, "The Heat Is On," 46–47; James Hoggan, with Richard Littlemore, *Climate Cover-Up: The Crusade to Deny Global Warming* (Vancouver: Greystone, 2009), 30, 80, 138–140, 156–157.

11. Keith Hammond, "Wingnuts in Sheep's Clothing," *Mother Jones*, December 4, 1997. See also J. Justin Lancaster, "The Cosmos Myth," OSS: Open Source Systems, Science, Solutions, updated July 6, 2006; "A Note About Roger Revelle, Justin Lancaster and Fred Singer," *Rabett Run* (blog), September 13, 2004 (contains a comment by Justin Lancaster stating his

views about these matters).

12. S. Marshall, M. E. Mann, R. Oglesby, and B. Saltzman, "A Comparison of the CCM1-Simulated Climates for Pre-Industrial and Present-Day CO_2 Levels," *Global and Planetary Change* 10 (1995): 163–180.

13. 这些事件的精彩描述详见 Chapter 6 of Oreskes and Conway, *Merchants of Doubt*。

14. See Intergovernmental Panel on Climate Change, IPCC *Second Assessment: Climate Change 1995*, available at IPCC.

15. Mann, *The Hockey Stick and the Climate Wars*, 181–183.

16. 这些事件的描述详见 Mann, *The Hockey Stick and the Climate Wars*。

17. Fred Pearce, "Climate Change Special: State of Denial," *New Scientist*, November 2006.

18. "Kyoto Protocol to the United Nations Framework Convention on Climate Change," Chapter 27, section 7.a, December 11, 1997, United Nations Treaty Collection.

19. See Daniel Engber, "The Grandfather of Alt-Science," *FiveThirtyEight*, October 12, 2017.

20. "Skepticism About Skeptics," *Scientific American*, August 23, 2006.

21. M. E. Mann, R. S. Bradley, and M. K. Hughes, "Global-Scale Temperature Patterns and Climate Forcing over the Past Six Centuries," *Nature* 392 (1998): 779–787.

22. See "The Environment: A Cleaner, Safer, Healthier America," Luntz Research Companies, reproduced at SourceWatch.

23. J. T. Houghton, Y. Ding, D. J. Griggs, M. Noguer, P. J. van der Linden, X. Dai, K. Maskell, and C. A. Johnson, "Climate Change 2001: The Scientific Basis," Contribution of Working Group I to the Third Assessment Report of the Intergovernmental Panel on Climate Change, 2001.

24. Mann, *The Hockey Stick and the Climate Wars*.

25. 2012 年，一个由 78 名顶尖的古气候科学家组成的团队代表 PAGES 2k 联盟，在已经汇编的最广泛的古气候数据库基础上，发布了一份新的大规模气候趋向重建报告。PAGES 2k Consortium, "Continental-Scale Temperature Variability During the Past Two Millennia," *Nature Geoscience* 6 (2013): 339–346。他们的结论是，全球气温已经达到了至少 1 300 年来的最高水平。一位德国古气候学家的直接比较显示，他们重建的温度实际上与最初的"曲棍球棒曲线"重建的温度相同。详见 Stefan Rahmstorf, "Most Comprehensive Paleoclimate Reconstruction Confirms Hockey Stick," *Think Progress*, July 8, 2013。2019 年，一群科学家用几乎同样的信息将这一结论追溯到过去 2 000 年。例证详见 George Dvorsky, "Climate Shifts of the Past 2,000 Years Were Nothing Like What's Happening Today," *Gizmodo*, July 24, 2019。两个更为试探性的同行评议研究将这一结论至少延伸到过去 20 000 年。例证详见 "Real Skepticism About the New Marcott 'Hockey Stick,'" *Skeptical Science*, April 10, 2013。

26. 参考右翼媒体《每日电讯报》最近发表的一篇文章：Sarah Knapton, "Climate Change: Fake News or Global Threat? This Is the Science," *Telegraph*, October 15, 2019。这篇文章宣扬了气候变化否认者对"曲棍球棒曲线"图提出的一些不可靠的批评意见。一个专家小组为独立的气候媒体监督组织"气候反馈"评估了这篇文章，并对其准确性给予了负面评价，指出其对"曲棍球棒曲线"图的说法不准确。详见 "Telegraph Article on Climate Change Mixes Accurate and Unsupported, Inaccurate Claims, Misleads with False Balance," Climate Feedback, October 18, 2019。

27. Carl Sagan, *The Demon-Haunted World* (New York: Random House, 1996).

28. Michael Mann and Tom Toles, *The Madhouse Effect: How Climate Change Denial Is Threatening Our Planet, Destroying Our Politics, and*

Driving Us Crazy (New York: Columbia University Press, 2016).

29. 这起事件的详细信息可以参考 Mann, *The Hockey Stick and the Climate Wars*, chap. 14。

30. Mann, *The Hockey Stick and the Climate Wars*.

31. Kenneth Li, "Alwaleed Backs James Murdoch," *Financial Times*, January 22, 2010; Sissi Cao, "Longtime Murdoch Ally, Saudi Prince Dumps $1.5B Worth of Fox Shares," *Observer*, November 9, 2017.

32. See Iggy Ostanin, "Exclusive: 'Climategate' Email Hacking Was Carried Out from Russia, in Effort to Undermine Action on Global Warming," *Medium*, June 30, 2019.

33. 相关证据详见 Mann and Toles, *Madhouse Effect*, 164–166。

34. Jonathan Watts and Ben Doherty, "US and Russia Ally with Saudi Arabia to Water Down Climate Pledge," *The Guardian*, December 9, 2018.

35. "Special Report: Global Warming of 1.5°C," Intergovernmental Panel on Climate Change (IPCC), October 8, 2018.

36. Daniel Dale, "Lies, Lies, Lies: How Trump's Fiction Gets More Dramatic over Time," CNN, October 27, 2019.

37. Abel Gustafson, Anthony Leiserowitz, and Edward Maibach, "Americans Are Increasingly 'Alarmed' About Global Warming," Yale Program on Climate Change Communication, February 12, 2019.

38. 以 2009 年美国工业污染控制委员会否认气候变化的报告为例，该报告是由科赫兄弟和化石燃料行业资助的哈特兰研究所推出的。详见 S. Fred Singer and Craig Idso, "Climate Change Reconsidered: 2009 NIPPC Report," Nongovernmental International Panel on Climate Change, 2009。该报告的格式模仿 IPCC 报告，或者哈特兰研究所于 2019 年 9 月 23 日在纽约发动的"辩论"，试图阻挠 2019 年 9 月的联合国气候变化大会和周围的公众意识运动带来的日益增长的气候行动势头。详见 "Videos: Climate Debate in NYC on Sept. 23—Moderator, John Stossel,"

Heartland Institute。

39. 例如，一个关于澳大利亚民众对于气候变化态度的研究：Naomi Schalit, "Climate Change Deniers Are Rarer Than We Think," *The Conversation*, November 11, 2012。

40. Natacha Larnaud, "'This Will Only Get Worse in the Future': Experts See Direct Line Between California Wildfires and Climate Change," CBS News, October 30, 2019.

41. Mary Tyler March, "Trump Blames 'Gross Mismanagement' for Deadly California Wildfires," *The Hill*, November 10, 2018; Patrick Shanley and Katherine Schaffstall, "Late-Night Hosts Mock Trump's 'Weird' Trip to California Following Wildfires," *Hollywood Reporter*, November 20, 2018.

42. Emily Holden and Jimmy Tobias, "New Emails Reveal That the Trump Administration Manipulated Wildfire Science to Promote Logging: The Director of the US Geological Survey Asked Scientists to 'Gin Up' Emissions Figures for Him," *Mother Jones*, January 26, 2020.

43. Michael E. Mann, "Australia, Your Country Is Burning—Dangerous Climate Change Is Here with You Now," *The Guardian*, January 2, 2020.

44. 事实上，我当时接受了一些采访，为观众和听众建立了这种联系，包括澳大利亚广播公司。详见 "'A Tipping Point Is Playing Out Right Now' Says Climate Scientist Michael Mann," YouTube, posted January 2, 2020, ABC Australia; "Australian Fires: Who Is to Blame?," BBC, January 6, 2020。

45. See "The Australian," SourceWatch.

46. Lachlan Cartwright, "James Murdoch Slams Fox News and News Corp over Climate-Change Denial," *Daily Beast*, January 14, 2020.

47. Fiona Harvey, "Climate Change Is Already Damaging Global Economy, Report Finds," *The Guardian*, September 25, 2012.

48. Nafeez Ahmed, "U.S. Military Could Collapse Within 20 Years Due

to Climate Change, Report Commissioned by Pentagon Says," *Vice*, October 14, 2019.

49. Geoff Dembicki, "DC's Trumpiest Congressman Says the GOP Needs to Get Real on Climate Change," *Vice*, March 25, 2019.

50. Philip Bump, "Anti-Tax Activist Grover Norquist Thinks a Carbon Tax Might Make Sense—with Some Caveats," *Grist*, November 13, 2012.

51. "Charles Koch—CEO of Koch Industries (#381)," *Tim Ferris Show* (podcast), August 11, 2019. See also "Charles Koch Talks Environment, Politics, Business and More," Koch Newsroom, August 12, 2019.

52. Andrea Dutton and Michael E. Mann, "A Dangerous New Form of Climate Denialism Is Making the Rounds," *Newsweek*, August 22, 2019.

第三章 “哭泣的印第安人”和转移视线活动的诞生

1. James Downie, "The NRA Is Winning the Spin Battle," *Washington Post*, February 20, 2018.

2. Dennis A. Henigan, *"Guns Don't Kill People, People Kill People": And Other Myths About Guns and Gun Control* (Boston: Beacon Press, 2016).

3. Joseph Dolman, "Mayor's Promise on Guns Is Noble," *Newsday*, February 15, 2006. 根据美国疾病控制和预防中心的数据，在 2017 年，美国有 39 773 人死于与枪支有关的伤害。详见 John Gramlich, "What the Data Says About Gun Deaths in the U.S.," Pew Research Center, August 16, 2019。

4. See Patricia Callahan and Sam Roe, "Big Tobacco Wins Fire Marshals as Allies in Flame Retardant Push," *Chicago Tribune*, May 8, 2012; Patricia Callahan and Sam Roe, "Fear Fans Flames for Chemical Makers," *Chicago Tribune*, May 6, 2012.

5. Callahan and Roe, "Big Tobacco Wins Fire Marshals."

6. See, for example, Juliet Eilperin and David A. Fahrenthold, "Va. Climatologist Drawing Heat from His Critics," *Washington Post*, September 17, 2006.

7. James Pitkin, "Defying a Chemical Lobby, Oregon House Passes Fire-Retardant Ban," *Willamette Week*, June 18, 2009.

8. "Americans for Prosperity," SourceWatch.

9. Callahan and Roe, "Fear Fans Flames."

10. Callahan and Roe, "Fear Fans Flames."

11. Callahan and Roe, "Fear Fans Flames."

12. Deborah Blum, "Flame Retardants Are Everywhere," *New York Times*, July 1, 2014.

13. "Pollution: Keep America Beautiful—Iron Eyes Cody," Ad Council.

14. Finis Dunaway, "The 'Crying Indian' Ad That Fooled the Environmental Movement," *Chicago Tribune*, November 21, 2017. See also Finis Dunaway, *Seeing Green: The Use and Abuse of American Environmental Images* (Chicago: University of Chicago Press, 2015).

15. See Dunaway, *Seeing Green*, 86.

16. Matt Simon, "Plastic Rain Is the New Acid Rain," *Wired*, June 11, 2020.

17. Dunaway, "'Crying Indian' Ad."

18. "These Things Are Disappearing Because Millennials Refuse to Pay for Them," *Buzznet*, June 27, 2019.

19. David Hagmann, Emily H. Ho, and George Loewenstein, "Nudging Out Support for a Carbon Tax," *Nature Climate Change* 9 (2019): 484–489.

20. Michael E. Mann and Jonathan Brockopp, "You Can't Save the Climate by Going Vegan: Corporate Polluters Must Be Held Accountable," *USA Today*, June 3, 2019.

第四章　是你的错

1. See Sami Grover, "In Defense of Eco-Hypocrisy," *Medium*, March 21, 2019.

2. "BP Boss Plans to 'Reinvent' Oil Giant for Green Era," BBC, February 13, 2020.

3. See Grover, "In Defense of Eco-Hypocrisy."

4. Malcolm Harris, "Shell Is Looking Forward: The Fossil-Fuel Companies Expect to Profit from Climate Change. I Went to a Private Planning Meeting and Took Notes," *New York Magazine*, March 3, 2020.

5. Charles Kennedy, "Is Eating Meat Worse Than Burning Oil?," OilPrice. com, October 22, 2019.

6. Nathaniel Rich, "Losing Earth: The Decade We Almost Stopped Climate Change," *New York Times Magazine*, August 1, 2018.

7. Robinson Meyer, "The Problem with *The New York Times'* Big Story on Climate Change," *The Atlantic*, August 1, 2018.

8. Hannah Fairfield, "The Facts About Food and Climate Change," *New York Times*, May 1, 2019; Tik Root and John Schwartz, "One Thing We Can Do: Drive Less," *New York Times*, August 28, 2019; Andy Newman, "If Seeing the World Helps Ruin It, Should We Stay Home?," *New York Times*, June 3, 2019; Andy Newman, "I Am Part of the Climate-Change Problem. That's Why I Wrote About It," *New York Times*, June 18, 2019.

9. Jonathan Safran Foer, "The End of Meat Is Here," *New York Times*, May 21, 2020.

10. Editorial Board, "The Democrats' Best Choices for President," *New York Times*, January 19, 2020.

11. S. Lewandowsky, N. Oreskes, J. S. Risbey, B. R. Newell, and M. Smithson, "Seepage: Climate Change Denial and Its Effect on the Scientific Community," *Global Environmental Change* 33 (2015): 1–13.

12. Grover, "In Defense of Eco-Hypocrisy."

13. Jennifer Stock and Geremy Schulick, "Yale's Endowment Won't Divest from Fossil Fuels. Here's Why That's Wrong," *American Prospect*, March 8, 2019.

14. Steven D. Hales, "The Futility of Guilt-Based Advocacy," *Quillette*, November 23, 2019.

15. John Schwartz (@jswatz), Twitter, November 14, 2019, 8:38 a.m.

16. Clay Evans, "Ditching the Doomsaying for Better Climate Discourse," *Colorado Arts and Sciences Magazine*, December 18, 2019.

17. Brad Johnson, "Pete Buttigieg Climate Advisor Is a Fossil-Fuel-Funded Witness for the Trump Administration Against Children's Climate Lawsuit," *Hill Heat*, November 18, 2019; David G.Victor and Charles F.Kennel, "Climate Policy: Ditch the 2°C Warming Goal," *Nature*, October 1, 2014.

18. David G. Victor, "We Have Climate Leaders. Now We Need Followers," *New York Times*, December 13, 2019.

19. Dr. Genevieve Guenther (@DoctorVive), Twitter, December 13, 2019, 10:38 a.m.

20. Nathanael Johnson, "Fossil Fuels Are the Problem, Say Fossil Fuel Companies Being Sued," *Grist*, March 21, 2018.

21. See this Twitter thread initiated by journalist Emily Atkin (@emorwee), November 20, 2019, 6:01 a.m.

22. See the Discovery Institute's self-described five-year "wedge strategy," archived at AntiEvolution.org.

23. Aja Romano, "Twitter Released 9 Million Tweets from One Russian Troll Farm. Here's What We Learned," *Vox*, October 19, 2018.

24. Lucy Tiven, "Where the Presidential Candidates Stand on Climate Change," Attn.com, September 6, 2016; Brad Plumer, "On Climate Change, the Difference Between Trump and Clinton Is Really Quite Simple," *Vox*,

November 4, 2016.

25. Rebecca Leber, "Many Young Voters Don't See a Difference Between Clinton and Trump on Climate," *Grist*, July 31, 2016.

26. See Nancy LeTourneau, "The Gaslighting Effect of Both-Siderism," *Washington Monthly*, October 8, 2018.

27. Paul Krugman, "The Party That Ruined the Planet: Republican Climate Denial Is Even Scarier Than Trumpism," *New York Times*, December 12, 2019.

28. 完整的对话详见 Michael E. Mann (@MichaelEMann), Twitter, December 12, 2019, 5:04 p.m。

29. Sandra Laville and David Pegg, "Fossil Fuel Firms' Social Media Fightback Against Climate Action," *The Guardian*, October 11, 2019; Craig Timberg and Tony Romm, "Russian Trolls Sought to Inflame Debate over Climate Change, Fracking, Dakota Pipeline," *Chicago Tribune*, March 1, 2018.

30. Marianne Lavelle, "'Trollbots' Swarm Twitter with Attacks on Climate Science Ahead of UN Summit," *Inside Climate News*, September 16, 2019.

31. Oliver Milman, "Revealed: Quarter of All Tweets About Climate Crisis Produced by Bots," *The Guardian*, February 21, 2020.

32. Elisha R. Frederiks, Karen Stenner, and Elizabeth V. Hobman, "Household Energy Use: Applying Behavioural Economics to Understand Consumer Decision-Making and Behaviour," *Renewable and Sustainable Energy Reviews* 41 (2015): 1385–1394.

33. See, for example, Dictionary.com: "OK boomer 是一个病毒式的互联网俚语，通常以幽默或讽刺的方式使用，用来鼓动或驳斥与'婴儿潮一代'和老人相关的脱节或思想封闭的观点。"

34. See, for example, David Roberts, "California Gov. Jerry Brown

Casually Unveils History's Most Ambitious Climate Target: Full Carbon Neutrality Is Now on the Table for the World's Fifth Largest Economy," *Vox*, September 12, 2018.

35. 布朗在 2016 年 12 月旧金山美国地球物理联合会上宣布了这一消息，而我也参加了这一会议并在会上发言。

36. Emily Guerin, "Jerry Brown Is Getting Heckled at His Own Climate Conference," LAist, September 12, 2018.

37. Mark Hertsgaard, "Jerry Brown vs. the Climate Wreckers: Is He Doing Enough?," *The Nation*, August 29, 2018.

38. See Arn Menconi (@ArnMenconi), Twitter, November 17, 2019, 6:43 a.m.

39. Kate Connolly and Matthew Taylor, "Extinction Rebellion Founder's Holocaust Remarks Spark Fury," *The Guardian*, November 20, 2019.

40. Jason Mark, "Yes, Actually, Individual Responsibility Is Essential to Solving the Climate Crisis," Sierra Club, November 26, 2019; Mann and Brockopp, "You Can't Save the Climate by Going Vegan."

41. Mann, "Lifestyle Changes Aren't Enough."

42. 根据世界能源研究所的数据，畜牧业的总排放量（生产排放量加上土地利用变化）约占人类排放总量的 14.5%，其中牛肉约占 41%。Richard Waite, Tim Searchinger, and Janet Ranganathan, "6 Pressing Questions About Beef and Climate Change, Answered," World Resources Institute, April 8, 2019.

43. See Jonathan Kaplan, "There's No Conspiracy in Cowspiracy," Natural Resources Defense Council, April 29, 2016; Doug Boucher, "Movie Review: There's a Vast Cowspiracy about Climate Change," Union of Concerned Scientists, June 10, 2016.

根据后者的说法，51% 的数据是电影阴谋论的关键。讽刺的是，鉴于《奶牛阴谋》的论点，即非政府环保组织正在隐瞒科学，这项由它们提出的如此严重依赖数字的研究并未发表在科学期刊上，而是发表在环境组织世界观察研究所的一份报告中。该报告的作者杰夫·安昂和已故的罗伯特·古德兰并未在电影中被点名，只是被简单地描述为“世界银行的两位顾问”。

44. 为了回应我的一条关于缓解碳排放的推文，纯素食主义者或素食主义者提出了一个模棱两可的说辞：“@MichaelEMann 是纯素食主义者还是素食主义者？他开电动汽车吗，家里用太阳能吗？”我的回答是：“我不吃肉，我开的是混合动力车，并且有一个仅使用风能的计划。我还认为，试图让人们因生活方式而感到羞愧是自以为是且徒劳无功的。”See Trees (@SolutionsOK), Twitter, November 14, 2018, 10:43 a.m.。

45. Seth Borenstein, “Climate Scientists Try to Cut Their Own Carbon Footprints,” Associated Press, December 8, 2019. See also Michael E. Mann (@MichaelEMann), Twitter, November 20, 2019, 8:39 a.m.

46. Catherine Brahic, “Train Can Be Worse for Climate Than Plane,” *New Scientist,* June 8, 2009.

47. Kaya Chatterjee, *The Zero-Footprint Baby: How to Save the Planet While Raising a Healthy Baby* (New York: Ig Publishing, 2013).

48. Maxine Joselow, “Quitting Burgers and Planes Won’t Stop Warming, Experts Say,” *Climatewire*, *E&E News*, December 6, 2019.

49. Seth Borenstein, “Climate Scientists Try to Cut Their Own Carbon Footprints,” Associated Press, December 8, 2019.

50. George Monbiot, “We Are All Killers,” February 28, 2006.

51. David Freedlander, “The Meteorologist’s Meltdown: Eric Holthaus on Deciding to Quit Flying,” *Daily Beast*, October 1, 2013.

52. See, for example, Eric Berger, “Who Is Eric Holthaus, and Why Did He Give Up Flying Today?” *Houston Chronicle*, September 27, 2013; Jason Samenow, “Meteorologist Eric Holthaus’ Vow to Never to [*sic*] Fly

Again Draws Praise, Criticism," *Washington Post*, October 1, 2013; Will Oremus, "Meteorologist Weeps over Climate Change, Fox News Calls Him a 'Sniveling Beta-Male,'" *Slate*, October 3, 2013.

53. See, for example, Berger, "Who Is Eric Holthaus?" ; Eric Holthaus (@ EricHolthaus), Twitter, October 1, 2013, 7:22 a.m., quoted in Samenow, "Meteorologist Eric Holthaus' Vow" ; Oremus, "Meteorologist Weeps."

54. "U. Minnesota Scholar Criticizes Air Travel," *Conservative Edition News*, n.d.; "Doug P.," "Meteorologist Eric Holthaus SHAMES Aviation Buff over Unnecessary Commercial Flight Because It's 'Just as Deadly as a Gun' and 'Should Be Outlawed,'" *Twitchy*, July 25, 2019.

55. David Roberts, "Rich Climate Activist Leonardo DiCaprio Lives a Carbon-Intensive Lifestyle, and That's (Mostly) Fine," *Vox*, March 2, 2016.

56. See "Beacon Center of Tennessee," SourceWatch.

57. See David Mikkelson and Dan Evon, "Al Gore's Home Energy Use: Does Al Gore's Home Consume Twenty Times as Much Energy as the Average American House?," Snopes, February 28, 2007.

58. Jake Tapper, "Al Gore's 'Inconvenient Truth'?—A $30,000 Utility Bill," ABC News, February 27, 2007.

59. See Mikkelson and Evon, "Al Gore's Home Energy Use."

60. Rita Panahi, "Hollywood Hypocrite's Global Warming Sermon," *Herald Sun*, October 7, 2016.

61. Andrea Peyser, "Leo DiCaprio Isn't the Only Climate Change Hypocrite," *New York Post*, May 26, 2016.

62. Alison Boshoff and Sue Connolly, "Eco-Warrior or Hypocrite? Leonardo DiCaprio Jets Around the World Partying... While Preaching to Us All on Global Warming," *Daily Mail*, May 24, 2016.

63. Roberts, "Rich Climate Activist Leonardo DiCaprio."

64. Roberts, "Rich Climate Activist Leonardo DiCaprio."

65. Andrew Bolt, "Look, in the Sky! A Hypocrite Called McKibben," *Herald Sun*, April 8, 2013; Anthony Watts, "Bill McKibben's Excellent Eco-Hypocrisy," *Watts Up with That*, October 5, 2013.

66. Bill McKibben, "Embarrassing Photos of Me, Thanks to My Right-Wing Stalkers," *New York Times*, August 5, 2016.

67. Isabel Vincent and Melissa Klein, "Gas-Guzzling Car Rides Expose AOC's Hypocrisy Amid Green New Deal Pledge," *New York Post*, March 2, 2019.

68. Clover Moore (@CloverMoore), Twitter, December 4, 2019, 10:47 p.m.

69. Katie Pavlich, "The Frauds of the Climate Change Movement," *The Hill*, October 1, 2019. 美国青年基金会从科赫兄弟及其资助的捐赠信托基金获得了大量资金。See "Young America's Foundation," SourceWatch。

70. Michael E. Mann (@MichaelEMann),Twitter, November 13, 2018, 1:30 p.m.

71. Trees (@SolutionsOK), Twitter, November 14, 2018, 10:43 a.m.; Michael E. Mann (@MichaelEMann), Twitter, November 14, 2018, 10:47 a.m.

72. Ben Penfold (@BenPenfold7), Twitter, January 2, 2020, 8:24 p.m.

73. "It's a Fact, Scientists Are the Most Trusted People in World," Ipsos, September 17, 2019; Boshoff and Connolly, "Eco-Warrior or Hypocrite?"

74. 迪卡普里奥监制了本章提到的纪录片《奶牛阴谋》。

75. Shahzeen Z. Attari, David H. Krantz, and Elke U. Weber, "Climate Change Communicators' Carbon Footprints Affect Their Audience's Policy Support," *Climatic Change* 154, no. 3–4 (2019): 529–545; Borenstein, "Climate Scientists Try to Cut Their Own Carbon Footprints."

76. Joselow, "Quitting Burgers."

77. Mann, "Lifestyle Changes Aren't Enough."

78. 摩尔受到众多利益集团的资助，四处攻击对利益集团不利的科学。See “Patrick Moore,” SourceWatch。

79. Helen Regan, “Watch a GMO Advocate Claim a Weed Killer Is Safe to Drink but Then Refuse to Drink It,” *Time*, March 27, 2015.

80. Paul Wogden (@WogdenPaul), Twitter, September 11, 2019, 10:58 p.m.

81. Lavelle, “‘Trollbots’ Swarm Twitter.”

82. Abel Gustafson,Anthony Leiserowitz, and Edward Maibach, “Americans Are Increasingly ‘Alarmed’ About Global Warming,” Yale Program in Climate Change Communication, February 12,2019; “Climate Change Opinions Rebound Among Republican Voters: Bipartisan Support for Climate and Clean Energy Policies Remains Strong,” Yale Program in Climate Change Communication, May 8, 2018.

83. Ramez Naam (@ramez), Twitter, September 30, 2019, 12:53 p.m.

84. “U. Minnesota Scholar Criticizes Air Travel”; “Doug P.,” “Meteorologist Eric Holthaus SHAMES Aviation Buff.”

85. Mark, “Yes, Actually, Individual Responsibility Is Essential.”

86. Borenstein, “Climate Scientists Try to Cut Their Own Carbon Footprints.”

87. Borenstein, “Climate Scientists Try to Cut Their Own Carbon Footprints.”

88. See, for example, Jeremy Lovell, “Climate Report Calls for Green ‘New Deal,’” Reuters, July 21, 2008.

89. Salvador Rizzo, “What’s Actually in the ‘Green New Deal’ from Democrats?,” *Washington Post*, February 11, 2019.

90. Michael E. Mann, “Radical Reform and the Green New Deal,” *Nature*, September 18, 2019.

91. Jeffrey Frankel, “The Best Way to Help the Climate Is to Increase

the Price of CO2 Emissions," *The Guardian,* January 20, 2020.

92. Mann, "Radical Reform and the Green New Deal."

93. 这的确是右翼节目主持人格林·贝克的"小说"《21 世纪议程》的前提。我为《大众科学》撰写的评论详见：Michael E. Mann, "What Does a Climate Scientist Think of Glenn Beck's Environmental-Conspiracy Novel?," *Popular Science*, December 12, 2012。

94. Gary Anderson, "Negative Rates, Climate Science and a Fed Warning," Talk Markets, November 21, 2019.

95. Dominique Jackson, "The Daily Show Brutally Ridicules Fox's Sean Hannity for Whining AOC's Green New Deal Will Deprive Him of Hamburgers," *Raw Story*, February 14, 2019.

96. Antonia Noori Farzan, "The Latest Right-Wing Attack on Democrats: 'They Want to Take Away Your Hamburgers,'" *Washington Post*, March 1, 2019.

97. Sam Dorman, "AOC Accused of Soviet-Style Propaganda with Green New Deal 'Art Series,'" Fox News, August 30, 2019; Daniel Turner, "Stealth AOC 'Green New Deal' Now the Law in New Mexico, Voters Be Damned," Fox News, May 27, 2019.

98. Tom Jacobs, "Did Fox News Quash Republican Support for the Green New Deal?," *Pacific Standard*, May 13, 2019.

99. Brian Kahn, "Big Oil Is Scared Shitless," *Gizmodo*, June 18, 2020.

第五章　是否实施碳定价

1. "Bill McKibben: Actions Speak Louder Than Words," *Bulletin of the Atomic Scientists* 68, no. 2 (2012): 1–8.

2. Justin Gerdes, "Cap and Trade Curbed Acid Rain: 7 Reasons Why It Can Do the Same for Climate Change," *Forbes*, February 13, 2012.

3. John M. Broder, "'Cap and Trade' Loses Its Standing as Energy

Policy of Choice," *New York Times*, March 25, 2010.

4. 例如，环保组织，如绿色和平与气候科学家和倡导者詹姆斯·汉森。具体可参考 Paul Krugman, "The Perfect, the Good, the Planet," *New York Times*, May 17, 2009。

5. Krugman, "The Perfect, the Good, the Planet."

6. Eric Zimmermann, "Republicans Propose...a Carbon Tax?," *The Hill*, May 14, 2009.

7. Christopher Leonard, "David Koch Was the Ultimate Climate Change Denier," *New York Times*, August 23, 2019.

8. Broder, "'Cap and Trade' Loses Its Standing."

9. "C. Boyden Gray," SourceWatch, accessed January 15, 2020.

10. "Americans for Prosperity Foundation (AFP)," Greenpeace.

11. Terry Gross, "'Kochland': How The Koch Brothers Changed U.S. Corporate and Political Power," National Public Radio, *Fresh Air*, August 13, 2019.

12. Christopher Leonard, "David Koch Was the Ultimate Climate Change Denier," *New York Times*, August 23, 2019.

13. Broder, "'Cap and Trade' Loses Its Standing."

14. Haroon Siddique, "US Senate Drops Bill to Cap Carbon Emissions," July 23, 2010.

15. "Bob Inglis," John F. Kennedy Presidential Library and Museum, 2015.

16. 精彩评论可参见 Marc Hudson, "In Australia, Climate Policy Battles Are Endlessly Reheated," *The Conversation*, April 9, 2019; 关于美国、澳大利亚和其他西方国家气候否认的比较政治的讨论，请参见 Christopher Wright and Daniel Nyberg, "Corporate Political Activity and Climate Coalitions," in *Climate Change, Capitalism, and Corporations: Processes of Creative Self-Destruction* (Cambridge: Cambridge University Press, 2015)。

17. Mark Butler, "How Australia Bungled Climate Policy to Create a Decade of Disappointment," *The Guardian*, July 5, 2017.

18. See Graham Readfearn, "Australia's Place in the Global Web of Climate Denial," Australian Broadcasting Corporation, June 28, 2011; Graham Readfearn, "Who Are the Australian Backers of Heartland's Climate Denial?," *DeSmog* (blog), May 21, 2012.

19. Julia Baird, "A Carbon Tax's Ignoble End," *New York Times*, July 24, 2014; Butler, "How Australia Bungled Climate Policy."

20. Baird, "A Carbon Tax's Ignoble End."

21. See, for example,Turnbull's commentary "Australia's Bushfires Show the Wicked, Self-Destructive Idiocy of Climate Denialism Must Stop," *Time*, January 16, 2020. 2020年初我在悉尼休假期间，机缘巧合与特恩布尔相识。我发现他在气候政策方面的努力都是经过深思熟虑、认真且充满光荣感的。我相信，他对自己在执政期间无法说服自由党同胞支持对气候采取有意义的行动感到沮丧。和英格里斯一样，他似乎也致力于尽己所能地进一步推动澳大利亚的气候行动事业。

22. Butler, "How Australia Bungled Climate Policy."

23. Jonathan Watts and Ben Doherty, "US and Russia Ally with Saudi Arabia to Water Down Climate Pledge," *The Guardian*, December 10, 2018.

24. Roman Goncharenko, "France's 'Yellow Vests' and the Russian Trolls That Encourage Them," *Deutsche Welle*, December 15, 2018.

25. Emily Atkin, "France's Yellow Vest Protesters Want to Fight Climate Change: Trump Says the Violence Is Proof That People Oppose Environmental Protection. He Couldn't Be More Wrong," *New Republic*, December 10, 2018.

26. Nathalie Graham, "Looks Like Out-of-State Money DID Sway Your Vote, Washington," *The Stranger*, November 7, 2018; "Sierra Club Position on Carbon Washington Ballot Initiative 732," Sierra Club, September 2016;

Kate Aronoff, "Why the Left Doesn't Want a Carbon Tax (Or at Least Not This One): The Battle over a Washington State Ballot Initiative Previews the Future of the Climate Debate," *In These Times*, November 3, 2016.

27. 弗格斯 · 格林和理查德 · 丹尼斯顿对这两种做法的相对优点和互补性进行了很好的讨论，详见 "Cutting with Both Arms of the Scissors: The Economic and Political Case for Restrictive Supply-Side Climate Policies," *Climatic Change* 150(2018):73–87。

28. Lorraine Chow, "These Celebrities Take a Stand Against Dakota Access Pipeline," EcoWatch, September 9, 2016; "Hansen and Hannah Arrested in West Virginia Mining Protest," *The Guardian*, June 24 2009.

29. Emily Holden, "Harvard and Yale Students Disrupt Football Game for Fossil Fuel Protest," *The Guardian*, November 24, 2019.

30. See, for example, Rachel M. Cohen, "Will Bernie Sanders Stick with a Carbon Tax in His Push for a Green New Deal?," *The Intercept*, July 3, 2019.

31. Atkin, "France's Yellow Vest Protesters."

32. "Most Canadian Households to Get More in Rebates Than Paid in Carbon Tax: PBO," *Global News*, February 4, 2020.

33. Robert W. McElroy, "Pope Francis Brings a New Lens to Poverty, Peace and the Planet," *America: The Jesuit Review*, April 23, 2018; "Pope Francis Backs Carbon Pricing and 'Radical Energy Transition' to Act Against Global Warming," Australian Broadcasting Corporation, June 14, 2019.

34. Geoff Dembick, "Meet the Lawyer Trying to Make Big Oil Pay for Climate Change," *Vice*, December 22, 2017.

35. David Hasemyer, "Fossil Fuels on Trial: Where the Major Climate Change Lawsuits Stand Today," *Inside Climate News*, January 17, 2020.

36. Umair Irfan, "21 Kids Sued the Government over Climate Change. A Federal Court Dismissed the Case," *Vox*, January 17, 2020.

37. 一篇有代表性的文章参见 Daryl Roberts, "Nature Conservancy Endorses Fossil Fuel Funded Trojan Horse," Alt Energy Stocks, May 27, 2019。

38. Dana Drugmand, "New Carbon Bills Won't Let Oil Companies Off the Hook for Climate Costs," *Climate Liability News*, July 31, 2019.

39. 2019 年，我在为《自然》杂志撰写稿件《激进改革和绿色新政：对娜奥米·克莱恩关于美国以遏制气候变化为目的的政策的观点的整体检视》时，对娜奥米·克莱恩的《刻不容缓》一书做出过一些评论。*Nature*, September 19, 2019。

40. See Brad Plumer, "Australia Repealed Its Carbon Tax—and Emissions Are Now Soaring," *Vox*, November 6, 2014; Brad Plumer, "Australia Is Repealing Its Controversial Carbon Tax," *Vox*, July 17, 2014.

41. Brian Kahn, "More Than 600 Environmental Groups Just Backed Ocasio-Cortez's Green New Deal," *Gizmodo*, January 10, 2019; "Green New Deal Letter to Congress," January 10, 2019, Scribd.

42. "Sierra Club Position on Carbon Washington Ballot Initiative 732," Sierra Club, September 2016.

43. Butler, "How Australia Bungled Climate Policy."

44. Will Steffen, Johan Rockström, Katherine Richardson, Timothy M. Lenton, Carl Folke, Diana Liverman, Colin P. Summerhayes, et al., "Trajectories of the Earth System in the Anthropocene," *Proceedings of the National Academy of Sciences* 115, no. 33 (2018): 8252–8259.

45. Kate Aronoff, "'Hothouse Earth' Co-Author: The Problem Is Neoliberal Economics," *The Intercept*, August 14, 2018.

46. 关于这一点，你可能会有所怀疑，当我在谈到这些问题是否具有权威性时，这么想是很合理的。我只是想说，虽然我并不是经济学家，但我与环境经济学家就碳定价问题共同撰写了同行评议研究，我对该学科有一定程度的了解。具体可参见 S. Lewandowsky, M.

C. Freeman, and M. E. Mann, "Harnessing the Uncertainty Monster: Putting Quantitative Constraints on the Intergenerational Social Discount Rate," *Global and Planetary Change* 156 (2017): 155–166。

47. Adam Tooze, "How Climate Change Has Supercharged the Left: Global Warming Could Launch Socialists to Unprecedented Power—and Expose Their Movement's Deepest Contradictions," *Foreign Policy*, January 15, 2020.

48. Mann, "Radical Reform and the Green New Deal."

49. 我想让大家明白关于"一线"我确实略知一二。See, for example, my book *The Hockey Stick and the Climate Wars: Dispatches from the Front Lines* (New York: Columbia University Press, 2013)。

50. Eric Holthaus (@EricHolthaus), Twitter, November 7, 2019, 9:03 a.m.

51. The full thread can be found at Nathalie Molina Niño (@NathalieMolina), Twitter, November 6, 2019, 8:50 p.m.

例如，一篇来自网友"帕特丽夏"的推文写道："@MichaelEMann 小脑里的科学知识比 100 个特朗普还多。否认论者没什么前途。多亏了像迈克尔这样正直的人，我们才能一直采取解决方案，包括瓦解化石燃料行业。""坦尼"写道："迈克尔 · E. 曼一直在前线竭尽全力让公众了解发生了什么，他被国会官员和退伍军人事务部威胁要入狱，还被寄送装有白色粉末的信封等。""乌休拉"在 Twitter 上写道："就好像我们的盘子里的东西不够一样，不仅没有帮助，还用旁门左道的方式来帮助怂恿怀疑论者。而你（迈克尔 · E. 曼）在前线，并且能用战斗中的伤疤来证明这一点。真的不知道她真正的问题是什么。"

52. Tim Cronin, "Where 2020 Democrats Stand on Carbon Pricing," *Climate X-Change*, November 15, 2019.

53. Gillian Tett, "The World Needs a Libor for Carbon Pricing," *Financial Times*, January 24, 2020; "Exxon and Friends Still Funding

Climate Denial and Obstruction Through IPAA, FTI, Energy in Depth," Climate Investigations Center, December 20, 2019.

54. Tett, "The World Needs a Libor."

55. Thomas Kaplan, "Citing Health Risks, Cuomo Bans Fracking in New York State," *New York Times*, December 17, 2014.

56. Peter Behr, "Grid Chief: Enact Carbon Price to Reach 100% Clean Energy," *Energy and Environment News*, January 23, 2020.

57. "What We Do," New York Independent System Operator.

58. Behr, "Grid Chief."

59. "About the IMF," International Monetary Fund.

60. Tett, "The World Needs a Libor"; "Special Report: Global Warming of 1.5℃," Intergovernmental Panel on Climate Change (IPCC), October 8, 2018.

61. Gillian Tett, Chris Giles, and James Politi, "US Threatens Retaliation Against EU over Proposed Carbon Tax," *Irish Times*, January 26, 2020.

62. Michael E. Mann and Jonathan Brockopp, "You Can't Save the Climate by Going Vegan. Corporate Polluters Must Be Held Accountable," *USA Today*, June 3, 2019.

63. David Mastio (@DavidMastio), Twitter, November 6, 2019, 6:57 a.m.

64. 完整的推文由 @biettetimmons 在 2019 年 11 月 5 日上午 7:21 发布，内容为"11 000 名科学家宣布我们处于气候紧急状态"。除此之外，我们还需要远离资本主义，转而将"以优先考虑基本需求和减少不平等来维持生态系统和改善人类福祉作为最主要的任务"。

65. George P. Shultz and Ted Halstead, "The Winning Conservative Climate Solution," *Washington Post*, January 16, 2020.

66. David Roberts (@drvox), Twitter.

67. Shultz and Halstead, "The Winning Conservative Climate Solution."

68. “Believe It or Not,a Republican Once Led the California Charge on Climate Change,” KQED, September 13, 2018; Edward Helmore, “Angry Schwarzenegger Condemns Trump for Wrecking Clean-Air Standards,” *The Guardian*, September 9, 2019; J. Edward Moreno, “Schwarzenegger Says Green New Deal Is ‘Well Intentioned’ but ‘Bogus,’” *The Hill*, January 17, 2020.

69. Myles Wearring and Emily Ackew, “Don’t Leave Climate Change Action to the Left, David Cameron Urges Conservatives,” Australian Broadcasting Corporation, January 30, 2019.

70. Shultz and Halstead, “The Winning Conservative Climate Solution.”

71. Tooze, “How Climate Change Has Supercharged the Left.”

72. Sheldon Whitehouse and James Slevin, “Carbon Pricing Represents the Best Answer to Our Climate Danger,” *Washington Post*, March 10, 2020.

73. See Kevin Anderson (@KevinClimate),Twitter, January 28, 2020, 12:53 a.m.

74. 这是 Skeptical Science.com 网站上主要的气候否认神话之一，详见 “Climate Scientists Would Make More Money in Other Careers,” Skeptical Science。

75. Brian A. Boyle, “Tulsi Gabbard May Not Be a Russian Asset. But She Sure Talks Like One,” *Los Angeles Times*, October 25, 2019.

76. Tim Cronin, “Where 2020 Democrats Stand on Carbon Pricing,” *Climate X-Change*, November 15, 2019.

77. Brendan O’Neill, “Why Extinction Rebellion Seems So Nuts,” *Spiked*, November 11, 2019; Ben Pile, “Apocalypse Delayed: The IPCC Report Does Not Justify Climate Scaremongering,” *Spiked*, October 18, 2019.

78. O’Neill, “Why Extinction Rebellion Seems So Nuts.”

79. “Special Report: Global Warming of 1.5°C.”

80. George Monbiot, “How US Billionaires Are Fuelling the Hard-Right Cause in Britain,” *The Guardian*, December 7, 2018.

81. James Hansen, “Game over for the Climate,” *New York Times*, May 9, 2012.

82. Quoted in Coral Davenport, “Citing Climate Change, Obama Rejects Construction of Keystone XL Oil Pipeline,” *New York Times*, November 6, 2015.

83. 我在一次采访中提出了这个论点。See “Dr. Michael Mann on Paris and the Clean Power Plan: ‘We’re Seeing Real Movement,’” *Climate Reality*, October 27, 2017。

84. Fred Hiatt, “How Donald Trump and Bernie Sanders Both Reject the Reality of Climate Change,” *Washington Post*, February 23, 2020.

第六章　击沉竞争对手

1. Jocelyn Timperley, “The Challenge of Defining Fossil Fuel Subsidies,” *Carbon Brief*, June 12, 2017.

2. Dana Nuccitelli, “America Spends over $20bn per Year on Fossil Fuel Subsidies. Abolish Them,” July 30, 2018.

3. “American Legislative Exchange Council,” SourceWatch.

4. See, for example, Kert Davies, “ALEC Lost Membership Worth over $7 Trillion in Market Cap,” Climate Investigations Center, November 28, 2018.

5. “ALEC’s Latest Scheme to Attack Renewables,” *Renewable Energy World*, December 16, 2013.

6. Camille Erickson, “Bill to Penalize Utilities for Renewable Energy Returns to Wyoming Legislature, Quickly Fails,” *Caspar Star-Tribune*, February 12, 2020.

7. Suzanne Goldenberg and Ed Pilkington, “ALEC’s Campaign Against

Renewable Energy," *Mother Jones*, December 6, 2013; Editorial Board, "The Koch Attack on Solar Energy," *New York Times*, April 26, 2014.

8. Suzanne Goldenberg, "Leak Exposes How Heartland Institute Works to Undermine Climate Science," *The Guardian*, February 15, 2012.

9. "Heartland Institute," Energy and Policy Institute.

10. Carolyn Fortuna, "The Koch Brothers Have a Mandate to Destroy the EV Revolution—Are You Buying In?," *Clean Technica*, August 22, 2019.

11. Ben Jervey, "Senator John Barrasso Parrots Koch Talking Points to Kill Electric Car Tax Credit," *DeSmog* (blog), February 5, 2019.

12. Fortuna, "The Koch Brothers Have a Mandate."

13. Will Oremus, "North Carolina May Ban Tesla Sales to Prevent 'Unfair Competition,'" *Slate*, May 13, 2013.

14. Bruce Brown, "Confusing! North Carolina Bans Tesla Sales in Charlotte, Allows Them in Raleigh," *Digital Trends*, May 26, 2016.

15. Will Oremus, "Free-Market Cheerleader Chris Christie Blocks Tesla Sales in New Jersey," *Slate*, March 12, 2014.

16. 康涅狄格州是"蓝州"中的一个例外。See Union of Concerned Scientists, "Why You Can't Buy a Tesla in These 6 States," Eco Watch, February 26, 2017。

17. Melissa C. Lott, "Solyndra—Illuminating Energy Funding Flaws?," *Scientific American*, September 27, 2011.

18. Denise Robbins, "Study: How Mainstream Media Misled on the Success of the Clean Energy Loan Program," Media Matters, April 10, 2014; Henry C. Jackson, "Program That Funded Solyndra Failure Producing Success Stories," *Washington Post*, December 30, 2014.

19. Amy Harder, "Obama Budget Would Pour Funds into Climate, Renewable Energy," *Wall Street Journal*, February 3, 2015.

20. See "The Daily Caller," SourceWatch.

21. Robbins, "Study: How Mainstream Media Misled."

22. Elliott Negin, "The Wind Energy Threat to Birds Is Overblown," *Live Science*, December 3, 2013.

23. Wendy Koch, "Wind Turbines Kill Fewer Birds Than Do Cats, Cell Towers," *USA Today*, September 15, 2014.

24. See, for example, my review of Sagan's *The Demon-Haunted World* in "Summer Books," *Nature*, August 3, 2017.

25. Simon Chapman, "How to Catch 'Wind Turbine Syndrome': By Hearing About It and Then Worrying," *The Guardian*, November 29, 2017.

26. Sharon Zhang, "Fossil Fuel Knocks the Wind out of Renewable Energy Movement in Ohio," *Salon*, January 5, 2020.

27. Fox Business, *Follow the Money*, November 12, 2010, quoted in Jill Fitzsimmons, "Myths and Facts About Wind Power: Debunking Fox's Abysmal Wind Coverage," *Think Progress*, May 31, 2012.

28. Philip Bump, "Trump Claims That Wind Farms Cause Cancer for Very Trumpian Reasons," *Washington Post*, April 3, 2019.

29. Bump, "Trump Claims That Wind Farms Cause Cancer."

30. John Rodgers, "The Effect of Wind Turbines on Property Values: A New Study in Massachusetts Provides Some Answers," Union of Concerned Scientists, January 22, 2014.

31. "Environmental Impacts of Solar Power," Union of Concerned Scientists, March 5, 2013.

32. Noel Wauchope, "A Radioactive Wolf in Green Clothing: Dissecting the Latest Pro-Nuclear Spin," *Independent Australia*, September 20, 2017. 突破研究所最初的主要资助者包括米切尔基金会，该基金会与乔治·米切尔从天然气开采和水力压裂技术中获得的财富有关。"Who Funds Us," Breakthrough Institute, accessed July 9, 2015。该基金会提倡继续开采天然气。"Shale Sustainability," Cynthia and George Mitchell Foundation。

33. Clive Hamilton, "Climate Change and the Soothing Message of Luke-Warmism," *The Conversation*, July 25, 2012.

34. Thomas Gerke, "The Breakthrough Institute—Why the Hot Air?," *Clean Technica*, June 17, 2013.

35. Michael Shellenberger, "If Solar Panels Are So Clean, Why Do They Produce So Much Toxic Waste?," *Forbes*, May 23, 2018.

36. "Environmental Impacts of Solar Power."

37. Michael Shellenberger, "The Real Reason They Hate Nuclear Is Because It Means We Don't Need Renewables," *Forbes*, February 14, 2019.

38. "Solar Energy Plants in Tortoises' Desert Habitat Pit Green Against Green," Fox News, February 20, 2014.

39. Associated Press, "Environmental Concerns Threaten Solar Power Expansion in California Desert," Fox News, April 18, 2009; Alex Pappas, "Massive East Coast Solar Project Generates Fury from Neighbors," Fox News, February 15, 2019; "World's Largest Solar Plant Scorching Birds in Nevada Desert," Fox News, February 15, 2014.

40. Lee Moran, "Fox News' Jesse Watters Gets Schooled over Nonsensical Winter Solar Panels Claim," *Huffington Post*, February 1, 2019.

41. Amy Remeikis, "'Shorten Wants to End the Weekend': Morrison Attacks Labor's Electric Vehicle Policy," *The Guardian*, April 7, 2019.

42. As noted at "Breakthrough Institute," Wikipedia, accessed February 24, 2020.

43. See, for example, Bill Gates, "Two Videos That Illuminate Energy Poverty," GatesNotes, June 25, 2014. Tillerson is quoted in Michael Babad, "Exxon Mobil CEO: 'What Good Is It to Save the Planet If Humanity Suffers?,'" *Globe and Mail*, May 30, 2013.

44. Graham Readfearn, "The Millions Behind Bjorn Lomborg's Copenhagen Consensus Center US Think Tank," *DeSmog* (blog), June 24, 2014; "Independent

Women's Forum," SourceWatch; "Donors Trust: Building a Legacy of Liberty," *DeSmog* (blog); "Claude R. Lambe Charitable Foundation," Conservative Transparency; Pete Altman, "House Committee to Vote on Fred Upton's Asthma Aggravation Act of 2011," Natural Resources Defense Council, March 15, 2011.

45. "UWA Cancels Contract for Consensus Centre Involving Controversial Academic Bjorn Lomborg," Australian Broadcasting Corporation, May 8, 2015.

46. Graham Readfearn, "Is Bjorn Lomborg Right to Say Fossil Fuels Are What Poor Countries Need?," *The Guardian*, December 6, 2013.

47. Bjorn Lomborg, "Who's Afraid of Climate Change?," Project Syndicate, August 11, 2010.

48. Jonathan Chait, "GOP Senator Upbeat Coronavirus May Kill 'No More Than 3.4 Percent of Our Population,'" *New York Magazine*, March 18, 2020.

49. Pope Francis, "Address of His Holiness Pope Francis to the Members of the Diplomatic Corps Accredited to the Holy See," The Holy See, January 13, 2014.

50. R. Jai Krishna, "Renewable Energy Powers Up Rural India," *Wall Street Journal*, July 29, 2015.

51. Pope Francis, "Address of His Holiness Pope Francis" ; "DoD Releases Report on Security Implications of Climate Change," US Department of Defense, DOD News, July 29, 2015. 美国国防部报告指出："全球气候变化将加剧贫困、社会紧张、环境退化、领导无效和政治机构薄弱等问题，这些问题威胁到许多国家的稳定。"

52. "World Bank Says Climate Change Could Thrust 100 Million into Deep Poverty by 2030," Fox News, November 8, 2015.

53. "Koch Alum's Dark Money Group, 'Power the Future,' Denies Its

Own Lobbying Status," *DeSmog* (blog), April 16, 2018.

54. Nadja Popovich, "Today's Energy Jobs Are in Solar, Not Coal," *New York Times*, April 25, 2017.

55. Sheldon Whitehouse and James Slevin, "Carbon Pricing Represents the Best Answer to Our Climate Danger," *Washington Post*, March 10, 2020.

56. Sam Haysom, "Michael Moore Talks to Stephen Colbert About His New Climate Change Documentary," *Mashable*, April 22, 2020.

57. See, for example, Lindsey Bahr, "New Michael Moore-Backed Doc Tackles Alternative Energy," Associated Press, August 8, 2019; "Editorial: Michael Moore-Backed Film Criticizes Renewable Energy," *Las Vegas Review-Journal*, August 18, 2019.

58. "Michael Moore Presents: Planet of the Humans," Full Documentary, Directed by Jeff Gibbs, YouTube, posted April 21, 2020.

59. See, for example, Ketan Joshi, "Planet of the Humans: A Reheated Mess of Lazy, Old Myths," April 24, 2020; Leah H. Stokes, "Michael Moore Produced a Film About Climate Change That's a Gift to Big Oil," *Vox*, April 28, 2020. A compendium of critical responses is available at "Moore's Boorish Planet of the Humans:An Annotated Collection," Get Energy Smart Now!, April 25, 2020.

60. See Michelle Froese, "Renewables Exceed 20.3% of U.S. Electricity and Outpace Nuclear Power," *Windpower Engineering*, July 29, 2019.

61. Mark Z. Jacobson, Mark A. Delucchi, Zack A.F. Bauer, Savannah C. Goodman, William E. Chapman, Mary A. Cameron, Cedric Bozannat, et al., "100% Clean and Renewable Wind, Water, and Sunlight All-Sector Energy Roadmaps for 139 Countries of the World," *Joule* 1, no. 1 (2017): 108–121.

62. Michael Moore (@MMFlint),Twitter,April 24, 2020, 6:26 p.m.

63. See "Frequently Asked Questions: How Much Carbon Dioxide Is Produced per Kilowatthour of U.S. Electricity Generation?," US Energy

Information Administration.

64. Doug Boucher, "Movie Review: There's a Vast Cowspiracy About Climate Change," Union of Concerned Scientists, June 10, 2016.

65. See Biofuelwatch (@biofuelwatch), Twitter, April 27, 2020, 3:42 a.m.

66. "Editorial: Michael Moore-Backed Film Criticizes Renewable Energy."

67. See Bill McKibben, "Response: Planet of the Humans Documentary," 350.org, April 22, 2020.

68. "Editorial: Michael Moore-Backed Film Criticizes Renewable Energy."

69. "Michael Moore Net Worth," Celebrity Net Worth.

70. Peter Bradshaw, "Planet of the Humans Review—Contrarian Eco-Doc from the Michael Moore Stable," *The Guardian*, April 22, 2020.

71. Neal Livingston, "Forget About Planet of the Humans," *Films for Action*, April 24, 2020.

72. Joshi, "Planet of the Humans: A Reheated Mess."

73. Brian Kahn, "Planet of the Humans Comes This Close to Actually Getting the Real Problem, Then Goes Full Ecofascism," *Gizmodo*, April 20, 2020.

74. AFP, "World's Richest 10% Produce Half of Global Carbon Emissions, Says Oxfam," *The Guardian*, December 2, 2015.

75. Grant Samms (@grantsamms), Twitter, April 23, 2020, 9:05 a.m.

76. James Delingpole, "Michael Moore Is Now the Green New Deal's Worst Enemy," Breitbart,April 23, 2020.

77. "Competitive Enterprise Institute," SourceWatch, accessed April 29, 2020; "Heartland Institute," SourceWatch, accessed April 29, 2020; "Anthony Watts," SourceWatch, aceessed April 29, 2020.

78. Myron Ebell, "Hurry, See 'Planet of the Humans,' Before It's

Banned," Competitive Enterprise Institute, April 24, 2020; Donny Kendal, Justin Haskins, Isaac Orr, and Jim Lakely, "In the Tank (Episode 240)—Review: Michael Moore's Planet of the Humans," Heartland Institute, April 24, 2020.

79. Anthony Watts, "#EarthDay EPIC! Michael Moore's New Film Trashes 'Planet Saving' Renewable Energy—Full Movie Here!," *Watts Up with That*, April 22, 2020.

80. "Steven J. Milloy," SourceWatch, accessed April 29, 2020; Steve Milloy (@JunkScience), Twitter, April 27, 2020, 6:55 a.m.

81. "Marc Morano," SourceWatch, accessed April 29, 2020; Marc Morano (@ClimateDepot), Twitter, June 5, 2020, 4:35 p.m.

82. Emily Atkin, "A Party for the Planet ('s Destruction): A Powerful Anti-Climate Group Spent Thousands to Promote Michael Moore's Climate Documentary on Facebook This Week," *Heated*, May 19, 2020.

83. "Film-Maker Michael Moore Visits Julian Assange at Embassy," *Irish Independent*, June 10, 2016.

84. Adam Tooze, "How Climate Change Has Supercharged the Left: Global Warming Could Launch Socialists to Unprecedented Power—and Expose Their Movement's Deepest Contradictions," *Foreign Policy*, January 15, 2020.

85. Emily Atkin, "The Wheel of First-Time Climate Dudes. Or, Alternatively: Why I Don't Want to Review Michael Moore's Climate Change Documentary," *Heated*, April 23, 2020.

86. Laura Geggel, "Bill Gates 'Discovers' 14-Year-Old Formula on Climate Change," *Live Science*, February 26, 2016; Michael E. Mann, "FiveThirtyEight: The Number of Things Nate Silver Gets Wrong About Climate Change," *Huffington Post*, November 24, 2012.

87. Giles Parkinson, "How the Tesla Big Battery Has Smoothed the

Transition to Zero Emissions Grid," Renew Economy, March 1, 2020. See also Randell Suba, "Tesla 'Big Battery' in Australia Is Becoming a Bigger Nightmare for Fossil Fuel Power Generators," Teslarati, February 28, 2020.

88. Jacobson et al., "100% Clean and Renewable Wind,Water, and Sunlight All-Sector Energy Roadmaps."

89. "Bill Gates Q&A on Climate Change: 'We Need a Miracle,'" *Denver Post*, February 13, 2016.

90. Jacobson et al., "100% Clean and Renewable Wind,Water, and Sunlight All-Sector Energy Roadmaps."

91. "David E. Wojick," SourceWatch; David Wojick, "Providing 100 Percent Energy from Renewable Sources Is Impossible," Heartland Institute, February 12, 2020.

92. Patrick Quinn, "After Devastating Tornado, Town Is Reborn 'Green,'" *USA Today*, *Green Living* magazine, April 13, 2013.

93. Will Oremus, "Fox News Claims Solar Won't Work in America Because It's Not Sunny Like Germany," *Slate*, February 7, 2013.

94. Max Greenberg, "Fox Cedes Solar Industry to Germany," Media Matters, February 7, 2013.

95. Oremus, "Fox News Claims Solar Won't Work in America."

第七章　权宜之计

1. Eillie Anzilotti, "Climate Change Is Inevitable. How Bad It Gets Is a Choice," *Fast Company*, March 12, 2019.

2. Paul Muschick, "Pennsylvania Is Heating Up Because of Climate Change. Let's Do Something About It," *Morning Call*, November 15, 2019.

3. Jane Bardon, "How the Beetaloo Gas Field Could Jeopardise Australia's Emissions Target," Australian Broadcasting Corporation, February 29, 2019.

4. "Scott Morrison Announces $2 Billion Energy Deal to Boost Gas

Use," SBS News, January 31, 2020.

5. Luke O'Neil, "US Energy Department Rebrands Fossil Fuels as 'Molecules of Freedom,'" *The Guardian*, May 30, 2019.

6. Amanda Amos and Margaretha Haglund, "From Social Taboo to 'Torch of Freedom': The Marketing of Cigarettes to Women," *Tobacco Control* 9, no. 1 (2000): 3–8.

7. "What Is the Emissions Impact of Switching from Coal to Gas?," *Carbon Brief*, October 27, 2014.

8. Gayathri Vaidyanathan, "How Bad of a Greenhouse Gas Is Methane?," *ClimateWire*, December 22, 2015.

9. Emily Holden, "Trump Administration to Roll Back Obama-Era Pollution Regulations," *The Guardian*, August 30, 2019.

10. Andrew Nikiforuk, "New Study Finds Far Greater Methane Threat from Fossil Fuel Industry," *The Tyee*, February 21, 2020.

11. Jonathan Mingle, "Atmospheric Methane Levels Are Going Up—And No One Knows Why," *Wired*, May 5, 2019.

12. Brendan O'Neill, "Why Extinction Rebellion Seems So Nuts," *Spiked*, November 11, 2019.

13. Prachi Patel, "New Projects Show Carbon Capture Is Not Dead," *IEEE Spectrum*, January 16, 2017.

14. Christa Marshall, "Clean Coal Power Plant Killed, Again," *Climatewire, E&E News*, February 4, 2015, reprinted by *Scientific American*.

15. Dipka Bhambhani, "Everyone Wants Carbon Capture And Sequestration—Now How to Make It a Reality?," November 21, 2019.

16. See Michael Barnard's answer on September 26, 2019, to "Are Industrial Carbon Capture Plants Carbon Neutral in Operation?," Quora.

17. Brian Kahn, "More Than 600 Environmental Groups Just Backed Ocasio-Cortez's Green New Deal," *Gizmodo*, January 10, 2019.

18. Robinson Meyer, "The Green New Deal Hits Its First Major Snag," *The Atlantic*, January 18, 2019.

19. Meyer, "The Green New Deal Hits Its First Major Snag."

20. James Temple, "Let's Keep the Green New Deal Grounded in Science," *MIT Technology Review*, January 19, 2019.

21. "Global Effects of Mount Pinatubo," NASA, Earth Observatory.

22. Francisco Toro, "Climate Politics Is a Dead End. So the World Could Turn to This Desperate Final Gambit," *Washington Post*, December 18, 2019.

23. 关于硫酸盐气溶胶地球工程的潜在隐患，详见"Scientists to Stop Global Warming with 100,000 Square Mile Sun Shade," *The Telegraph*, February 26, 2009。

24. Eli Kintisch, "Climate Hacking for Profit: A Good Way to Go Broke," *Fortune*, May 21, 2010.

25. Gaia Vince, "Sucking CO_2 from the Skies with Artificial Trees," BBC, October 4, 2012.

26. Johannes Lehmann and Angela Possinger, "Removal of Atmospheric CO_2 by Rock Weathering Holds Promise for Mitigating Climate Change," *Nature*, July 8, 2020.

27. Daniel Hillel, *The Rivers of Eden: The Struggle for Water and the Quest for Peace in the Middle East* (Oxford: Oxford University Press, 1994).

28. Patrick Galey, "Industry Guidance Touts Untested Tech as Climate Fix," Phys.org, August 23, 2019.

29. "Fuel to the Fire: How Geoengineering Threatens to Entrench Fossil Fuels and Accelerate the Climate Crisis," Center for International Environmental Law, February 2019.

30. Kate Connolly, "Geoengineering Is Not a Quick Fix for Climate Change, Experts Warn Trump," *The Guardian*, October 14, 2017.

31. See Bjorn Lomborg, "Geoengineering: A Quick, Clean Fix?," *Time*, November 14, 2010; Colin McInnes, "Time to Embrace Geoengineering," Breakthrough Institute, June 27, 2013.

32. Marc Gunther, "The Business of Cooling the Planet," *Fortune*, October 7, 2011.

33. Benjamin Franta and Geoffrey Supran, "The Fossil Fuel Industry's Invisible Colonization of Academia," *The Guardian*, March 13, 2017.

34. James Temple, "The Growing Case for Geoengineering," *Technology Review*, April 18, 2017.

35. "David Keith," Breakthrough Institute; "An Ecomodernist Manifesto," ; George Monbiot, "Meet the Ecomodernists: Ignorant of History and Paradoxically Old-Fashioned," *The Guardian*, February 24, 2015.

36. Gunther, "The Business of Cooling the Planet"; James Temple, "This Scientist Is Taking the Next Step in Geoengineering," *Technology Review*, July 26, 2017.

37. Peter Irvine, Kerry Emanuel, Jie He, Larry W. Horowitz, Gabriel Vecchi, and David Keith, "Halving Warming with Idealized Solar Geoengineering Moderates Key Climate Hazards," *Nature Climate Change* 9 (2019): 295–299; 第一作者彼得·欧文是基思的博士后研究员。首席研究员基思在作者名单的末尾签了名。

38. See this Twitter thread: Chris Colose (@CColose), Twitter, March 11, 2019, 3:03 p.m.

39. Ken Caldeira (@KenCaldeira), Twitter, March 23, 2020, 7:59 a.m.; Ken Caldeira (@KenCaldeira),Twitter,August 24, 2019, 11:54 a.m.

40. Daniel Swain (@Weather_West), Twitter, August 24, 2019, 12:03 p.m.

41. Dr. Jonathan Foley (@GlobalEcoGuy), Twitter, August 24, 2019, 12:01 p.m.

42. Matthew Huber (@climatedynamics), Twitter, August 24, 2019, 4:57 p.m.

43. Michael E. Mann, "If You See Something, Say Something," *New York Times*, January 17, 2014.

44. Michael E. Mann (@MichaelEMann), Twitter, March 12, 2019, 6:23 a.m.

45. See Michael E. Mann (@MichaelEMann),Twitter, March 12, 2019, 6:53 a.m.; Michael E.Mann (@MichaelEMann), Twitter, March 12,2019, 12:14 p.m.

46. Toro, "Climate Politics Is a Dead End."

47. See Michael E. Mann (@MichaelEMann), Twitter, December 18, 2019, 1:44 p.m.; Michael E. Mann (@MichaelEMann), Twitter, December 18, 2019, 1:50 p.m.

48. Temple, "The Growing Case for Geoengineering."

49. "Fuel to the Fire."

50. Umair Irfan, "Tree Planting Is Trump's Politically Safe New Climate Plan," *Vox*, February 4, 2020.

51. Madeleine Gregory and Sarah Emerson, "Planting 'Billions of Trees' Isn't Going to Stop Climate Change: A Popular Study Claims That Reforestation Could Fix Climate Change, But Is That True?," *Vice*, July 16, 2019.

52. Mark Maslin and Simon Lewis, "Yes, We Can Reforest on a Massive Scale—but It's No Substitute for Slashing Emissions," *Climate Home News*, May 7, 2019.

53. Emma Farge and Stephanie Nebehay, "Greenhouse Emissions Rise to More Than 55 Gigatonnes of CO_2 Equivalent," *Business Day*, November 26, 2019.

54. Gregory and Emerson, "Planting 'Billions of Trees' Isn't Going to

Stop Climate Change."

55. Andrew Freedman, "Australia Fires: Yearly Greenhouse Gas Emissions Nearly Double Due to Historic Blazes," *The Independent*, January 25, 2020.

56. Laura Millan Lombrana, Hayley Warren, and Akshat Rathi, "Measuring the Carbon-Dioxide Cost of Last Year's Worldwide Wildfires," Bloomberg Green, February 10, 2020.

57. Fiona Harvey, "Tropical Forests Losing Their Ability to Absorb Carbon, Study Finds," *The Guardian*, March 5, 2020.

58. Roger Harrabin, "Climate Change: UK Forests 'Could Do More Harm Than Good,'" BBC, April 7, 2020.

59. Leo Hickman, "The History of BECCS," *Carbon Brief*, April 13, 2016.

60. See Robert Jay Lifton and Naomi Oreskes, "The False Promise of Nuclear Power," *Boston Globe*, July 29, 2019.

61. See Lifton and Oreskes, "The False Promise of Nuclear Power."

62. R. Singh, T. Wagener, R. Crane, M. E. Mann, and L. Ning, "A Stakeholder Driven Approach to Identify Critical Thresholds in Climate and Land Use for Selected Streamflow Indices—Application to a Pennsylvania Watershed," *Water Resources Research* 50 (2014): 3409–3427.

63. M. V. Ramana and Ali Ahmad, "Wishful Thinking and Real Problems: Small Modular Reactors, Planning Constraints, and Nuclear Power in Jordan," *Energy Policy* 93 (2016): 236–245.

64. James A. Lake, Ralph G. Bennett, and John F. Kotek, "Next Generation Nuclear Power: New, Safer and More Economical Nuclear Reactors Could Not Only Satisfy Many of Our Future Energy Needs but Could Combat Global Warming as Well," *Scientific American*, January 26, 2009.

65. Nathanael Johnson, "Next-Gen Nukes: Scores of Nuclear Startups

Are Aiming to Solve the Problems That Plague Nuclear Power," *Grist*, July 18, 2018.

66. See Lifton and Oreskes, "The False Promise of Nuclear Power."

67. 例如，请参阅由四位主要气候科学同行撰写的专栏文章：Ken Caldeira, Kerry Emanuel, James Hansen, and Tom Wigley, "Top Climate Change Scientists' Letter to Policy Influencers," CNN, November 3, 2013.

68. "Bob Inglis—Acceptance Speech," John F. Kennedy Presidential Library and Museum.

69. See Lifton and Oreskes, "The False Promise of Nuclear Power."

70. David Roberts, "Hey, Look, a Republican Who Cares About Climate Change!," *Grist*, July 10, 2012.

71. "How Fareed Zakaria Became the Most Conservative Liberal of All Time," *Deadline Detroit*, May 29, 2012; Fareed Zakaria, "Bernie Sanders's Magical Thinking on Climate Change," *Washington* Post, February 13, 2020.

72. See "Nuclear Economics: Critical Responses to Breakthrough Institute Propaganda," World Information Service on Energy (WISE), Nuclear Monitor #840, no. 4630, March 21, 2017.

73. See "It's Worse Than You Think—Lower Emissions, Higher Ground," Yang 2020, August 28, 2019; Ryan Broderick, "Andrew Yang Wants the Support of the Pro-Trump Internet. Now It Is Threatening to Devour Him," *BuzzFeed*, March 14, 2019.

74. Maya Earls, "Benefits of Adaptation Measures Outweigh the Costs, Report Says," *Climatewire*, *E&E News*, September 10, 2019, reprinted at *Scientific American*.

75. Marco Rubio, "We Should Choose Adaptive Solutions," *USA Today*, August 19, 2019.

76. Andrea Dutton and Michael Mann, "A Dangerous New Form of Cli-

mate Denialism Is Making the Rounds," *Newsweek*, August 22, 2019.

77. Francie Diep, "The House Science Committee Just Held a Helpful Hearing on Climate Science for the First Time in Years," *Pacific Standard*, February 13, 2019; Tiffany Stecker, "New Climate Panel's Republicans Seek Focus on Adaptation," Bloomberg Energy, March 8, 2019.

78. Steven Mufson, "Are Republicans Coming out of 'the Closet' on Climate Change?," *Washington Post*, February 4, 2020.

79. Greg Walden, Fred Upton, and John Shimkus, "Republicans Have Better Solutions to Climate Change," *Real Clear Policy*, February 13, 2019.

80. Michael Mann, "If There's a Silver Lining in the Clouds of Choking Smoke It's That This May Be a Tipping Point," *The Guardian*, February 3, 2020.

81. "Fire Fight: Tara Brown Finds Out What Australia Can Do to Prevent a Repeat of This Summer's Deadly Bushfires," Nine Network, Australia, February 9, 2020.

82. 不过博尔特认为："这将对我们有益。" See Van Badham, "Now That Climate Change Is Irrefutable, Denialists Like Andrew Bolt Insist It Will Be Good for Us," *The Guardian*, January 30, 2020.

83. Christopher Wright and Michael E. Mann, "From Denial to 'Resilience': The Slippery Discourse of Obfuscating Climate Action," Sydney Environment Institute of the University of Sydney, February 19, 2020.

84. Sarah Martin, "Scott Morrison to Focus on 'Resilience and Adaptation' to Address Climate Change," *The Guardian*, January 14, 2020.

85. See "Honest Government Ad: After the Fires," The Juice Media, February 11, 2020.

86. Graham Readfearn, "Australian PM Scott Morrison Agrees to Permanently Increase Aerial Firefighting Funding," *The Guardian*, January 4, 2020.

87. Sarah Martin, "Coalition Promises $2bn for Bushfire Recovery as It Walks Back from Budget Surplus Pledge," *The Guardian*, January 6, 2020.

88. "Scott Morrison Announces $2 Billion Energy Deal" ; Lucy Barbour and Jane Norman, "Rebel Nationals Wanting New Coal-Fired Power Stations Face Battle with Liberals and Markets," Australian Broadcasting Corporation, February 13, 2020; David Crowe, "New Resources Minister Calls for More Coal, Gas and Uranium Exports," *Sydney Morning Herald*, February 11, 2020.

89. M. C. Nisbet, "The Ecomodernists: A New Way of Thinking About Climate Change and Human Progress," *Skeptical Inquirer* 42, no. 6 (2018): 20–24; "Matthew Nisbet," Breakthrough Institute; Matt Nisbet, "Against Climate Change Tribalism: We Gamble with the Future by Dehumanizing Our Opponents," *Skeptical Inquirer* 44, no. 1 (2020).

90. See, for example, David Roberts, "Why I've Avoided Commenting on Nisbet's 'Climate Shift' Report," *Grist*, April 27, 2011.

第八章　真相已经够糟糕了

1. Justin Gillis, "Climate Model Predicts West Antarctic Ice Sheet Could Melt Rapidly," *New York Times*, March 30, 2016.

2. Michael Mann, "It's Not Rocket Science: Climate Change Was Behind This Summer's Extreme Weather," *Washington Post*, November 2, 2018.

3. Nicholas Smith and Anthony Leiserowitz, "The Role of Emotion in Global Warming Policy Support and Opposition," *Risk Analysis* 34, no. 5 (2014): 937–948.

4. Clay Evans, "Ditching the Doomsaying for Better Climate Discourse," *University of Colorado Arts and Sciences Magazine*, December 18, 2019.

5. Bjorn Lomborg, "Who's Afraid of Climate Change?," Project Syndicate, August 11, 2010.

6. Oliver Milman and Dominic Rushe, "New EPA Head Scott Pruitt's Emails Reveal Close Ties with Fossil Fuel Interests," *The Guardian*, February 23, 2017; Oliver Milman, "EPA Head Scott Pruitt Says Global Warming May Help 'Humans Flourish,'" *The Guardian*, February 8, 2018.

7. Sam Langford, "'He's Cherry Picking with Intent': Here's What the Climate Scientist Andrew Bolt Keeps Quoting Would Like You to Know," *The Feed,* January 27, 2020.

8. See, for example, the op-ed I coauthored on this subject: Michael E. Mann, Susan Joy Hassol, and Tom Toles, "Doomsday Scenarios Are as Harmful as Climate Change Denial," *Washington Post*, July 12, 2017.

9. Ketan Joshi (@KetanJ0), Twitter, January 11, 2020, 2:03 p.m.

10. Max Hastings, *Winston's War: Churchill*, 1940–1945 (New York: Vintage, 2011).

11. JC Cooper (@coopwrJ), Twitter, September 14, 2019, 1:25 p.m.

12. Jennifer De Pinto, Fred Backus, and Anthony Salvanto, "Most Americans Say Climate Change Should Be Addressed Now—CBS News Poll," CBS News, September 15, 2019.

13. See "Meet the Team," The Glacier Trust; Joanne Moore, "Family Pay Tribute to Missing Hill Walker," *Gazette and Herald*, March 8, 2016.

14. Michael E. Mann and Jonathan Brockopp, "You Can't Save the Climate by Going Vegan. Corporate Polluters Must Be Held Accountable," *USA Today*, June 3, 2019; Michael E. Mann, June 3, 2019, Facebook.

15. Zeke Hausfather and Glen P. Peters, "Emissions—the 'Business as Usual' Story Is Misleading: Stop Using the Worst-Case Scenario for Climate Warming as the Most Likely Outcome—More-Realistic Baselines Make for Better Policy," *Nature*, January 29, 2020.

16. Christopher H. Trisos, Cory Merow, and Alex L. Pigot, "The Projected Timing of Abrupt Ecological Disruption from Climate Change,"

Nature 580 (2020): 496–501.

17. Citizens for Climate Action (@CitFrClimACTION),Twitter, December 13, 2019.

18. Darlene "Rethink everything you thought you knew" (@DarleneLily1), Twitter，这条推文已经被删除。

19. Mann and Brockopp, "You Can't Save the Climate by Going Vegan."

20. Raquel Baranow (@666isMONEY), Twitter, September 8, 2019, 12:46 p.m.

21. Raquel Baranow (@666isMONEY), Twitter, September 13, 2019, 9:14 p.m.

22. #ForALL CANCEL RENT NOW (@GarrettShorr), Twitter, December 12, 2019, 11:07 p.m.

23. InsideClimate News (@insideclimate), Twitter, April 10, 2020, 1:20 p.m.

24. Michael E. Mann (@MichaelEMann), Twitter, April 10, 2020, 1:32 p.m.

25. Bruce Boyes (@BruceBoyes),Twitter,April 11, 2020, 2:36 a.m. 博伊斯是澳大利亚《KM 杂志》的获奖编辑和作者。

26. Wild Talks Ireland (@TalksWild), Twitter, April 10, 2020, 1:36 p.m.

27. Jonathan Franzen, "What If We Stopped Pretending? The Climate Apocalypse Is Coming. To Prepare for It, We Need to Admit That We Can't Prevent It," *New Yorker*, September 8, 2019.

28. Ula Chrobak, "Can We Still Prevent an Apocalypse? What Jonathan Franzen Gets Wrong About Climate Change: What If We Stopped Pretending the New Yorker's Essay Makes Sense?," *Popular Science*, September 11, 2019.

29. Jeff Nesbit (@jeffnesbit),Twitter, September 8, 2019, 8:33 a.m.

30. John Upton (@johnupton), Twitter, September 8, 2019, 8:11 a.m.

31. Dr. Jonathan Foley (@GlobalEcoGuy),Twitter, September 8, 2019, 10:45 a.m.

32. Taylor Nicole Rogers, "Scientists Blast Jonathan Franzen's 'Climate Doomist' Opinion Column as 'the Worst Piece on Climate Change,'" *Business Insider*, September 8, 2019.

33. Franzen, "What If We Stopped Pretending?"

34. Alison Flood, "Jonathan Franzen: Online Rage Is Stopping Us Tackling the Climate Crisis," *The Guardian*, October 9, 2019.

35. See Dr Tamsin Edwards (@flimsin), Twitter, October 26, 2019, 2:05 p.m. For the lecture by Rupert Read, see "Rupert Read: How I Talk with Children About Climate Breakdown," YouTube, posted August 13, 2019.

36. Roy Scranton, *We're Doomed. Now What? Essays on War and Climate Change* (New York: Penguin Random House, 2018).

37. 原始推文来自 rogscranton。

38. Roy Scranton, "No Happy Ending: On Bill McKibben's 'Falter' and David Wallace-Wells's 'The Uninhabitable Earth,'" *Los Angeles Review of Books*, June 3, 2019.

39. Scranton, "No Happy Ending."

40. David Roberts (@drvox), Twitter.

41. James Renwick, "Guy McPherson and the End of Humanity (Not)," *Hot Topic* (blog), December 11, 2016.

42. See Twitter exchange at Michael E. Mann (@MichaelEMann), March 21, 2020, 8:47 p.m. 这条 Twitter 涉及麦克弗森 2020 年 2 月 28 日发布于 YouTube 的一段视频，他在视频中断言："在 11 月 1 日前后的几个月内，我们可能必须离开生存之地。"（在视频中大约 2 分 10 秒的位置）。该视频名为《灭绝的边缘：冠状病毒升级》。

43. Scott Johnson, "How Guy McPherson Gets It Wrong," *Fractal*

Planet (blog), February 17, 2014.

44. Catherine Ingram, "Are We Heading Toward Extinction? The Earth's Species—Plants, Animals and Humans, Alike—Are Facing Imminent Demise. How We Got Here, and How to Cope," *Huffington Post*, July 20, 2019.

45. "Rex Weyler," Greenpeace; Rex Weyler, "Extinction and Rebellion," Greenpeace, May 17,2019.

46. Aja Romano, "Twitter Released 9 Million Tweets from One Russian Troll Farm. Here's What We Learned," *Vox*, October 19, 2018.

47. Craig Timberg and Tony Romm, "Russian Trolls Sought to Inflame Debate over Climate Change, Fracking, Dakota Pipeline," *Chicago Tribune*, March 1, 2018.

48. Harry Enten, "Registered Voters Who Stayed Home Probably Cost Clinton the Election," *FiveThirtyEight*, January 5, 2017.

49. 参见麦克弗森接受"美国自由之声"网络电台的采访。

50. Guy McPherson, "Why I'm Voting for Donald Trump: McPherson's 6th Stage of Grief (Gallows Humor)," Nature Bats Last, March 11, 2016.

51. JC Cooper (@Coopwr), Twitter, September 14, 2019, 1:39 p.m.

52. Andy Caffrey (@Andy_Caffrey), Twitter, September 5, 2019, 12:50 p.m.

53. Johnson, "How Guy McPherson Gets It Wrong."

54. Eric Steig (@ericsteig), Twitter, November 11, 2019, 9:49 p.m.

55. Jill (@sooverthis123), Twitter, July 30, 2019, 1:57 p.m.

56. Dana Nuccitelli, "There Are Genuine Climate Alarmists, but They're Not in the Same League as Deniers," *The Guardian*, July 9, 2018.

57. Scott Johnson, "Once More: McPherson's Methane Catastrophe," *Fractal Planet* (blog), January 8, 2015.

58. Ian Johnston, "Earth's Worst-Ever Mass Extinction of Life Holds 'Apocalyptic' Warning About Climate Change, Say Scientists," *The*

Independent, March 24, 2017; Howard Lee, "Sudden Ancient Global Warming Event Traced to Magma Flood," *Quanta Magazine*, March 19, 2020.

59. Joshua F. Dean, Jack J. Middelburg, Thomas Röckmann, Rien Aerts, Luke G. Blauw, Matthias Egger, S. M. Jetten, et al, "Methane Feedbacks to the Global Climate System in a Warmer World," *Reviews of Geophysics* 56, no. 1 (2018): 207–250; Chris Colose, "Toward Improved Discussions of Methane and Climate," August 1, 2013. See also this older but still valid commentary by my colleague David Archer: "Arctic Methane on the Move," Real Climate, March 6, 2010.

60. See multipart Twitter thread at Michael E. Mann (@MichaelEMann), Twitter, September 14, 2019, 12:04 p.m.

61. Ben Heubl, "Arctic Methane Levels Reach New Heights," *Engineering and Technology Magazine*, September 16,2019.

62. Andrew Nikiforuk, "New Study Finds Far Greater Methane Threat from Fossil Fuel Industry," *The Tyee*, February 21, 2020.

63. Ed King, "Should Climate Scientists Slash Air Miles to Set an Example?," *Climate Home News*, October 3, 2015.

64. "About the Committee on Climate Change," Committee on Climate Change.

65. Kevin Anderson (@KevinClimate), Twitter, January 28, 2020, 12:36 a.m.

66. Dr Alexandra Jellicow (@alexjellicoe), Twitter, January 28, 2020, 12:42 a.m.

67. Kevin Anderson (@KevinClimate), Twitter, January 28, 2020, 12:53 a.m.

68. Chris Stark (@ChiefExecCCC), Twitter, January 28, 2020, 12:58 a.m.

69. Dr Tamsin Edwards (@flimsin), Twitter, January 28, 2020, 1:03 a.m.

70. Kevin Anderson (@KevinClimate),Twitter, January 28, 2020, 1:54

a.m.

71. Zing Tsjeng, "The Climate Change Paper So Depressing It's Sending People to Therapy," *Vice*, February 27, 2019.

72. Jem Bendell, "Deep Adaptation: A Map for Navigating Climate Tragedy," IFLAS Occasional Paper 2, July 27, 2018.

73. Tsjeng, "The Climate Change Paper So Depressing It's Sending People to Therapy."

74. 具有讽刺意味的是，对本德尔论文最彻底的揭穿是自由主义专家罗恩·贝利的《好消息！没有必要因为"气候崩溃论"而精神崩溃》，于2019年3月3日发表于《理性》杂志。

75. Jack Hunter, "The 'Climate Doomers' Preparing for Society to Fall Apart," BBC, March 16, 2020.

76. Tsjeng, "The Climate Change Paper So Depressing It's Sending People to Therapy."

77. Hunter, "The 'Climate Doomers' Preparing for Society to Fall Apart."

78. David Wallace-Wells, "Time to Panic," *New York Times*, February 16, 2019.

79. Sheril Kirshenbaum, "No, Climate Change Will Not End the World in 12 Years: Stoking Panic and Fear Creates a False Narrative That Can Overwhelm Readers, Leading to Inaction and Hopelessness," *Scientific American*, August 13, 2019.

80. Francisco Toro, "Climate Politics Is a Dead End. So the World Could Turn to This Desperate Final Gambit," *Washington Post*, December 18, 2019.

81. Quoting from their official description at "The Truth," Extinction Rebellion.

82. "Climate Fatalism," Freedom Lab.

83. "About," Freedom Lab.

84. David Roberts (@drvox), Twitter.

85. Jonathan Koomey (@jgkoomey), Twitter, December 30, 2019, 10:48 a.m.

86. Massimo Sandal (@massimosandal),Twitter, December 30, 2019, 11:47 p.m.

87. Will Steffen, Johan Rockström, Katherine Richardson, Timothy M. Lenton, Carl Folke, Diana Liverman, Colin P. Summerhayes, et al., "Trajectories of the Earth System in the Anthropocene," *Proceedings of the National Academy of Sciences* 115, no. 33 (2018): 8252–8259.

88. Kate Aronoff, "'Hothouse Earth' Co-Author: The Problem Is Neoliberal Economics," *The Intercept*, August 14, 2018.

89. Richard Betts, "Hothouse Earth: Here's What the Science Actually Does—and Doesn't—Say," *The Conversation*, August 10, 2018.

90. Timothy M. Lenton, Johan Rockström, Owen Gaffney, Stefan Rahmstorf, Katherine Richardson, Will Steffen, and Hans Joachim Schellnhuber, "Climate Tipping Points—Too Risky to Bet Against," *Nature*, November 27, 2019.

91. Stephen Leahy, "Climate Change Driving Entire Planet to Dangerous 'Tipping Point,'" National Geographic, November 27, 2019; "Scientists Warn Earth at Dire Risk of Becoming Hellish 'Hothouse,'" *New York Post*, August 7, 2018.

92. David Wallace-Wells, "The Uninhabitable Earth: Famine, Economic Collapse, a Sun That Cooks Us: What Climate Change Could Wreak—Sooner Than You Think," *New York Magazine*, July 2017.

93. See "The 'Doomed Earth' Controversy," Arthur L. Carter Journalism Institute, New York University, November 30, 2017.

94. Michael E. Mann, Facebook, July 10, 2017.

95. Mann et al., "Doomsday Scenarios Are as Harmful as Climate

Change Denial."

96. Zeke Hausfather, "Major Correction to Satellite Data Shows 140% Faster Warming Since 1998," *Carbon Brief*, June 30, 2017.

97. Dana Nuccitelli, "Climate Scientists Just Debunked Deniers' Favorite Argument," *The Guardian*, June 28, 2017; Benjamin D. Santer, John C. Fyfe, Giuliana Pallotta, Gregory M. Flato, Gerald A. Meehl, Matthew H. England, Ed Hawkins, et al., "Causes of Differences in Model and Satellite Tropospheric Warming Rates," *Nature Geoscience* 10 (2017): 478–485.

98. 这次"驾驭气候风险"研讨会于 2018 年在斯瓦尔巴群岛的新奥勒松举行。

99. "Norwegian Seed Vault Guarantees Crops Won't Become Extinct," *Weekend Edition* with Lulu GarciaNavarro, National Public Radio, May 21, 2017.

100. 该采访的全部稿件参见 David Wallace-Wells, "Scientist Michael Mann on 'Low-Probability but Catastrophic' Climate Scenarios," *New York Magazine*, July 11, 2017。

101. "Scientists Explain What *New York Magazine* Article on 'The Uninhabitable Earth' Gets Wrong:Analysis of 'The Uninhabitable Earth,' Published in New York Magazine, by David Wallace-Wells on 9 July 2017," Climate Feedback, July 12, 2017.

102. "Scientists Explain What *New York Magazine* Article on 'The Unin-habitable Earth' Gets Wrong."

103. See Michael E. Mann (@MichaelEMann), Twitter, July 12, 2017, 10:21 p.m. 罗伯茨回复的这条推文现在已经"不可见"。

104. "The 'Doomed Earth' Controversy," Arthur L. Carter Journalism Institute, New York University, November 30, 2017.

105. David Wallace-Wells, *Uninhabitable Earth: Life After Warming* (New York: Tim Duggan Books / Penguin Random House, 2019), 22.

106. Warren Cornwall, "Even 50-Year-Old Climate Models Correctly Predicted Global Warming," *Science*, December 4, 2019.

107. "The Uninhabitable Earth," Penguin Random House.

108. Yessenia Funes, "HBO Max Is Turning *The Uninhabitable Earth* Into a Fictional Series," *Gizmodo*, January 16, 2020.

109. "'We Are Entering into an Unprecedented Climate,'" MSNBC, *Morning Joe*, February 20, 2019.

110. Sean Illing, "It Is Absolutely Time to Panic About Climate Change:Author David Wallace-Wells on the Dystopian Hellscape That Awaits Us," *Vox*, February 24, 2019.

111. David Wallace-Wells (@dwallacewells), Twitter, September 23, 2019, 9:32 a.m.

112. Assaad Razzouk (@AssaadRazzouk), Twitter, September 22, 2019, 4:14 p.m.

113. Richard Betts (@richardabetts), Twitter, September 23, 2019, 12:56 p.m.

114. Eric Steig (@ericsteig), Twitter, September 23, 2019, 6:59 p.m.

115. David Wallace-Wells, "U.N. Climate Talks Collapsed in Madrid. What's the Way Forward?," *New York Magazine*, December 16, 2019.

116. "Global CO_2 Emissions in 2019," International Energy Agency, February 11, 2020.

117. Adam Vaughan, "China Is on Track to Meet Its Climate Change Goals Nine Years Early," *The Guardian*, July 26, 2019.

118. Julia Rosen, "Cities, States and Companies Vow to Meet U.S. Climate Goals Without Trump. Can They?," *Los Angeles Times*, November 4, 2019.

119. See the thread with Kalee Kreider (@kaleekreider), Twitter, December 17, 2019, 6:46 p.m.

120. See "UN Climate Pledge Analysis," Climate Interactive.

121. David Wallace-Wells (@dwallacewells), Twitter, December 17, 2019, 6:08 p.m.

122. Kalee Kreider (@kaleekreider), Twitter, December 17, 2019, 6:46 p.m.; Kalee Kreider (@kaleekreider), Twitter, December 17, 2019, 6:48 p.m. See also "U.S.-China Joint Announcement on Climate Change," White House, Office of the Press Secretary, November 11, 2014.

123. David Wallace-Wells, "We're Getting a Clearer Picture of the Climate Future—and It's Not as Bad as It Once Looked," *New York Magazine*, December 20, 2019.

124. Hausfather and Peters, "Emissions—the 'Business as Usual' Story Is Misleading."

125. Alastair McIntosh (@alastairmci), Twitter, March 16, 2020, 4:10 p.m.

126. Quoted in Christopher J. Bosso, *Pesticides and Politics: The Life Cycle of a Public Issue* (Pittsburgh: University of Pittsburgh Press, 1987), 116; Naomi Oreskes and Eric M. Conway, *Merchants of Doubt: How a Handful of Scientists Obscured the Truth on Issues from Tobacco Smoke to Global Warming* (New York: Bloomsbury Press, 2010).

127. "Dangerous Legacy," Competitive Enterprise Institute, 2016.

128. Michael Mann, *The Hockey Stick and the Climate Wars: Dispatches from the Front Lines* (New York: Columbia University Press, 2013), 74–77.

129. Vijay Jayaraj, "Opportunistic Doomsayers Compare Climate Change to Coronavirus," CNS News, March 24, 2020，1998—2009 年，媒体研究中心从埃克森美孚共获得 40 万美元的资助。"Factsheet: Media Research Center, MRC," Exxon Secrets.org 媒体透明度网站称，1998—2009 年，其从萨拉·斯凯夫基金会获得 300 万美元的资助。

130. Mann, *The Hockey Stick and the Climate Wars*, 76.

131. Michael Mann and Lee R. Kump, *Dire Predictions: Understanding Climate Change*, 2nd ed. (New York: DK, 2015), 46–47.

132. Mann, *The Hockey Stick and the Climate Wars*, 160.

133. 这是怀疑论科学网上记载的主要气候否认神话之一。"Climate Scientists Would Make More Money in Other Careers," Skeptical Science。

134. 这是来自保罗·德里森的指控，他受雇于建设性未来中心（CFACT）、自由企业防御中心、自由前沿、阿特拉斯经济研究基金会等一众工业前沿组织。详见 Mann, *The Hockey Stick and the Climate Wars*, 202–203。

135. Alastair McIntosh (@alastairmci), Twitter, March 16, 2020, 4:10 p.m.

136. Ronald Bailey, *Global Warming and Other Eco Myths: How the Environmental Movement Uses False Science to Scare Us to Death* (Roseville, CA: Prima Lifestyles, 2002); Bailey, "Good News! No Need to Have a Mental Breakdown."

137. Michael E. Mann (@MichaelEMann), Twitter, May 5, 2017, 11:50 a.m. The comment references Denise Robbins, "New Book Exposes Koch Brothers' Guide to Infiltrating the Media," Media Matters, February 17, 2016. That discusses the Koch Brothers connection.

138. Michael Bastasch, "Scientists Issue 'Absurd' Doomsday Prediction, Warn of a 'Hothouse Earth,'" *Daily Caller*, August 7, 2018.

139. Roger A. Pielke Sr (@RogerAPielkeSr), Twitter, August 7, 2018, 10:50 a.m.

140. Miranda Devine, "Celebrities, Activists Using Australia Bushfire Crisis to Push Dangerous Climate Change Myth," *New York Post*, January 8, 2020.

141. Kerry Emanuel, "Sober Appraisals of Risk Are Ignored in Critique of Hyperbole," *Boston Globe*, June 5, 2011.

142. Jeff Jacoby, "I'm Skeptical About Climate Alarmism, but I Take Coronavirus Fears Seriously," *Boston Globe*, March 15, 2020.

143. Michael E. Mann, Facebook, July 10, 2017.

144. Michael E. Mann, "Climatologist Makes Clear: We're Still on Pandemic Path with Global Warming," *Boston Globe*, March 18, 2020.

145. See, for example, Christiana Figueres, Hans Joachim Schellnhuber, Gail Whiteman, Johan Rockström, Anthony Hobley, and Stefan Rahmstorf, "Three Years to Safeguard Our Climate," *Nature*, June 28, 2017.

第九章　迎接挑战

1. See Michael Mann and Tom Toles, *The Madhouse Effect* (New York: Columbia University Press, 2016), 164–166.

2. 这句话的来源颇有争议，但至少有一个权威来源（《迈阿密先驱报》）将该引用的起源归于格劳乔·马克斯。

3. Brendan Fitzgerald, "Q&A: Michael Mann on Coverage Since 'Climategate,'" *Columbia Journalism Review*, September 19, 2019, reprinted at State Impact Pennsylvania, National Public Radio, September 21, 2019.

4. Scott Waldman, "Cato Closes Its Climate Shop; Pat Michaels Is Out," *Climatewire*, *E&E News*, May 29, 2019.

5. Richard Collett-White, "Climate Science Deniers Planning European Misinformation Campaign, Leaked Documents Reveal," September 6, 2019; Nicholas Kusnetz, "Heartland Launches Website of Contrarian Climate Science amid Struggles with Funding and Controversy Dogged by Layoffs, a Problematic Spokesperson and an Investigation by European Journalists, the Climate Skeptics' Institute Returns to Its Old Tactics," *Inside Climate News*, March 13, 2020.

6. See Connor Gibson, "Heartland's Jay Lehr Calls EPA 'Fraudulent,' Despite Defrauding EPA and Going to Jail," *DeSmog* (blog), September 4,

2014.

7. Waldman, "Cato Closes Its Climate Shop" ; Alexander C. Kaufman, "Pro-Trump Climate Denial Group Lays Off Staff amid Financial Woes, Ex-Employees Say:The Heartland Institute Is the Think Tank Paying the Far-Right German Teen Known as the 'Anti-Greta,'" *Huffington* Post, March 9, 2020.

8. "Article by Michael Shellenberger Mixes Accurate and Inaccurate Claims in Support of a Misleading and Overly Simplistic Argumentation About Climate Change," Climate Feedback.

9. Graham Readfearn, "The Environmentalist's Apology: How Michael Shellenberger Unsettled Some of His Prominent Supporters," *The Guardian,* July 3, 2020.

10. Kate Yoder, "Frank Luntz, the GOP's Message Master, Calls for Climate Action," *Grist*, July 25, 2019.

11. Lissa Friedman, "Climate Could Be an Electoral Time Bomb, Republican Strategists Fear," *New York Times*, August 2, 2019.

12. Kusnetz, "Heartland Launches Website of Contrarian Climate Science."

13. Nathanael Johnson, "Fossil Fuels Are the Problem, Say Fossil Fuel Companies Being Sued," *Grist*, March 21, 2018.

14. Matthew Daily, "Dem Climate Plan Would End Greenhouse Gas Emissions by 2050," Associated Press, June 30, 2020.

15. Justin Gillis, "The Republican Climate Closet: When Will Believers in Global Warming Come Out?," *New York Times*, August 12, 2019.

16. George P. Shultz and Ted Halstead, "The Winning Conservative Climate Solution," *Washington Post*, January 16, 2020.

17. Damon Centola, Joshua Becker, Devon Brackbill, and Andrea Baronchelli, "Experimental Evidence for Tipping Points in Social Convention," *Science* 360, no. 6393 (2018): 1116–1119.

18. "Attitudes on Same-Sex Marriage," Pew Research Center, May 14,

2019.

19. Frank Luntz (@FrankLuntz), Twitter, June 8, 2020, 8:29 a.m.

20. "U.S. Public Views on Climate and Energy," Pew Research Center, November 25, 2019.

21. Miranda Green, "Poll: Climate Change Is Top Issue for Registered Democrats," *The Hill*, April 30, 2019.

22. "Why Are Millions of Citizens Not Registered to Vote?," Pew Trusts, June 21, 2017; Aaron Blake, "For the First Time, There Are Fewer Registered Republicans Than Independents," *Washington Post*, February 28, 2020.

23. Ilona M. Otto, Jonathan F. Donges, Roger Cremades, Avit Bhowmik, Richard J. Hewitt, Wolfgang Lucht, Johan Rockström, et al., "Social Tipping Dynamics for Stabilizing Earth's Climate by 2050," *Proceedings of the National Academy of Sciences* 117, no. 5 (2020): 2354–2365.

24. Mark Lewis, "Has Saudi Shifted Its Strategy in the Era of Decarbonisation?," *Financial Times*, March 15, 2020.

25. Matt Egan, "The Market Has Spoken: Coal Is Dying," CNN Business, September 20, 2019; Will Wade, "New York's Last Coal-Fired Power Plant to Retire Tuesday," Bloomberg Green, March 30, 2020.

26. Leyland Cecco and agencies, "Canadian Mining Giant Withdraws Plans for C$20bn Tar Sands Project:Teck Resources' Surprise Decision Drew Outrage from Politicians in Oil-Rich Alberta and Cheers from Environmental Groups," *The Guardian*, February 24, 2020.

27. Peter Eavis, "Fracking Once Lifted Pennsylvania. Now It Could Be a Drag," *New York Times*, March 31, 2020.

28. Fiona Harvey, "What Is the Carbon Bubble and What Will Happen if It Bursts?," *The Guardian*, June 4, 2018.

29. Coryanne Hicks, "What Is a Fiduciary Financial Advisor? A Fiduciary Is Defined by the Legal and Ethical Requirement to Put Your Best

Interest Before Their Own," *US News & World Report*, February 24, 2020.

30. Sarah Barker, Mark Baker-Jones, Emilie Barton, and Emma Fagan, "Climate Change and the Fiduciary Duties of Pension Fund Trustees—Lessons from the Australian Law," *Journal of Sustainable Finance and Investment* 6, no. 3 (2016): 211–214.

31. Scott Murdoch and Paulina Duran, "Australian Pension Funds' $168 Billion 'Wall of Cash' May Lead Overseas," Reuters, September 9, 2019.

32. Michael E. Mann (@MichaelEMann), Twitter, March 11, 2020, 12:54 a.m.

33. Gillian Tett, "The World Needs a Libor for Carbon Pricing," *Financial Times*, January 23, 2020.

34. Huw Jones, "Bank of England Considers Bank Capital Charge on Polluting Assets," Reuters, March 10, 2020.

35. Christopher Flavelle, "Global Financial Giants Swear Off Funding an Especially Dirty Fuel," *New York Times*, February 12, 2020.

36. Steven Mufson and Rachel Siegel, "BlackRock Makes Climate Change Central to Its Investment Strategy," *Washington Post*, January 14, 2020.

37. Bill McKibben, "Citing Climate Change, BlackRock Will Start Moving Away from Fossil Fuels," *New Yorker*, January 16, 2020.

38. Juliet Eilperin, Steven Mufson and Brady Dennis, "Major Oil and Gas Pipeline Projects, Backed by Trump, Flounder as Opponents Prevail in Court," *Washington Post*, July 6, 2020.

39. Nassim Khadem, "Mark McVeigh Is Taking on REST Super on Climate Change and Has the World Watching," Australian Broadcasting Corporation, January 17, 2020.

40. Richard Knight, "Sanctions, Disinvestment, and U.S. Corporations in South Africa," reprinted and updated from *Sanctioning Apartheid*

(Lawrenceville, NJ: Africa World Press, 1990).

41. One Bold Idea, "How Students Helped End Apartheid: The UC Berkeley Protest That Changed the World," University of California, May 2, 2018.

42. See "A New Fossil Free Milestone: $11 Trillion Has Been Committed to Divest from Fossil Fuels," 350.org.

43. Jagdeep Singh Bachher and Richard Sherman, "UC Investments Are Going Fossil Free. But Not Exactly for the Reasons You May Think," *Los Angeles Times*, September 17, 2019.

44. 这句话的来源很模糊，See Quote Investigator。

45. "Global CO_2 Emissions in 2019," International Energy Agency, February 11, 2020.

46. "Latest Data Book Shows U.S. Renewable Capacity Surpassed 20% for First Time in 2018. Growth Continues in U.S. Installed Wind and Solar Photovoltaic Capacity, Energy Storage, and Electric Vehicle Sales," National Renewable Energy Laboratory, February 18, 2020.

47. Seth Feaster and Dennis Wamsted, "Utility-Scale Renewables Top Coal for the First Quarter of 2020," Institute for Energy Economics and Financial Analysis, April 1, 2020.

48. Randell Suba, "Tesla 'Big Battery' in Australia Is Becoming a Bigger Nightmare for Fossil Fuel Power Generators," Teslarati, February 28, 2020.

49. Sophie Vorrath, "South Australia on Track to 100 Pct Renewables, as Regulator Comes to Party," Renew Economy, January 24, 2020.

50. 我在《新闻周刊》上发表了一篇与人合著的类似标题的文章，参见：Lawrence Torcello and Michael E. Mann, "Seeing the COVID-19 Crisis Is Like Watching a Time Lapse of Climate Change. Will the Right Lessons Be Learned?," *Newsweek*, April 1, 2020.

51. Debora Mackenzie, "We Were Warned—So Why Couldn't We Prevent the Coronavirus Outbreak?," *New Scientist*, March 4, 2020.

52. Harry Stevens, "Why Outbreaks Like Coronavirus Spread Exponentially, and How to 'Flatten the Curve,'" *Washington Post*, March 14, 2020.

53. Ed Yong, "The U.K.'s Coronavirus 'Herd Immunity' Debacle," *The Atlantic*, March 16, 2020.

54. Alex Wickham, "The UK Only Realised 'In the Last Few Days' That Its Coronavirus Strategy Would 'Likely Result in Hundreds of Thousands of Deaths,'" *BuzzFeed*, March 16, 2020.

55. Michelle Cottle, "Boris Johnson Should Have Taken His Own Medicine," *New York Times*, March 27, 2020.

56. John Burn-Murdoch (@jburnmurdoch), Twitter, April 3, 2020, 2:15 p.m.

57. Patrick Wyman, "How Do You Know If You're Living Through the Death of an Empire? It's the Little Things," *Mother Jones*, March 19, 2020.

58. Jonathan Watts, "Delay Is Deadly: What Covid-19 Tells Us About Tackling the Climate Crisis," *The Guardian*, March 24, 2020.

59. Saijel Kishan, "Professor Sees Climate Mayhem Lurking Behind Covid-19 Outbreak," Bloomberg Green, March 28, 2020.

60. William J. Broad, "Putin's Long War Against American Science," *New York Times*, April 13, 2020.

61. Alex Kotch, "Right-Wing Megadonors Are Financing Media Operations to Promote Their Ideologies," PR Watch, January 27, 2020; Julie Kelly, "Hockey Sticks, Changing Goal Posts, and Hysteria," American Greatness, March 31, 2020.

62. Benny Peiser and Andrew Montford, "Coronavirus Lessons from the Asteroid That Didn't Hit Earth: Scary Projections Based on Faulty Data Can Put Policy Makers Under Pressure to Adopt Draconian Measures," *Wall*

Street Journal, April 1, 2020. See "Benny Peiser," SourceWatch; "Andrew Montford," SourceWatch.

63. S. T. Karnick, "Watch Out for Long-Term Effects of Government's Coronavirus Remedies," Heartland Institute, April 2, 2020.

64. Nic Lewis, "COVID-19: Updated Data Implies That UK Modelling Hugely Overestimates the Expected Death Rates from Infection," Climate Etc., March 25, 2020; Monkton, "Are Lockdowns Working?," *Watts Up with That*, April 4, 2020; Marcel Crok (@marcelcrok), Twitter, March 24, 2020, 4:59 a.m.; William M. Briggs, "Coronavirus Update VI: Calm Yourselves," March 24, 2020.

65. Katelyn Weisbrod, "6 Ways Trump's Denial of Science Has Delayed the Response to COVID-19 (and Climate Change): Misinformation, Blame, Wishful Thinking and Making Up Facts Are Favorite Techniques," *Inside Climate News*, March 19, 2020. 一个视频比较参见 Michael E. Mann (@MichaelEMann), Twitter, March 25, 2020, 7:05 p.m.

66. Scott Waldman, "Obama Blasts Trump over Coronavirus, Climate Change," *Climatewire*, *E&E News*, April 1, 2020.

67. As pointed out by me on Twitter at Michael E. Mann (@Michael-EMann), Twitter, March 30, 2020, 9:32 a.m. 这两篇文章均列举了有关气候变化和新冠病毒的例子。Scott Waldman, "Ex-Trump Adviser: 'Brainwashed' Aides Killed Climate Review," *ClimateWire, E&E News*, December 4, 2019; Isaac Chotiner, "The Contrarian Coronavirus Theory That Informed the Trump Administration," *New Yorker*, March 30, 2020。

68. Weisbrod, "6 Ways Trump's Denial of Science Has Delayed the Response to COVID-19 (and Climate Change)."

69. Jeff Mason, "Do Social Distancing Better, White House Doctor Tells Americans. Trump Objects," Reuters, April 2, 2020.

70. Laurie McGinley and Carolyn Y. Johnson, "FDA Pulls Emergency

Approval for Antimalarial Drugs Touted by Trump as Covid-19 Treatment," *Washington Post*, June 15, 2020.

71. Juliet Eilperin, Darryl Fears, and Josh Dawsey, "Trump Is Headlining Fireworks at Mount Rushmore. Experts Worry Two Things Could Spread: Virus and Wildfire," *Washington Post*, June 25, 2020.

72. The Daily Show (@TheDailyShow), Twitter, April 3, 2020, 11:45 a.m.

73. Bobby Lewis and Kayla Gogarty, "Pro-Trump Media Have Ramped Up Attacks Against Dr. Anthony Fauci," Media Matters, March 24, 2020.

74. Michael Gerson, "The Trump Administration Has Released a Lot of Shameful Documents. This One Might Be the Worst," *Washington Post*, July 13, 2020.

75. See video clip and my comment at Michael E. Mann (@MichaelEMann), Twitter, March 23, 2020, 5:49 p.m.

76. Matthew Chapman, "Internet Explodes as Fox's Brit Hume Says It's 'Entirely Reasonable' to Let Grandparents Die for the Stock Market," *Raw-story*, March 24, 2020.

77. Bill Mitchell (@mitchellvii), Twitter, April 4, 2020, 7:21 p.m.

78. 我和《悉尼先驱晨报》的环境记者彼得·汉纳姆在交流的过程中，探讨了在应对新冠病毒与气候变化的过程中，否认和不作为在不同阶段之间显著的相似之处。详见 Michael E. Mann (@MichaelEMann), Twitter, April 5, 2020, 2:08 p.m.; Peter Hannam (@p_hannam), Twitter, April 5, 2020, 2:02 p.m.。

79. Mike MacFerrin (@IceSheetMike), Twitter, March 25, 2020, 6:40 a.m.

80. Dan Rather (@DanRather),Twitter, March 25, 2020, 9:10 a.m.

81. Michael E. Mann (@MichaelEMann), Twitter, March 25, 2020, 9:23 a.m.

82. Waldman, "Obama Blasts Trump over Coronavirus, Climate Change."

83. Steve Schmidt (@SteveSchmidtSES), Twitter, April 4, 2020, 3:05 p.m.

84. Nicole Acevedo, "Democratic Lawmakers Want Answers to Trump Administration's Coronavirus Response in Puerto Rico," NBC News, April 3, 2020.

85. Rebecca Hersher, "Climate Change Was the Engine That Powered Hurricane Maria's Devastating Rains," National Public Radio, April 17, 2019.

86. Torcello and Mann, "Seeing the COVID-19 Crisis Is Like Watching a Time Lapse of Climate Change."

87. Yasmeen Abutaleb, Josh Dawsey, Ellen Nakashima, and Greg Miller, "The U.S. Was Beset by Denial and Dysfunction as the Coronavirus Raged," *Washington Post*, April 4, 2020.

88. Ellen Knickmeyer and Tom Krisher, "Trump Rollback of Mileage Standards Guts Climate Change Push," Associated Press, March 31, 2020; Alexander C. Kaufman, "States Quietly Pass Laws Criminalizing Fossil Fuel Protests amid Coronavirus Chaos," *Huffington Post*, March 27, 2020.

89. Mark Kaufman, "Earth Scorched in the First 3 Months of 2020," *Mashable*, April 6, 2020.

90. Denise Chow, "Great Barrier Reef Hit by Third Major Bleaching Event in Five Years," NBC News, March 23, 2020.

91. Noted environmental historian Naomi Oreskes, for example, declared that "coronavirus has killed neoliberalism." Naomi Oreskes (@NaomiOreskes), Twitter, April 5, 2020, 10:32 a.m.

92. Michael E. Mann (@MichaelEMann), Twitter, April 5, 2020, 10:52 a.m.

93. John Vidal, "Destroyed Habitat Creates the Perfect Conditions for

Coronavirus to Emerge," *Scientific American*, March 18, 2020.

94. James E. Lovelock and Lynn Margulis, "Atmospheric Homeostasis by and for the Biosphere: The Gaia Hypothesis," *Tellus* 26, no. 1–2 (1974): 2–10.

95. Madeleine Stone, "Carbon Emissions Are Falling Sharply Due to Coronavirus. But Not for Long," *National Geographic*, April 6, 2020.

96. Michael E. Mann (@MichaelEMann), Twitter, March 18, 2020, 1:13 a.m.

97. Swati Thiyagarajan, "Covid-19: Planet Earth Fights Back," *Daily Maverick*, March 17, 2020.

98. For examples, see Bill Black, "The El Paso Shooter's Manifesto Contains a Dangerous Message About Climate Change," *The Week*, August 6, 2019; Charlotte Cross, "Extinction Rebellion Disowns 'Fake' East Midlands Group over Coronavirus Tweet," ITV News.

99. 我发表了一篇评价文章表述这些观点：Michael E. Mann, "Climatologist Makes Clear:We're Still on Pandemic Path with Global Warming," *Boston Globe*, March 18, 2020。

100. Jeremy Miller, "Trump Seizes on Pandemic to Speed Up Opening of Public Lands to Industry," *The Guardian*, April 30, 2020.

101. Nicholas Kusnetz, "BP and Shell Write Off Billions in Assets, Citing Covid-19 and Climate Change," *Inside Climate News*, July 2, 2020.

102. David Iaconangelo, "100% Clean Energy Group Launches, with Eyes on Coronavirus," *Climatewire, E&E News*, April 2, 2020.

103. Tina Casey, "And So It Begins: World's 11th-Biggest Economy Pitches Renewable Energy for COVID-19 Recovery," *Clean Technica*, April 5, 2020.

104. Adam Morton, "Australia's Path to Net-Zero Emissions Lies in Rapid, Stimulus-Friendly Steps," *The Guardian*, April 3, 2020.

105. Malcolm Harris, "Shell Is Looking Forward: The Fossil-Fuel Companies Expect to Profit from Climate Change. I Went to a Private Planning Meeting and Took Notes," *New York Magazine*, March 3, 2020.

106. Michael E. Mann (@MichaelEMann), Twitter, April 10, 2020, 1:32 p.m.

107. "Wicked Problem," Wikipedia.

108. Jonathan Gilligan (@jg_environ), Twitter, August 17, 2019, 11:01 a.m.

109. Paul Price (@swimsure), Twitter, December 24, 2017, 6:55 a.m.

110. Peter Jacobs (@past_is_future), Twitter, August 28, 2019, 8:54 a.m.

111. Michael E. Mann (@MichaelEMann), Twitter, August 17, 2019, 8:03 p.m.

112. Thomas (@djamesalicious),Twitter,April 9, 2020, 10:35 a.m.

113. Michael E. Mann (@MichaelEMann), Twitter, April 9, 2020, 3:55 p.m.

114. Thomas (@djamesalicious),Twitter,April 9, 2020, 10:35 a.m.

115. John Kruzel, "Was Joe Biden a Climate Change Pioneer in Congress? History Says Yes," Politifact, May 8, 2019.

116. Shane Harris, Ellen Nakashima, Michael Scherer, and Sean Sullivan, "Bernie Sanders Briefed by U.S. Officials That Russia Is Trying to Help His Presidential Campaign," *Washington Post*, February 21, 2020.

117. See "About This Book" on my website.

118. Graham Readfearn, "Great Barrier Reef's Third Mass Bleaching in Five Years the Most Widespread Yet," *The Guardian*, April 6, 2020.

119. I said this on Twitter at Michael E. Mann (@MichaelEMann), May 7, 2019, 3:52 p.m.

120. Will Wade, "Going 100% Green Will Pay for Itself in Seven Years, Study Finds," Bloomberg News, December 20, 2019.

121. Lauri Myllyvirta, “Analysis: Coronavirus Temporarily Reduced China’s CO_2 Emissions by a Quarter,” *Carbon Brief*, February 19, 2020.

122. Glen Peters (@Peters_Glen), Twitter, April 10, 2020, 12:36 a.m.

123. See Anthony Leiserowitz, Edward Maibach, Seth Rosenthal, John Kotcher, Matthew Ballew, Matthew Goldberg, Abel Gustafson, and Parrish Bergquist, “Politics and Global Warming,April 2019,” Yale Program on Climate Change Communication, May 16, 2019.

124. Michael J. Coren, “Americans: ‘We Need a Carbon Tax, but Keep the Change,’” *Quartz*, January 22, 2019; Michael E. Mann (@MichaelEMann), Twitter, April 13, 2020, 10:31 a.m.

125. Michael E. Mann (@MichaelEMann), Twitter, April 11, 2020, 10:19 a.m.; Michael E. Mann (@MichaelEMann), Twitter,April 11, 2020, 10:31 a.m.

126. David Roberts (@drvox), Twitter, April 12, 2020, 12:22 p.m.

127. Fred Hiatt, “How Donald Trump and Bernie Sanders Both Reject the Reality of Climate Change,” *Washington Post*, February 23, 2020.

128. 例如，一位叫作劳拉·内什（@laurajneish）的用户在 2020 年 4 月 12 日发布的 Twitter 中说道：碳定价已被右翼极端分子掌控，他们想要：将其视为一项政策，而不是任何其他监管措施；增加对化石燃料公司的赔偿；以某种方式使其成为一种令人难以置信的累退税；用它来代替公司税和 / 或所得税。

129. See “Beliefs and Principles,” Unitarian Universalist Association.

130. Sarah T. Fischell (@estee_nj), Twitter, April 12, 2020, 1:15 p.m.

131. Harris et al., “Bernie Sanders Briefed by U.S. Officials.”

132. Jeff Goodell, “The Climate Crisis and the Case for Hope,” *Rolling Stone*, September 16, 2019.